Teubner-Reihe UMWELT

F. Brammer/M. Bahadir/H.-J. Collins/
H. Hanert/E. Koch (Hrsg.)

Rückbau von Siedlungsabfalldeponien

Teubner-Reihe UMWELT

Herausgegeben von
Prof. Dr. Dr. Müfit Bahadir, Braunschweig
Prof. Dr. Hans-Jürgen Collins, Braunschweig
Prof. Dr. Bertold Hock, Freising

Diese Buchreihe ist ein Forum für Veröffentlichungen zum gesamten Themenbereich Umwelt. Es erscheinen einführende Lehrbücher, Monographien und Forschungsberichte, die den aktuellen Stand der Wissenschaft wiedergeben.

Das inhaltliche Spektrum reicht von den naturwissenschaftlich-technischen Grundlagen über umwelttechnische Fragestellungen bis hin zu juristisch, sozial- und gesellschaftlich ausgerichteten Titeln. Besonderer Wert wird dabei auf eine allgemeinverständliche, dennoch exakte und präzise Darstellung gelegt. Jeder Band ist in sich abgeschlossen.

Die Autoren der Reihe wenden sich vorwiegend an Studierende, Lehrende sowie in der Praxis tätige Fachleute.

Rückbau von Siedlungsabfalldeponien

Herausgegeben von

Dipl.-Ing. Friederike Brammer
Prof. Dr. Dr. Müfit Bahadir
Prof. Dr. Hans-Jürgen Collins
Prof. Dr. Helmut Hanert
Prof. Dr. Eckart Koch

Technische Universität Braunschweig

B. G. Teubner Verlagsgesellschaft
Stuttgart · Leipzig 1997

Dipl.-Ing. Friederike Brammer
Geboren 1964. Von 1983 bis 1990 Studium des Bauingenieurwesens an der TU Braunschweig. Seit 1990 wissenschaftliche Mitarbeiterin am Leichtweiß-Institut für Wasserbau, Abteilung Abfallwirtschaft, der TU Braunschweig.

Prof. Dr. rer. nat. Dr. agr. habil. Müfit Bahadir
Geboren 1947. Von 1967 bis 1972 Studium der Chemie an der Freien Universität Berlin und der Universität Bonn. Promotion 1975 im Fachbereich Chemie an der Universität Bonn. Habilitation 1988 im Fachbereich Agrarwissenschaft an der TU München-Weihenstephan. Seit 1989 Professor an der TU Braunschweig, Institut für Ökologische Chemie und Abfallanalytik.

Prof. Dr.-Ing. Hans-Jürgen Collins
Geboren 1936. Von 1956 bis 1962 Studium des Bauingenieurwesens an der TH Braunschweig. Promotion 1967 im Fachbereich Bauingenieurwesen der TH Braunschweig. Seit 1972 Professor an der TU Braunschweig, Leichtweiß-Institut für Wasserbau, Abteilung Abfallwirtschaft.

Prof. Dr. rer. nat. habil. Hans Helmut Hanert
Geboren 1939. Von 1958 bis 1965 Studium der Biologie und Chemie an der Universität Hamburg. Promotion 1967, Habilitation 1976 im Fachbereich Mikrobiologie an der Universität Hamburg. Seit 1980 Professor an der TU Braunschweig, Institut für Mikrobiologie, Leiter der Arbeitsgruppe Technische Umweltmikrobiologie.

Prof. Dr. jur. Eckart Koch
Geboren 1938. Von 1957 bis 1962 Studium der Rechtswissenschaft in Marburg, Bonn und Münster. Promotion 1966 an der Universität Münster. Habilitation 1970 an der Universität Bielefeld. Seit 1973 Professor an der TU Braunschweig, Institut für Wirtschaftswissenschaften, Abteilung Rechtswissenschaft.

ISBN 978-3-8154-3531-1 ISBN 978-3-322-99516-2 (eBook)
DOI 10.1007/978-3-322-99516-2

Gedruckt auf chlorfrei gebleichtem Papier.

Die Deutsche Bibliothek – CIP-Einheitsaufnahme

Rückbau von Siedlungsabfalldeponien /
hrsg. von Friederike Brammer ... –
Stuttgart ; Leipzig : Teubner, 1997
(Teubner-Reihe Umwelt)

Vorwort

Am Ende einer jeden Entsorgungskette steht die Deponie. Da Standorte für Deponien knapp sind und weil in alten Ablagerungen noch Wertstoffe enthalten sein können, wird zunehmend erwogen, alte Ablagerungen wieder aufzunehmen. Es ist dabei zunächst das Ziel, die Abfallmasse zu reduzieren, zu inertisieren und höchstverdichtet wieder abzulagern, um so neuen Deponieraum zu gewinnen. Wissenschaftliche und technische Grundlagen für eine derartige Vorgehensweise sind noch wenig erarbeitet worden.

Von der Volkswagen-Stiftung ist deshalb hierzu ein Forschungsantrag von vier Instituten der Technischen Universität Braunschweig bewilligt worden, aufgrund dessen die zugehörigen Arbeiten von 1992 bis 1994 finanziert wurden. Die wesentlichen Ergebnisse des Abschlußberichtes von 1995 sollen hier publiziert werden.

Im Namen aller Antragsteller bedanke ich mich bei der Volkswagen-Stiftung für diese Förderung und für die unkomplizierte und sehr effektive Zusammenarbeit. Besonders danken wir Herrn Dr. Hof von der Volkswagen-Stiftung, der uns jederzeit engagiert beraten und im Sinne eines zügigen Projektablaufes geholfen hat.

Sehr dankbar sind wir auch dem Stadtreinigungsamt der Stadt Braunschweig und seinem Leiter, Herrn Dipl.-Ing. Bode, für die Möglichkeit, die Versuche auf der Deponie Braunschweig-Watenbüttel durchführen zu können. Herzlich danken wir Herrn Scharringhausen, der uns im alltäglichen Versuchsablauf tatkräftig unterstützt hat. Ohne alle diese verborgenen Unterstützungen hätten wir das Projekt nicht in der vorliegenden Form realisieren können.

Braunschweig, März 1997 H.-J. Collins (Koordinator)

Vorwort

Inhalt

Abkürzungen

γ-HCH	γ-Hexachlorcyclohexan
γ-PCCH	γ-Pentachlorcyclohexen
a.A.	andere Ansicht
a.a.O.	am angegebenen Orte
a.F.	alte Fassung
AAS	Atomabsorptionsspektroskopie
Abb.	Abbildung
AbfG	Abfallgesetz
AbfGLSA	Abfallgesetz des Landes Sachsen-Anhalt
ABL	Amtsblatt
Abs.	Absatz
AOX	adsorbierbare organische Halogenverbindungen
ArbSchG	Arbeitsschutzgesetz
Art.	Artikel
ASR	Arbeitsstätten-Richtlinie(n)
BAnz.	Bundesanzeiger
BayBauO	Bayerische Bauordnung
Bd.-W.	Baden-Württemberg
Beschl. v.	Beschluß vom
BETX	Benzol, Ethylbenzol, Toluol, Xylole
BGB	Bürgerliches Gesetzbuch
BGBl.	Bundesgesetzblatt
BGH	Bundesgerichtshof
BImSchG	Bundesimmissionsschutzgesetz
BImSchVO	Verordnung zum Bundesimmissionsschutzgesetz
BSB_5	Biochemischer Sauerstoffbedarf in 5 Tagen
BVerfG	Bundesverfassungsgericht
BVerfGE	Entscheidungen des Bundesverfassungsgerichts (Z)
BVerwG	Bundesverwaltungsgericht
BVerwGE	Entscheidungen des Bundesverwaltungsgerichts (Z)
CKW	chlorierte Kohlenwasserstoffe
CSB	Chemischer Sauerstoffbedarf
CV-AAS	Atomabsorptionsspektroskopie mit Graphitrohrtechnik
d	Korndurchmesser
DDT	Bis-2,2-(Chlorphenyl)-1,1,1-trichlorethan
DEV	Deutsche Einheitsverfahren
DFG	Deutsche Forschungsgemeinschaft

DÖV	Die Öffentliche Verwaltung (Z)
DVBl.	Deutsches Verwaltungsblatt (Z)
EAK - VO	Verordnung zur Einführung des europäischen Abfallkatalogs
EC_{20}	effektive Konzentration (mit 20% Wirkung auf die Testorganismen)
EG	Europäische Gemeinschaften
et al.	und andere
EUGH	Europäischer Gerichtshof
EWG	Europäische Wirtschaftsgemeinschaft
f.	mit der folgenden Seite
ff.	mit den folgenden Seiten/Paragraphen
FID	Flammenionisationsdetektor
FS	Feuchtsubstanz
FStrG	Bundesfernstraßengesetz
GC	Gaschromatograph
GC/ECD	Gaschromatographie mit Elektroneneinfangdetektor
GC/FID	Gaschromatographie mit Flammenionisationsdetektor
GC/ITD	Gaschromatographie mit Ion-Trap-Detektor
GC/MS	Gaschromatographie gekoppelt mit Massenspektrometer
G_D	Verdünnungsstufe ohne Wirkung auf Daphnien
GenBeschlG	Genehmigungsverfahrensbeschleunigungsgesetz
Gew.-%	Gewichtsprozent
GewO	Gewerbeordnung
GG	Grundgesetz
G_L	Verdünnungsstufe, die 20% Wirkung auf Leuchtbakterien unterschreitet
GMBl.	Gemeinsames Ministerialblatt
GUV	Gemeindeunfallversicherungsverband
H-AAS	Atomabsorptionsspektroskopie mit Hydridsystem
HessAbfG	Hessisches Abfallwirtschaftsgesetz
HM	Hausmüll
HmbAbfG	Hamburgisches Abfallwirtschaftsgesetz
i.d.R.	in der Regel
i.V.m.	in Verbindung mit
ICP-AES	Atomemissionsspektrometrie mit induktiv gekoppeltem Plasma
InvWoBauLG	Investitionserleichterungs- und Wohnbaulandgesetz
JuS	Juristische Schulung (Z)
KrWG	Gesetz zur Förderung der Kreislaufwirtschaft und Sicherung der umweltverträglichen Beseitigung von Abfällen
KS	Klärschlamm
Kz.	Kennziffer
LAbfG	Landesabfallgesetz

LAbfWG	Landesabfallwirtschaftsgesetz
LBauO	Landesbauordnung
LC_{50}	letale Konzentration (50% Mortalität)
LCKW	Leichtflüchtige chlorierte Kohlenwasserstoffe
Lit.	Buchstabe
M	molar
m.w.N.	mit weiteren Nachweisen
MAK	maximale Arbeitsplatzkonzentration
MIK	maximale Immissionskonzentration
MS	Massenspektrometrie
n.a.	nicht auswertbar
n.b.	nicht bestimmt
NAbfG	Niedersächsisches Abfallgesetz
NJW	Neue Juristische Wochenschrift (Z)
N-P-Dünger	Stickstoff-Phosphor-Dünger
NuR	Natur und Recht (Z)
NVwZ	Neue Zeitschrift für Verwaltungsrecht (Z)
NVwZ-RR	Neue Zeitschrift für Verwaltungsrecht - Rechtsprechungs-Report (Z)
NW	Nordrhein-Westfalen
NWG	Nachweisgrenze
OVG	Oberverwaltungsgericht
PAK	Polycyclische aromatische Kohlenwasserstoffe
PCB	Polychlorierte Biphenyle
PID	Photoionisationsdetektor
Rn.	Randnummer
S.	Satz, Seite
s.a.	siehe auch
SaarlAbfG	Saarländisches Abfallgesetz
Sächs.BauO	Sächsische Bauordnung
Sätt.	Sättigung
Schl.-H.	Schleswig-Holstein
TA Abfall	Zweite allgemeine Verwaltungsvorschrift zum Abfallgesetz
TA SiedlAbf	Dritte allgemeine Verwaltungsvorschrift zum Abfallgesetz
Tab.	Tabelle
TC	total carbon (gesamter Kohlenstoff)
TD	Thermodesorption
ThAbfAG	Thüringer Abfallwirtschafts- und Altlastengesetz
TOC	total organic carbon (gesamter organischer Kohlenstoff)
TRGS	Technische Regeln für Gefahrstoffe
TRK	technische Richtkonzentration für kanzerogene Stoffe
TS	Trockensubstanz

u.U.	unter Umständen
UPR	Umwelt- und Planungsrecht (Z)
UVP	Umweltverträglichkeitsprüfung
UVPG	Gesetz über die Umweltverträglichkeitsprüfung
v.a.	vor allem
VGH	Verwaltungsgerichtshof
vgl.	vergleiche
VO	Verordnung
Vol.-%	Volumenprozent
VwVfG	Verwaltungsverfahrensgesetz
WK_{max}	maximale Wasserkapazität
WLD	Wärmeleitfähigkeitsdetektor
Z	Zeitschrift

Stand des Deponierückbaus

Friederike Brammer, Hans-Jürgen Collins

Der Begriff des Deponierückbaus bezeichnet die Wiederaufnahme von alten Abfallablagerungen und die erneute Deponierung der Abfälle nach einer möglichen mechanischen, biologischen oder thermischen Behandlung. Mit dem Rückbau von Abfalldeponien werden folgende Ziele verfolgt:

- Reduzierung des Volumenbedarfs von Altabfällen durch einen erneuten, verbesserten Einbau sowie ggf. durch eine Behandlung und somit die Gewinnung neuen Deponieraumes.
- Verringerung des Flächenbedarfes von Abfalldeponien und damit Schonung wertvoller Ressourcen.
- Möglichkeit der Rückgewinnung von Material als Sekundär-Rohstoff aus der alten Abfalldeponie.
- Verlängerung der Nutzungsdauer des bisherigen Deponiestandortes.

In diesem Zusammenhang kann im Sinne der Altlastensanierung bzw. -sicherung auch erwogen werden:

- die Altabfälle auf einer nachgerüsteten Deponiebasis zu deponieren, und
- die Altabfälle vor der erneuten Ablagerung zu behandeln,

um die Umwelt besser gegen Emissionen zu schützen.

Die Sanierung bzw. Sicherung von Abfallablagerungen ist allerdings nicht das zentrale Ziel des Deponierückbaus. Deswegen werden im Rahmen der hier geschilderten Untersuchungen vor allem die Maßnahmen betrachtet, die in erster Linie zu einer längerfristigen Nutzung des Standortes als Deponie dienen.

In der Vergangenheit wurden bereits mehrere Deponien rückgebaut. Oftmals handelte es sich dabei um eine direkte Umlagerung von Abfällen, also die Aufnahme und erneute verdichtete Ablagerung, ohne daß die rückgebauten Abfälle zusätzlich mechanisch, biologisch oder thermisch behandelt wurden (BOLLWIEN, 1994; LORANG u. SCHÄFER, 1992; STACKMANN, 1994).
Neben diesen direkten Umlagerungen gab es aber auch einige Beispiele, bei denen eine Behandlung der aufgenommenen Abfälle in den Rückbau integriert wurde. Beim Rückbau der Deponie Kaisermühlen in Wien wurden die Abfälle beispielsweise nach der Aufnahme einer Siebung und Sortierung unterzogen, um weniger belastete Fraktionen von belasteten zu trennen und damit deren Entsorgungskosten zu reduzieren (REISNER, 1994). Ein anderes Beispiel stellt die Rückbaumaß-

nahme der Deponie Burghof in Ludwigsburg dar (RETTENBERGER, 1994; GÖSCHL, 1994). Die Abfälle wurden einer zweistufigen Siebung mit anschließender umfangreicher Sortierung unterworfen. Dadurch konnten stofflich und energetisch verwertbare Materialien aus den rückgebauten Abfällen gewonnen und vermarktet werden. Auf ähnliche Weise wurde auch bei verschiedenen Rückbauprojekten in den USA verfahren (SPENCER, 1990; SAVAGE et al., 1993; CROSS u. HOWELL, 1992).

Aus den genannten Rückbauprojekten konnten einige praktische Erfahrungen zu den Möglichkeiten einer Verwertung von alten Abfällen gesammelt werden. Über die Auswirkungen einer Abtrennung einzelner Abfallströme auf den Volumenbedarf und das Langzeitverhalten der verbleibenden, erneut zu deponierenden Abfälle ist jedoch kaum etwas bekannt. Ebensowenig ist bisher geklärt, welche Folgen ein direkter Wiedereinbau der Abfälle für das Deponieverhalten hat und von welchem Nutzen hierbei eine nachträgliche mechanisch-biologische Behandlung der rückgebauten Abfälle sein kann.

Die rechtlichen Möglichkeiten der Genehmigung des Rückbaus wurden bislang konservativ und insgesamt dem sogenannten Altlastenrecht zugeordnet. Eine Berücksichtigung der neueren abfallrechtlichen Leitlinien fand aus diesen Gründen nicht statt.

Mit den im folgenden beschriebenen, wissenschaftlich-technischen Untersuchungen wurde nun eine systematische und ganzheitliche Beurteilung verschiedener Rückbauvarianten möglich. Von besonderer Bedeutung ist die juristische Einschätzung der geltenden rechtlichen Rahmenbedingungen für einen Rückbau, die in diesem Projekt erarbeitet wurde.

Ansatz und Konzeption der Untersuchungen

Friederike Brammer, Hans-Jürgen Collins

Die bisherigen Kenntnisse zum Rückbau von Siedlungsabfalldeponien beziehen sich ausschließlich auf Erfahrungen aus vereinzelt durchgeführten Rückbauprojekten. Dabei wurde die Vorgehensweise verhältnismäßig frei geplant, weil systematische und vergleichende Untersuchungen über die möglichen Erfolge verschiedener Verfahrensschritte noch nicht vorhanden waren.
Bei Überlegungen zum Deponierückbau sind im wesentlichen folgende Fragen zu klären:

- Ist eine Verwertung von einzelnen Stoffgruppen möglich und in jedem Fall sinnvoll ?
- Wieviel Deponieraum läßt sich einsparen, wenn die aufgenommenen Abfälle erneut verdichtet und/oder verwertet und/oder behandelt werden ?
- Ist bei den einzelnen Rückbaumaßnahmen mit einem verstärkten Austrag von Emissionen zu rechnen ?
- Inwieweit verbessert eine Behandlung des aufgenommenen Abfalls das Langzeitverhalten nach erneutem verdichteten Einbau ?
- Lohnt sich der Rückbau unter ökologischen und ökonomischen Gesichtspunkten ?
- Welche rechtlichen Rahmenbedingungen sind bei einer Aufnahme, Behandlung und erneuten Ablagerung zu beachten ?

Das Ziel der hier dargestellten Untersuchungen war es deshalb, den Nutzen unterschiedlicher Verfahrensschritte bzw. deren Kombination für jeweils verschiedene Deponietypen zu ermitteln und anhand folgender Punkte zu bewerten:

- Volumengewinn
- Sicherungs- und/oder Sanierungseffekt
- Materialrückgewinnung
- Inertisierungsgrad
- Langzeitverhalten nach erneuter Ablagerung
- Mobilisierung von Inhaltsstoffen bei der Aufgrabung
- Rechtliche Rahmenbedingungen
- Wirtschaftlicher Nutzen

Die Vielfältigkeit der Fragestellungen erfordert eine enge interdisziplinäre Bearbeitung, die durch die Zusammenarbeit von Ingenieuren, Mikrobiologen,

Chemikern und Juristen an einer zentralen Versuchsanlage verwirklicht wurde. Der Untersuchungsumfang und die Ergebnisse der einzelnen Fachdisziplinen werden nachstehend in den Teilen:

I Abfallwirtschaftliche Untersuchungen
II Mikrobiologische Untersuchungen
III Abfallanalytische Untersuchungen
IV Juristische Untersuchungen

zunächst getrennt erläutert und dann im Teil V dieses Buches zusammenfassend interpretiert.
Der Auswahl der zu untersuchenden Verfahrensvarianten lagen folgende Überlegungen zugrunde. Bei vielen alten Abfallablagerungen ist davon auszugehen, daß die Abfälle eine geringe Lagerungsdichte aufweisen. Eine höhere Ausnutzung des vorhandenen Deponieraumes ist allein bereits durch eine Wiederaufnahme der abgelagerten Abfälle und einen anschließenden erneuten, verbesserten Einbau erreichbar (BOLLWIEN, 1990). Der durch eine solche, direkte Umlagerung des Abfalls erzielbare Volumengewinn sollte ermittelt werden in der

- Variante 1: Aufnahme der Abfälle und erneuter hochverdichteter Einbau.

Zudem sind in den alten Ablagerungen mitunter noch stoffliche Ressourcen zu erwarten, da in der Vergangenheit keine umfassende Trennung von Wertstoffen oder Abfallarten erfolgte. Als Wertstoffe sollen hier solche Stoffe bezeichnet werden, die sich entweder stofflich oder energetisch verwerten lassen. Der Rest, also der nicht verwertbare Abfall, soll einer biologischen Behandlung vor einer erneuten Ablagerung unterworfen werden. Es ist dadurch ein weiterer Volumengewinn und eine Verminderung der Emissionen nach erneuter Deponierung zu erwarten. Da die bisherigen Erfahrungen aus der biologischen Behandlung belegen, daß nicht alle organischen Schadstoffe durch eine aerobe biologische Behandlung abbaubar sind (HANERT, 1991), wurde neben der aeroben Behandlungsvariante auch die anaerob/aerobe Behandlungsvariante verfolgt. Somit wurden untersucht:

- Variante 2: aerobe Behandlung (Rotte)
- Variante 3: anaerobe / aerobe Behandlung (Alternanz)

Dabei wurde nur das nach einer Siebung anfallende Unterkorn (< 100 mm) biologisch behandelt. Für das abgesiebte heizwertreichere Überkorn war die thermische Behandlung vorgesehen. Da im Rahmen des Projektes keine thermische Behandlung durchgeführt werden konnte, wurde das Überkorn stattdessen auf seinen Energiegehalt hin untersucht. Die Dauer der aeroben bzw. aerob/anaeroben Behandlung des Unterkorns betrug in allen Fällen etwa 1 Jahr. Anschließend wurde das biologisch behandelte Unterkorn erneut hochverdichtet abgelagert und das Deponieverhalten über einen Zeitraum von etwa 1 Jahr meßtechnisch verfolgt. Eine

Übersicht der gewählten Verfahrensvarianten gibt Abb. 1. Weiterführende Erläuterungen zu den einzelnen Behandlungsschritten werden in Abschn. I.2.1 gegeben.
Für die vergleichenden Untersuchungen der einzelnen Rückbauvarianten standen mehrere 16 Jahre alte Abfallablagerungen aus Hausmüll mit und ohne Klärschlamm sowie mit und ohne gezielt zugegebenen Chemikalien zur Verfügung. Dabei handelt es sich um zylindrische Behälter (Lysimeter) mit 30 bis 60 t Abfall, die wie ein Ausschnitt aus einer Deponie konstruiert waren (siehe hierzu Abschn. I.2.2). Die Versuchsdeponien unterschieden sich in den abgelagerten Abfallarten, in der Einbauart, in der Art der Vorbehandlung und in der Höhe einer künstlichen chemikalischen Belastung (Einzelheiten zur Übertragbarkeit der Ergebnisse und Modellgesetze: siehe SPILLMANN, 1986). Eine Übersicht der wesentlichen Unterschiede der Versuchsdeponien zeigt Abb. 2.
Die Abfallablagerungen waren in den Jahren von 1976 bis 1981 im Rahmen eines Forschungsvorhabens (gefördert von der Deutschen Forschungsgemeinschaft) errichtet worden, um den Wasser- und Stoffhaushalt von Abfalldeponien zu untersuchen. Da das Ausgangsmaterial und der bisherige Verlauf der Umsetzungsprozesse dieser Versuchsdeponien hieraus bekannt waren (SPILLMANN, 1986), boten sie für die Untersuchungen zum Deponierückbau einzigartige Bedingungen. Sie wurden weiterhin im Schwerpunkt-Programm der DFG „Schadstoffe im Grundwasser" bis 1991 meßtechnisch betreut. Die umfangreiche Datenbasis ermöglichte dadurch erstmals eine Bilanzierung und Bewertung des Emissionsverhaltens der Altablagerung und der neuen Deponie nach Rückbau und Behandlung.
Für die Rückbauuntersuchungen wurden insgesamt sechs Deponietypen unterschieden. Zusätzlich zu den bestehenden vier Deponietypen (Abb. 2) wurde hierzu sowohl die Versuchsdeponie aus Hausmüll ohne bzw. mit geringer Chemikalienbelastung als auch die Hausmüll-Klärschlamm-Ablagerung in einen unteren und oberen Abschnitt geteilt. Die Zuordnung der jeweiligen Deponietypen zu den drei Rückbauvarianten ist Abb. 1 zu entnehmen.
Die an den Versuchsdeponien durchgeführten Untersuchungen können zeitlich in folgende drei Phasen unterteilt werden:

1. Ermittlung des Ist-Zustandes der alten Versuchsdeponien vor der Aufnahme
2. Mechanische und biologische Behandlung der aufgenommenen Abfälle
3. Untersuchung des Deponieverhaltens nach erneuter hochverdichteter Ablagerung der behandelten Abfälle (Beobachtungsphase)

In diesen drei Phasen wurden die Abfälle von den einzelnen Fachdisziplinen stofflich, mikrobiologisch und chemisch charakterisiert, die Kennwerte der Versuchsdeponien ermittelt und die von den so charakterisierten Versuchsablagerungen ausgehenden Emissionen während der Behandlungs- bzw. der Deponierungsdauer verfolgt.

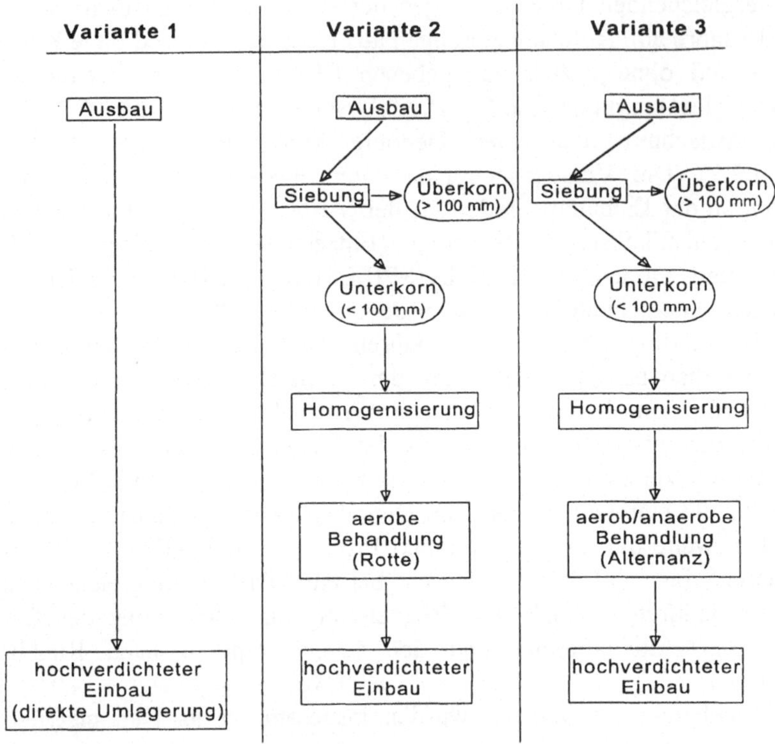

Deponietypen

Variante 1	Variante 2	Variante 3
Hausmüll und Klärschlamm unbelastet	Hausmüll unbelastet	Hausmüll gering belastet
	Hausmüll und Klärschlamm unbelastet	Hausmüll und Klärschlamm gerottet, unbelastet
		Hausmüll hoch belastet

Abb. 1: Untersuchte Verfahrensvarianten und Deponietypen

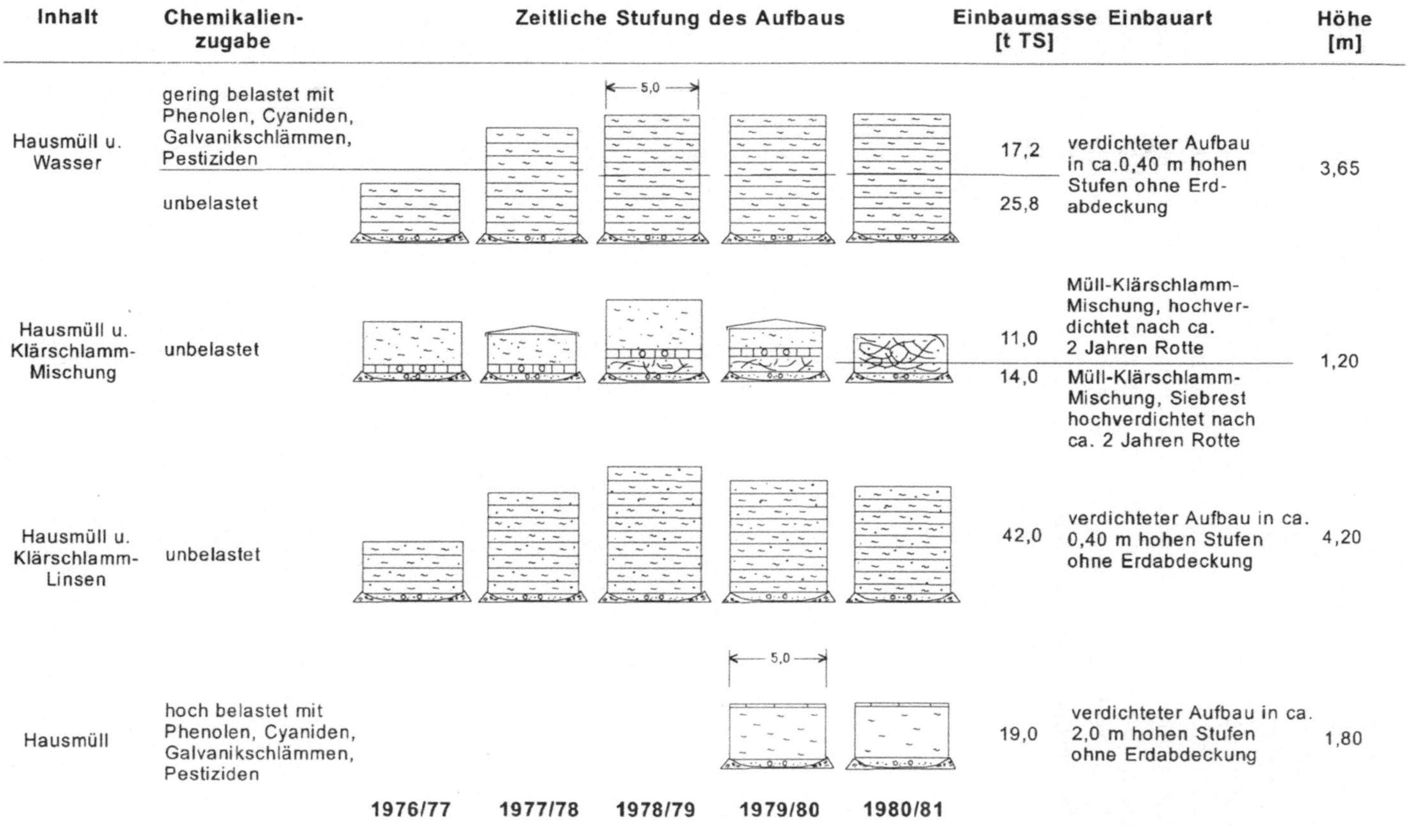

Inhalt	Chemikalienzugabe	Zeitliche Stufung des Aufbaus	Einbaumasse [t TS]	Einbauart	Höhe [m]
Hausmüll u. Wasser	gering belastet mit Phenolen, Cyaniden, Galvanikschlämmen, Pestiziden	5,0	17,2	verdichteter Aufbau in ca.0,40 m hohen Stufen ohne Erdabdeckung	3,65
	unbelastet		25,8		
Hausmüll u. Klärschlamm-Mischung	unbelastet		11,0	Müll-Klärschlamm-Mischung, hochverdichtet nach ca. 2 Jahren Rotte	1,20
			14,0	Müll-Klärschlamm-Mischung, Siebrest hochverdichtet nach ca. 2 Jahren Rotte	
Hausmüll u. Klärschlamm-Linsen	unbelastet		42,0	verdichteter Aufbau in ca. 0,40 m hohen Stufen ohne Erdabdeckung	4,20
Hausmüll	hoch belastet mit Phenolen, Cyaniden, Galvanikschlämmen, Pestiziden	5,0	19,0	verdichteter Aufbau in ca. 2,0 m hohen Stufen ohne Erdabdeckung	1,80
		1976/77 1977/78 1978/79 1979/80 1980/81			

Abb. 2: Inhalt und zeitliche Stufung des Aufbaus der ursprünglichen Versuchsdeponien (modifiziert nach SPILLMANN, 1986)

Eine Gesamtübersicht der Schwerpunkte der abfallwirtschaftlichen, mikrobiologischen und abfallanalytischen Untersuchungen an den Versuchsdeponien zeigt Tab. 1. Für interessierte Fachleute enthalten die Ausführungen zu den ingenieur- und naturwissenschaftlichen Untersuchungen zusätzlich eine ausführliche Beschreibung der Probenahme und Analysemethoden.
Parallel zu den Untersuchungen an den Versuchsdeponien wurden von den am Projekt beteiligten Juristen die geltenden rechtlichen Rahmenbedingungen für eine Wiederaufnahme, Behandlung und erneute Ablagerung von alten Abfällen erarbeitet und eine rechtliche Einschätzung der Realisierungschancen im Rahmen zukünftiger Deponieplanungen gegeben.

Tab. 1: Übersicht der Untersuchungen an den Versuchsdeponien

Abfallwirtschaftliche Untersuchungen	**Mikrobiologische Untersuchungen**	**Abfallanalytische Untersuchungen**
• **deponietechnische Kennwerte** (Masse, Volumen) • **Klima- und Abflußdaten** (Niederschlag, Verdunstung, Sickerwasserabfluß) • **stoffliche und physikalische Abfallzusammensetzung** (Stoffgruppen, Korngrößen, Wassergehalt, Heizwert, Dichte) • **Sickerwasserqualität** (Leitparameter, organ. Parameter, Metalle) • **Feststoffqualität** (organ. Anteil, Schwermetalle; Eluatparameter gemäß TASi)	• **ökotoxikologische Untersuchungen im Sickerwasser, Gas und Feststoff** (Leuchtbakterien-, Daphnientest) • **Inertisierungsgrad** (Stoffwechselaktivität) • **Keimzahlen** • **ökophysiologische Sickerwasseruntersuchungen** • **Limitierungs- und Stimu lierungsuntersuchungen zu Abbau- und Rottevorgängen** • **Deponiegase**	– **Untersuchung von Gasphase, Sickerwasser, festen Abfallstoffen und Abfalleluaten auf:** • **flüchtige organische Verbindungen** (BTX-Aromaten , LCKW) • **semivolatile Stoffe** (organ. Säuren, Chlor-, Alkylphenole, Phthalate, PAK, Triazine) • **mittel- und schwerflüchtige Chlorkohlenwasserstoffe** • **abfallanalytische Summenparameter** (TOC, AOX/EOX) • **Elementgehalte**

I Abfallwirtschaftliche Untersuchungen

Friederike Brammer, Hans-Jürgen Collins

I.1 Ziel und Umfang der abfallwirtschaftlichen Untersuchungen

I.1.1 Aufgabenstellung

Die untersuchten Versuchsdeponien entsprachen hinsichtlich der Abfallzusammensetzung und Vorbehandlung, Einbauart und Belastung unterschiedlichen Typen alter Deponien. Um die Möglichkeiten und Erfolge verschiedener Rückbauvarianten für diese Deponietypen beurteilen zu können, war jeweils ein Vergleich zwischen der alten Ablagerung und der Deponie der erneut abzulagernden Abfälle (ggf. nach Behandlung) hinsichtlich Volumenbedarf und langfristiger Umweltbelastung erforderlich. Dazu mußten der Inhalt und die deponietechnischen Parameter der einzelnen Versuchsdeponien ermittelt sowie deren Wasser- und Stoffhaushalt langfristig beobachtet werden. Anhand einer stofflichen Untersuchung der Abfälle und einer zusätzlichen visuellen Beurteilung der Abfallstoffgruppen erfolgte eine Abschätzung des Verwertungspotentials der ausgebauten Abfälle. Darüberhinaus wurde die Praktikabilität der vor Ort eingesetzten Techniken für die mechanische Aufbereitung und Behandlung bewertet.

Das abfallwirtschaftliche Untersuchungsprogramm ist als Übersicht in Abb. I.1.1 dargestellt. Mit den Ergebnissen aus diesen Untersuchungen konnten Aussagen getroffen werden über:

- die Massen- und Volumenreduktion unterschiedlicher Versuchsdeponien im Laufe langjähriger Ablagerung;
- die Verwertbarkeit einzelner Stoffgruppen und einer Überkornfraktion aus rückgebauten Abfällen;
- die Volumenreduktion durch Behandlung und erneute Ablagerung für verschiedene Rückbauvarianten und Deponietypen;
- die Auswirkung der Trennung und Behandlung auf das Deponieverhalten der erneut abgelagerten Abfälle.

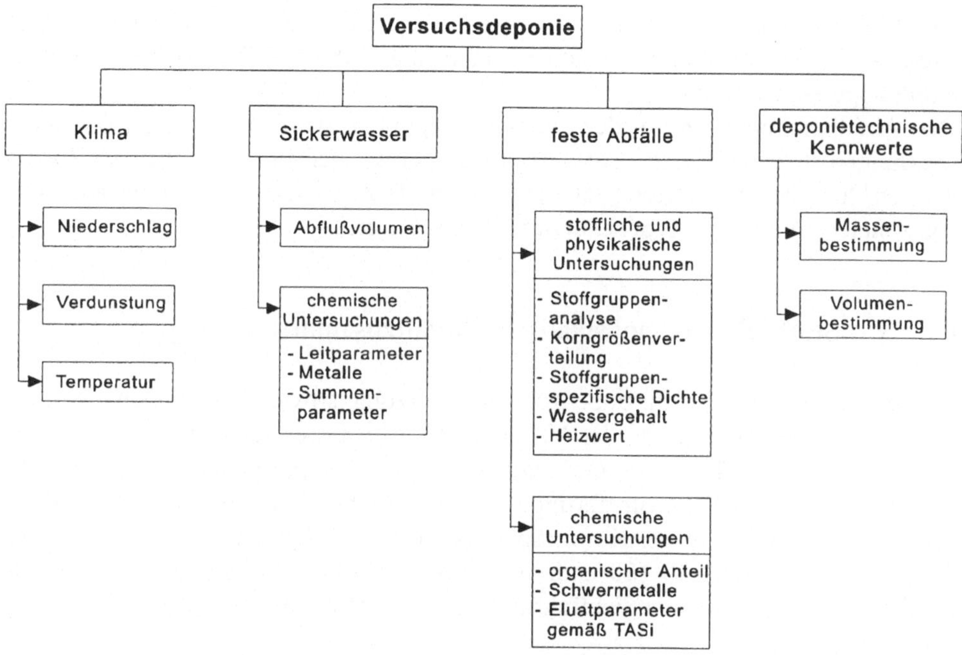

Abb. I.1.1: Abfallwirtschaftliches Untersuchungsprogramm für die Versuchsdeponien

I.1.2 Untersuchungsmethoden

I.1.2.1 Deponietechnische Kennwerte

Zur Ermittlung der Trockendichte wurden die Massen der ausgebauten bzw. eingebauten Abfälle durch Verwiegung bestimmt und der Volumenbedarf dieser Abfälle über die Umfangs- und Höhenvermessung der einzelnen Versuchsdeponien errechnet.

I.1.2.2 Klima- und Abflußdaten

Die Niederschlagsmessungen erfolgten in Regenmessern (nach Hellmann) auf der Versuchsanlage. Die für die Berechnung des abflußwirksamen Niederschlages erforderliche potentielle Verdunstung wurde dem Agrarmeteorologischen Wochenbericht entnommen.

Durch die getrennte Erfassung des aus den Versuchsdeponien anfallenden Sickerwassers in geeichten Sammelgefäßen konnte die Höhe des Sickerwasserabflusses direkt abgelesen werden.
Die Abfalltemperaturen in den Versuchsdeponien wurden punktförmig durch Messungen in eingebauten, stationären Temperaturmeßrohren erfaßt. Als Bezug wurden für die Auswertung die jeweiligen Tagesmitteltemperaturen aus dem Agrarmeteorologischen Wochenbericht herangezogen.

I.1.2.3 Stoffliche und physikalische Abfallzusammensetzung

Zur Ermittlung der Stoffgruppenzusammensetzung sowie Korngrößenverteilung wurden parallel zum Ausbau der Versuchsdeponien feste Abfallproben gewonnen, deren Umfang ca. 1 % der Gesamtmasse einer Versuchsdeponie umfaßte. An diesen Proben wurde die Stoffgruppenanalyse durchgeführt und die Korngrößenverteilung ermittelt. Für die Korngrößenverteilung wurden die Gewichtsanteile bei < 8 mm, 8-40 mm, 40-100 mm und 100-500 mm bestimmt. Die händische Sortierung erfolgte aus den Siebfraktionen > 8 mm in die Stoffgruppen:

- Papier/Pappe	- Verpackungsverbund	- Fe-Metalle
- NFe-Metalle	- Glas	- Kunststoffe
- Textilien	- Mineralien	- Materialverbund
- Problemabfälle	- Windeln	- Holz

Durch die sich anschließende stoffgruppenspezifische Wassergehaltsbestimmung konnte die Abfallzusammensetzung auf die Gesamttrockenmasse bezogen ausgewiesen werden. Außerdem wurde an Teilproben der sortierten Stoffgruppen die stoffgruppenspezifische Dichte mit dem Weithalspyknometer gemäß DIN 18 124 ermittelt. Die gemischspezifische Dichte des Gesamtabfalls jeder Versuchsdeponie konnte dann mit der jeweiligen gewichtsanteiligen Stoffgruppenzusammensetzung errechnet werden.
Der zur Ermittlung der Trockenmasse benötigte durchschnittliche Wassergehalt in den Versuchsdeponien wurde als Medianwert aus den Werten mehrerer Proben bestimmt. Die Trocknung der gewonnenen Proben erfolgte bei 60 ^{0}C; die prozentualen Angaben des Wassergehalts beziehen sich hier stets auf die Feuchtmasse der Proben.
Desweiteren wurde an Proben aus den Fraktionen < 100 mm und > 100 mm der Heizwert gemäß DIN 51 900 ermittelt und der untere Heizwert in der Rohprobe (Verwendungszustand) unter Berücksichtigung des vorliegenden Wassergehaltes errechnet.

I.1.2.4 Chemische Untersuchungen des Abfalls und des Sickerwassers

Der organische Anteil im Feststoff wurde als Glühverlust sowie Kohlenstoff organisch (TOC) gemäß DIN 38 409 bestimmt, nachdem die Proben gemahlen waren. Zusätzlich zum TOC wurde der gesamte Kohlenstoff (TC) ebenfalls gasvolumetrisch, aber ohne Salzsäurevorbehandlung ermittelt. Für die Ermittlung der Schwermetallkonzentration erfolgte die Vorbereitung der Feststoffproben mittels Königswasseraufschluß (DIN 38 414). Die anschließende Analyse wurde im Atomabsorptionsspektrometer gemäß DIN 38 406 bzw. 38 405 durchgeführt.
Die Eluatparameter des Anhangs B der TA Siedlungsabfall wurden nach den dort aufgeführten Methoden untersucht. Analog zu den Bestimmungsmethoden der Eluatparameter wurden auch die einzelnen Sickerwasseruntersuchungen durchgeführt.

I.2 Ablauf der Arbeiten an den Versuchsdeponien

I.2.1 Vorgehensweise und Maschineneinsatz

Die Abfolge der einzelnen Arbeitsschritte für die jeweiligen Versuchsdeponien ist in Abb. I.2.1 in der Übersicht dargestellt. Zunächst fanden Messungen zur Charakterisierung des Ist-Zustandes der einzelnen Versuchsdeponien statt. Hierfür wurden im Rahmen der abfallwirtschaftlichen Betrachtungen Sickerwasseruntersuchungen durchgeführt und das Volumen jeder Versuchsdeponie durch Vermessung ermittelt. Um die aktuellen Gasemissionen feststellen zu können, wurden die Versuchsdeponien mit einer gasdichten Folie vollständig abgedeckt und an der Oberseite dieser Abdeckung ein Gassammelkamin installiert. Der Querschnitt des Kaminausgangs war mit 2 bis 3 Lagen Aktiv- kohle versehen, die zur Anreicherung der Gasinhaltsstoffe diente. Außerdem konnten Gasproben unterhalb der Aktivkohle direkt über eine Probenahmevorrichtung gezogen werden.
Als nächster Schritt erfolgte der geordnete Ausbau der einzelnen Versuchsdeponien mit einem Hydraulikbagger. Begleitend wurden die unterschiedlichen Abfallproben für abfallwirtschaftliche, mikrobiologische und abfallanalytische Untersuchungen entnommen. Die aus den Versuchsdeponien ausgebauten Abfallmassen wurden getrennt verwogen und auf Absetzkippern zu einer extra für dieses Vorhaben errichteten, semimobilen Behandlungsanlage transportiert.
In der Behandlungsanlage erfolgte zunächst eine Trommelsiebung mit einem Siebschnitt bei 100 mm. Das durch die Siebung gewonnene Überkorn > 100 mm wurde verwogen, beprobt und anschließend entsorgt, da im Rahmen dieses Projektes keine weitere, z.B. thermische Behandlung durchgeführt werden konnte. Das aus

der Siebung gewonnene Unterkorn < 100 mm wurde dagegen in Drehtrommelbehältern über eine Dauer von 30 Minuten homogenisiert. Zur Verbesserung der Umsetzungsbedingungen in der nachfolgenden biologischen Behandlung wurde einigen Abfallchargen während der Homogenisierung Wasser zugegeben. In den meisten Fällen war der Eigenwassergehalt der Abfälle jedoch ausreichend.
Die biologische Behandlung der homogenisierten und verwogenen Abfälle fand wiederum in zylindrischen Behältern (Lysimetern) statt, deren Aufbau gegenüber den Versuchsdeponien an die Erfordernisse der jeweiligen Behandlungsart (aerob bzw. anaerob) angepaßt war (Abschn. I.2.2). Die aerobe Behandlung erfolgte in den Behältern im Kaminzugverfahren nach SPILLMANN/COLLINS (1981). Für die anaerob/aerob Wechsel bei der Behandlung des gering mit Phenol- und Galvanikschlamm, Cyaniden und Pestiziden belasteten Hausmülls, der gerotteten Hausmüll-Klärschlamm-Mischung und des hoch mit Phenol- und Galvanikschlamm, Cyaniden und Pestiziden belasteten Hausmülls wurden die Behandlungsbehälter zwischenzeitlich mit einer gasdichten Folie abgedeckt. Die Dauer und der Zeitpunkt der Wechsel der anaeroben bzw. aeroben Phasen in diesen drei Behandlungsbehältern wurde im Rahmen der mikrobiologischen Untersuchungen festgelegt. Insgesamt betrug die Dauer der biologischen Behandlung der Abfälle 10 Monate.
Im Anschluß an die biologische Behandlung wurden die Abfälle erneut verwogen und dann hochverdichtet, dünnschichtig in neue Versuchsdeponien eingebaut. In der Folgezeit wurde das Langzeitverhalten der rückgebauten Abfälle in den neu entstandenen Deponien über einen Zeitraum von etwa 1 Jahr beobachtet.
Die bei den Arbeiten an der Versuchsanlage eingesetzten Maschinen sind dem Verfahrensschema der Abb. I.2.2 zu entnehmen. Die Siebung wurde mit einem Trommelsieb (MBU ML 2000 S) mit einer Siebfläche von 11,8 m^2 bei einem Trommeldurchmesser von 1,50 m und einer Trommellänge von 2,50 m vorgenommen. Beim Siebbelag handelte es sich um ein Gittersieb mit langförmigen, rechteckigen Sieböffnungen von 170 * 80 mm. Dies führte zu einer Trennkorngröße von etwa 100 mm. Die Drehzahl der Trommel wurde auf etwa 8 U/min geregelt bei einer Trommelneigung von etwa 2°. Für die Homogenisierung des Unterkorns wurden Drehtrommelfahrzeuge mit 16 bis 20 m^3 Nutzvolumen eingesetzt.
Die Verdichtung beim dünnschichtigen Einbau der behandelten Abfälle erfolgte in Schichthöhen von 20 bis 30 cm mit einer Grabenwalze (Bomag BW 850 TR), die eine kompaktorähnliche Verdichtung innerhalb der engen Behälterbegrenzung ermöglichte. Die Grabenwalze wies ein Eigengewicht von 1,3 t auf und war mit zwei Doppel-Schaffußwalzen ($h_{Fuß}$ = 2,5 cm) auf einer Walzenbreite von 85 cm ausgestattet. Die schwer zugänglichen Randbereiche des Behälters wurden mit einer Explosionsramme verdichtet.

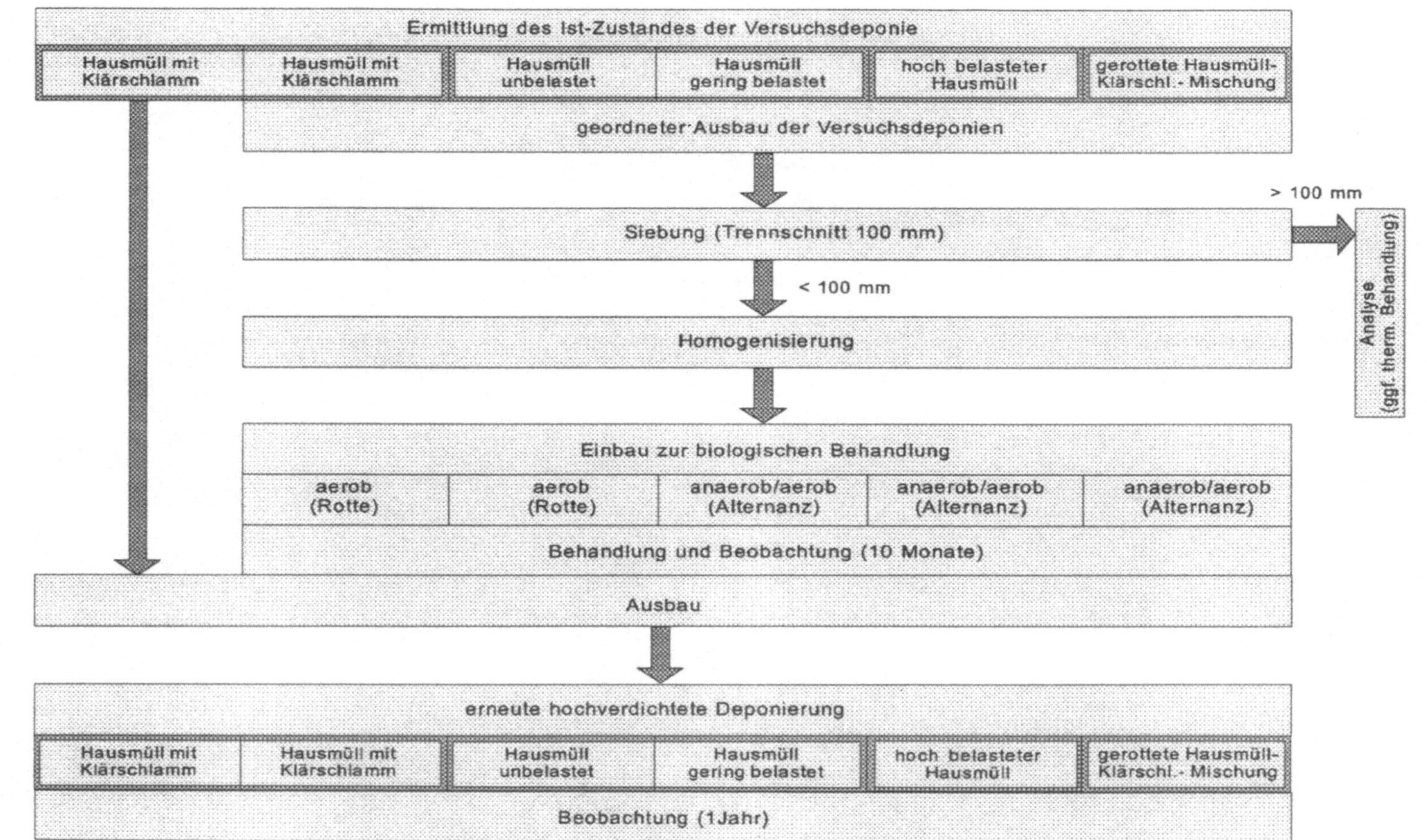

Abb. I.2.1: Arbeitsschritte beim Rückbau der Versuchsdeponien

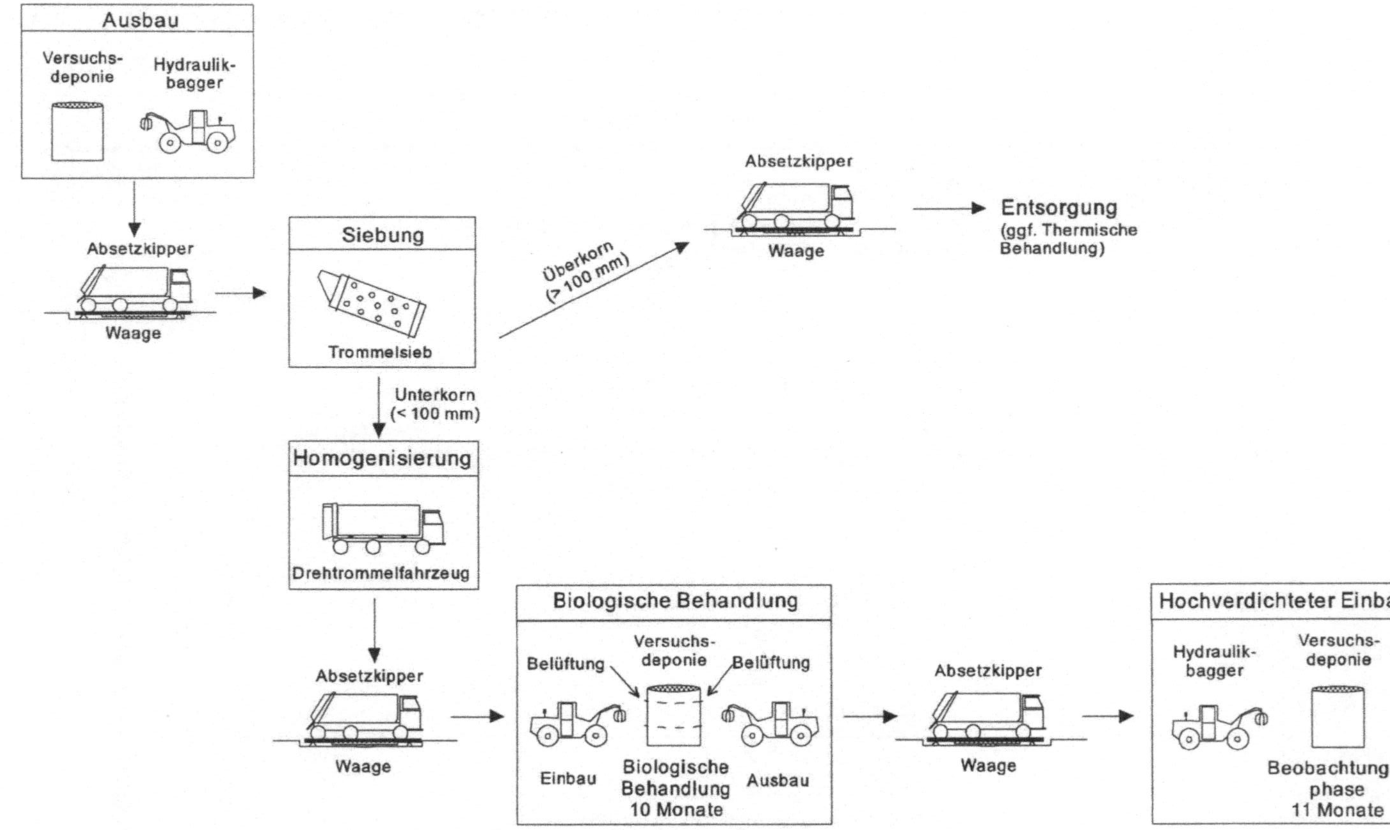

Abb. I.2.2: Verfahrensschema über Ausbau, Behandlung und erneute Deponierung

I.2.2 Konstruktion der Versuchsdeponien

Bei den aus dem früheren Forschungsvorhaben zur Verfügung stehenden Versuchskörpern handelte es sich um zylindrische, mit Abfällen gefüllte Behälter, sogenannte Lysimeter, mit einem Durchmesser von 5 m, einer Höhe von mehr als 4 m und damit einem Volumen von etwa 80 m³ (Abb. I.2.3). Mit diesen Behältern wurden verschiedene Deponietypen nachgestellt und dabei physikalische und stoffliche Veränderungen der abgelagerten Abfälle beobachtet sowie deren Emissionen untersucht (SPILLMANN, 1986). Dabei wurde auch nachgewiesen, daß diese Lysimeter geeignet sind, Deponien eindeutig zu simulieren.

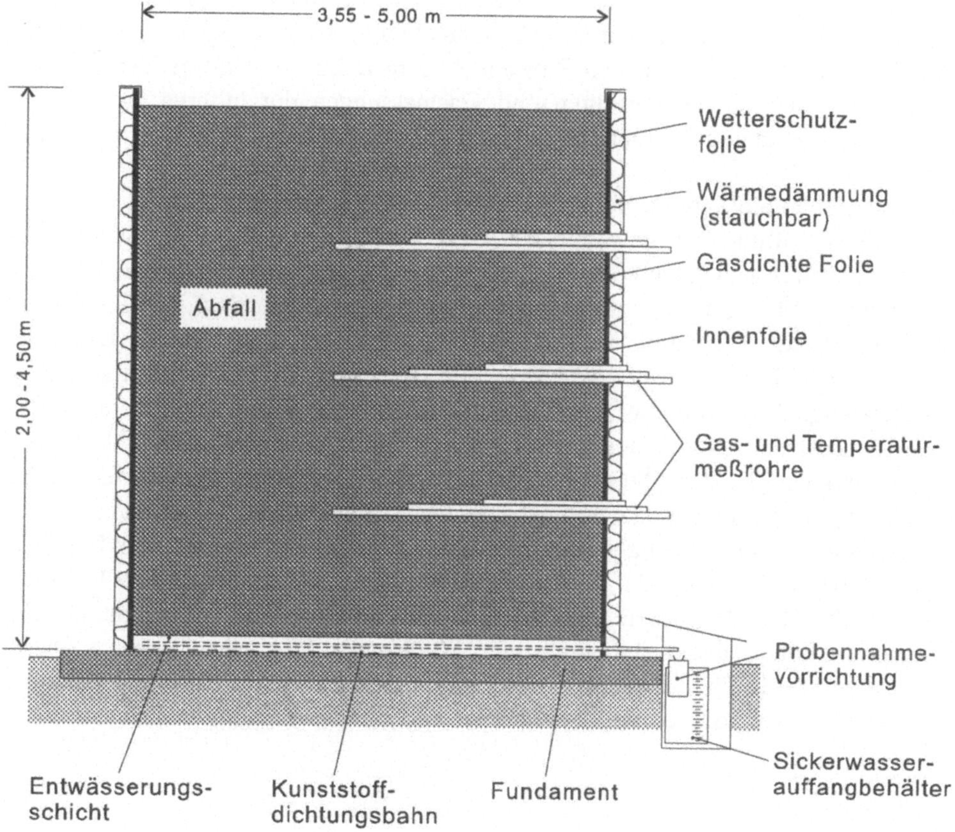

Abb. I.2.3: Schematischer Aufbau der alten und neuen Versuchsdeponien

Das Bauprinzip der Lysimeter beruht auf der Überlegung, daß die Versuchsanlage für jeden zu untersuchenden Deponietyp einen allseitig zugänglichen und kontrollierbaren Ausschnitt aus dem Innenbereich einer entsprechenden Deponie darstellen und der Einfluß der unvermeidbaren Berandung vernachlässigbar gering sein soll. Der Deponieausschnitt mit kleinster Randfläche im Verhältnis zum Inhalt ist ein zylindrischer Behälter, dessen stauchbare, aber zugfeste Zylinderwand die Seitendehnung bei ungehinderter Setzung verhindert und dessen seitliche Wärmedämmung die seitliche Temperaturabgabe so weit einschränkt, daß der Wärmeaustausch - wie auf der Deponie - über die Oberfläche maßgebend wird. Die freie Aufstellung des Zylinders auf einer Basisabdichtung erfüllt weitgehend die Forderung nach Zugänglichkeit und Kontrollierbarkeit.
Der Aufbau der Behälter für die biologische Behandlung und die erneute Deponierung (Abb. I.2.4) glich weitgehend dem Aufbau der alten Versuchsdeponien. Der Durchmesser wurde jedoch aus bautechnischen Gründen gegenüber den alten Versuchsdeponien von 5 m auf 3,55 m reduziert. Um die Temperaturentwicklung der Abfälle verfolgen und Gasmessungen durchführen zu können, wurden beim Einbau der Abfälle in die Behälter verschiedene Meßrohre mit eingebracht.
Für eine aerobe biologische Behandlung der Abfälle in den Behältern ist eine ausreichende Belüftung zu gewährleisten, die eine Anordnung von Belüftungsschichten erforderlich machte (Abb. I.2.4). Als Belüftungsschichten wurden jeweils über den gesamten Querschnitt der Behälter Holzpaletten eingelegt, die durch vier, durch die Wandkonstruktion nach außen führende Belüftungsschläuche (Dränrohr NW 50) mit Luft versorgt wurden. Zur Erzielung eines Kaminzugeffektes (eigenständige Luftströmung durch den Abfallkörper) wurde der Luftraum der Paletten zusätzlich untereinander über ein vertikales, durchgehendes Belüftungsrohr verbunden. In den Behältern zur biologischen Behandlung wurden 2 bis 3 Belüftungsschichten mit dazwischenliegenden Abfallschichten angeordnet.
Für die Alternanzbehandlung - dem Wechsel von anaerober und aerober Behandlung (Variante 3, Abb. 1) - war zeitweise ein Luftabschluß der Behälter erforderlich. Hierzu wurden die Behälter der alternierenden Behandlung mit gasdichter Folie abgedeckt und die Belüftungsrohre verschlossen. Diese Abdeckung wurde für die aeroben Behandlungsphasen wieder entfernt. Während der Abdeckphasen konnte damit kein Niederschlag in die Behälter eindringen.

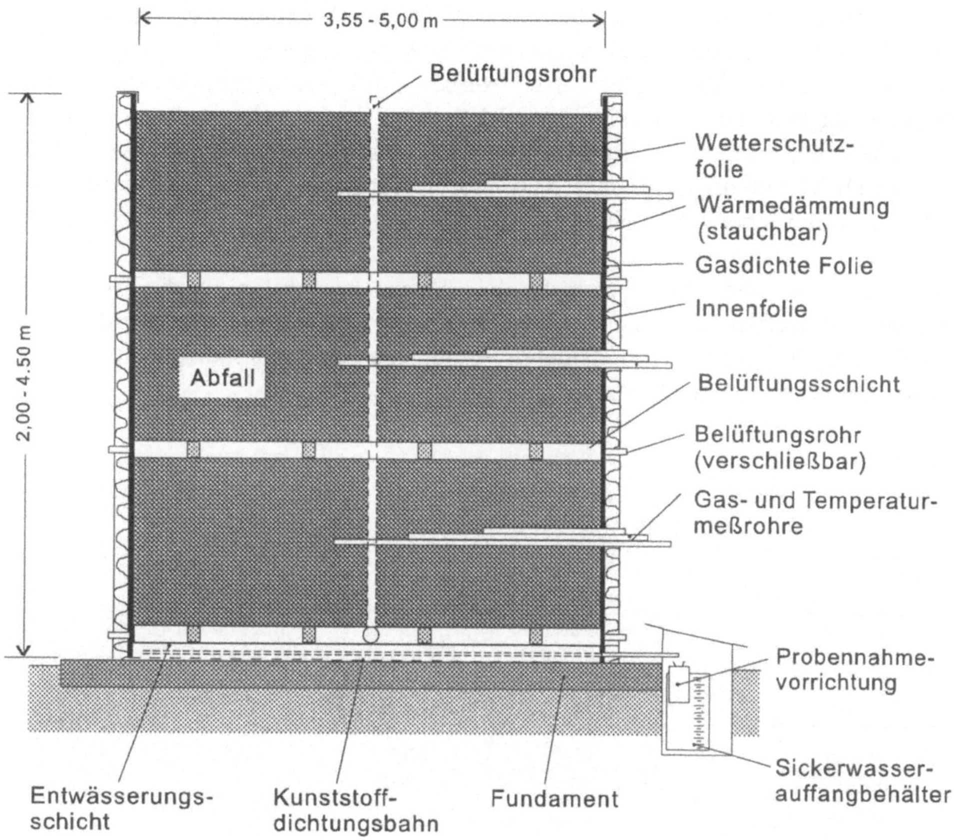

Abb. I.2.4: Schematischer Aufbau der Behälter zur aeroben biologischen Behandlung

I.3 Ergebnisse der abfallwirtschaftlichen Untersuchungen

I.3.1 Massen- und Volumenreduktion durch langjährige Ablagerung

Während der Lagerung der Abfälle finden biochemische Umsetzungsprozesse statt, bei denen es zu einem Abbau organischer Substanz kommt. Die Reduktion der

Trockenmasse ist eine wesentliche Ursache für das Auftreten von Setzungen im Deponiekörper, weil die durch biochemischen Abbau organischer Substanz freigewordenen Hohlräume unter der Auflast des darüberliegenden Abfalls zusammensacken. Desweiteren führen chemische, biologische und physikalische Einflüsse bei einzelnen Stoffgruppen zu erheblichen Festigkeitsverlusten, z.B. durch Metallkorrosion oder Kunststoffdegradation. Unter der Abfallauflast treten dadurch ebenfalls volumenmindernde Verformungen auf (BRAMMER, 1996).

Um Aussagen über das Ausmaß der Volumenreduktion nach 16 Jahren Deponierung treffen zu können, wurden die ursprünglich in die Versuchsdeponien eingebauten Abfallmassen und deren Volumenbedarf mit den beim Ausbau ermittelten Werten gegenübergestellt (Tab. I.3.1).

Tab. I.3.1: Massen- und Volumenreduktion der Versuchsdeponien durch langjährige Ablagerung

	Einheit	unbelasteter und gering belasteter Hausmüll	gerottete Hausmüll-Klärschlamm-Mischung	Hausmüll mit Klärschlamm in Linsen	hoch belasteter Hausmüll
Einbaumasse	t TS	43,0	25,0	42,0	19,0
Ausbaumasse	t TS	33,0	20,6	31,4	17,8
Reduktion der Masse	Gew.-%	23,3	17,6	25,2	6,3
Einbauvolumen	m³	71,7	25,0	82,4	35,3
Ausbauvolumen	m³	60,5	25,0	71,9	32,9
Reduktion des Volumens	Vol.-%	15,6	0,0	12,7	6,8
Einbaudichte	t TS/m³	0,60	1,00	0,51	0,54
Ausbaudichte	t TS/m³	0,55	0,82	0,44	0,54
Reduktion der Dichte	%	8,3	18,0	13,7	0,0

Die Massenreduktion betrug für die unbelastete/gering belastete Hausmüllablagerung und für die Ablagerung von Hausmüll mit Klärschlammlinsen ca. 25 Gew.% bezogen auf die eingebaute Trockenmasse. Für den hoch belasteten Hausmüll wurde eine Massenredukion von lediglich 6 Gew.-% (TS) ermittelt, was auf die hohe, abbauhemmende Belastung zurückzuführen ist. Die aerob vorbehandelte Hausmüll-Klärschlamm-Mischung wies eine Massenreduktion von 17,6 Gew.-% (TS) auf. Hierbei ist jedoch zu berücksichtigen, daß die Angaben zur

Einbaumasse nicht vollkommen eindeutig waren und die Massenverluste durch aerobe Vorbehandlung in der oberen Baustufe dieser Versuchsdeponie u.U. in diesem Wert mit enthalten sind.
Die Volumenreduktion lag für die unbelastete/gering belastete Hausmüllablagerung und für die Hausmüll-Klärschlammablagerung bei ca. 13 bis 16 Vol.-%, dagegen war die Volumenreduktion beim hoch belasteten Hausmüll mit ca. 6 Vol.-% deutlich geringer. Für die vorbehandelte Hausmüll-Klärschlamm-Mischung war keine Volumenreduktion festzustellen.
Die Ergebnisse zeigen, daß die Massenreduktion der abgelagerten Abfälle durch biochemischen Abbau langfristig nicht zu einer entsprechenden Volumenreduktion geführt haben. Hieraus ergibt sich langfristig eine deutliche Reduktion der Trockendichten (Tab. I.3.1). Die Ausnahme hiervon bildet der jüngere, hoch belastete Hausmüll, bei dem sich die Trockendichte aufgrund geringer Umsetzungsprozesse (nur 6,3 Gew.-% (TS) Massenreduktion) nicht veränderte.
Aus der langfristigen Abnahme der Trockendichten läßt sich folgern, daß bereits durch einen erneuten hochverdichteten Wiedereinbau der aufgenommenen Abfälle Volumen gewonnen werden kann. Bestätigt wurde diese Feststellung auch schon durch eine direkte Umlagerung von ca. 1 Mio. m^3 auf der Deponie Wolfsburg, wo nur durch den hochverdichteten Wiedereinbau der Abfälle eine Volumenreduzierung von ca. 30 Vol.-% erreicht wurde (BOLLWIEN, 1990). Ähnliche Ergebnisse sind außerdem aus weiteren Untersuchungen an zylindrischen Versuchsdeponien bekannt (COLLINS/SPILLMANN, 1990; CHAMMAH et al., 1987)

I.3.2 Verwertbarkeit einzelner Stoffgruppen und einer Überkornfraktion

I.3.2.1 Korngrößenverteilung der rückgebauten Abfälle

Beim Einbau der Abfälle in die Versuchsdeponien in den Jahren 1976 bis 1979 wurde die Zusammensetzung des verwendeten Hausmülls mehrfach durch Sieb- und Sortieranalysen bestimmt. Die Minimal-, Mittel- und Maximalwerte der Sieb- bzw. Sortierergebnisse sind in Tab. I.3.2 als Massenanteile der trockenen Abfälle für jede einzelne Baustufe angegeben (aus SPILLMANN, 1986).
Beim Ausbau der Versuchsdeponien wurden erneut Sieb- und Sortieranalysen durchgeführt. Abb. I.3.1 zeigt die Korngrößenverteilung der ein- und ausgebauten Abfälle. Erwartungsgemäß ist im Laufe der Deponierung eine Verschiebung der Sieblinien zu geringeren Korndurchmessern festzustellen. Die massenanteilige Zunahme der feineren Fraktionen ist zum einen auf die biochemischen Umsetzungsprozesse und zum anderen auf den Verdichtungsvorgang beim Einbau

der Abfälle zurückzuführen. Die hoch belasteten Abfälle wiesen die geringste Veränderung in der Korngrößenverteilung zwischen dem Einbau 1981 und dem Ausbau 1992 auf, weil die Umsetzungsprozesse in dieser Versuchsdeponie aufgrund der hohen Belastung mit Chemikalien nur langsam voranschritten. Die Korngrößenverteilung für die Abfälle im unteren Abschnitt der Versuchsdeponie mit Hausmüll und Klärschlammlinsen ist der Übersicht wegen in der Abb. I.3.1 nicht dargestellt; die Kurve deckt sich nahezu mit der Korngrößenverteilung der hoch belasteten Abfälle.

Tab. I.3.2: Ergebnisse der Sieb- und Sortieranalysen des in den Jahren 1976 bis 1979 eingebauten Hausmülls (verändert aus SPILLMANN, 1986)

Fraktion	Einheit	1. Baustufe Nov. 76 - Okt. 77			2. Baustufe Nov. 77 - Okt. 78			3. Baustufe Nov. 78 - Okt. 79
		Min.	Mittel	Max.	Min.	Mittel	Max.	Einzelwert
d > 100 mm	Gew.-% (TS)	20.0	35.0	43.0	23.8	30.7	35.1	36.6
100 > d > 50	Gew.-% (TS)	26.6	30.2	37.0	35.4	38.5	43.1	28.6
50 mm > d	Gew.-% (TS)	26.0	34.8	51.0	28.0	30.8	33.1	34.8

Grobmaterial d > 100 mm								
Stoffgruppen	Einheit	1. Baustufe Nov. 76 - Okt. 77			2. Baustufe Nov. 77 - Okt. 78			3. Baustufe Nov. 78 - Okt. 79
		Min.	Mittel	Max.	Min.	Mittel	Max.	Einzelwert
Metall gesamt	Gew.-% (TS)	3.9	9.1	18.3	3.0	5.1	7.5	10.8
Keramik, Gestein	Gew.-% (TS)	—	—	—	—	—	—	2.3
Glas	Gew.-% (TS)	14.6	18.9	30.0	4.7	13.6	18.2	8.5
Plastik	Gew.-% (TS)	14.9	23.2	30.6	14.5	15.9	18.2	13.3
Holz und Leder	Gew.-% (TS)	3.0	3.6	10.4	6.0	6.6	7.3	5.3
Papier und Pappe	Gew.-% (TS)	31.0	39.8	49.6	51.6	57.0	65.9	50.2
Küchenabfälle	Gew.-% (TS)	2.1	5.1	8.0	0.9	1.8	2.3	9.7

Für den Hausmüll mit Klärschlammlinsen ist die vergleichsweise geringe Zunahme des Feinanteils ebenfalls auf eine sehr langsame biochemische Umsetzung zurückzuführen. Die Ergebnisse der mikrobiologischen Untersuchungen (Abschn. II.3) bestätigen, daß im hoch belasteten Hausmüll und im Hausmüll mit Klärschlammlinsen (unterer Abschnitt der alten Versuchsdeponie) noch ein hohes Umsetzungspotential vorhanden ist.

Aus der Korngrößenverteilung des belasteten Hausmülls (oberer Abschnitt der alten Versuchsdeponie) und der gerotteten (aerob vorbehandelten) Hausmüll-

Klärschlamm-Mischung läßt sich dagegen nahezu eine Verdoppelung des Massenanteils < 40 mm ablesen. Die vorbehandelte Hausmüll-Klärschlamm-Mischung wies mit mehr als 75 Gew.-% (FS) < 40 mm den höchsten Zersetzungsgrad auf. Dies ist vor allem auf die aerobe Vorbehandlung der Abfälle vor der erstmaligen Verdichtung zurückzuführen. Die in Abb. I.3.1 nicht dargestellten Korngrößenverteilungen für den unbelasteten Hausmüll (unterer Abschnitt der alten Versuchsdeponie) und den oberflächennahen Hausmüll mit Klärschlammlinsen liegen im Bereich der Korngrößenverteilung für belasteten Hausmüll.

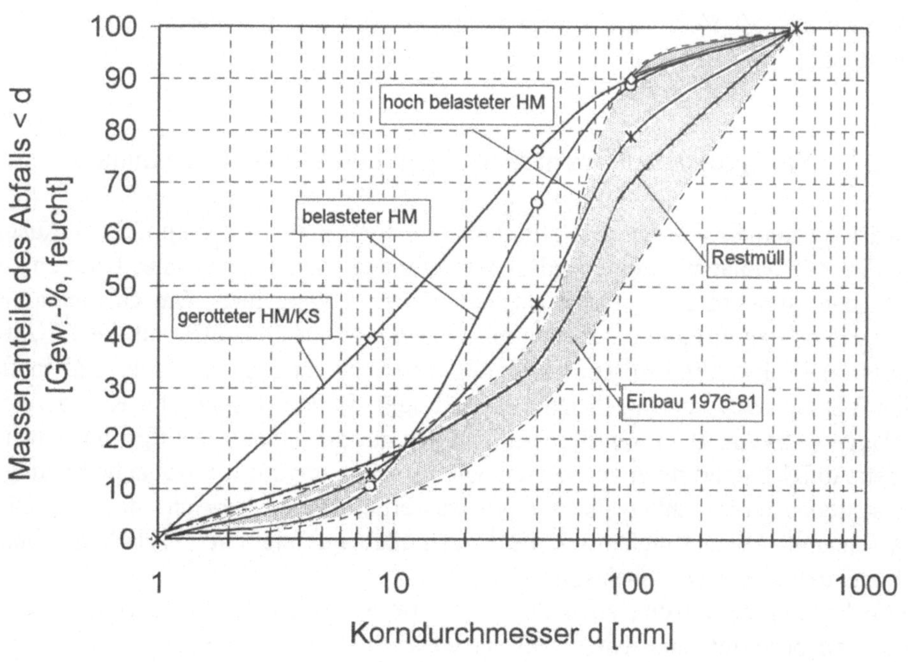

Abb. I.3.1: Korngrößenverteilungen der Abfälle aus den Versuchsdeponien bei Einbau (1976-1981) und Ausbau (1992)

Deutliche Unterschiede in der Korngrößenverteilung sind auch im Vergleich mit derzeitigem Restmüll (STEGMANN et al., 1995) festzustellen. Restmüll enthält rund 60 Gew.-% (FS) der Fraktion > 40 mm. Dieser Anteil macht dagegen bei den

rückgebauten Versuchsdeponien, in denen die Umsetzungsprozesse weit fortgeschritten sind, nur etwa 30 Gew.-% (FS) aus. Der Feinkornanteil im Altmüll ist im Vergleich zum Restmüll so groß, daß dies bei der Konzeption und Dimensionierung von Aufbereitungsanlagen für rückgebaute Abfälle gegenüber den Anlagen für frischen Restmüll beachtet werden muß.
Der hohe Feinkornanteil wirkt sich außerdem günstig auf die Verdichtbarkeit bei erneuter Deponierung aus. Dies läßt sich beispielsweise aus Untersuchungen zur Einbaudichte von Restabfall bei unterschiedlicher Vorbehandlung schließen (TURK et al., 1996). Die Untersuchungen zeigten, daß ein mechanisch-biologisch vorbehandelter Restmüll mit einem, durch die Behandlung erhöhten Feinkornanteil eine um mehr als 50 % höhere Einbaudichte erzielte als der gleiche, unbehandelte Restabfall.

I.3.2.2 Stoffgruppenzusammensetzungen und Wertstoffgewinnung

Erwartungsgemäß wurden fast alle damals eingebauten Stoffgruppen bei Ausbau der Versuchsablagerungen wieder vorgefunden. Die Ausnahme bildeten die inzwischen umgesetzten, sehr leicht abbaubaren Vegetabilien. Die gut abbaubare Stoffgruppe Papier/Pappe war noch mit 2 bis 4 Gew.-% (bezogen auf die Trockensubstanz) in der Abfallzusammensetzung vertreten, bedingt dadurch, daß in fast allen Versuchsdeponien auch nach langjähriger Standzeit anaerobe Kernbereiche vorlagen (Abschn. II.2). Größere Anteile der gut abbaubaren Stoffgruppen waren in den Abfallablagerungen zu verzeichnen, in denen ungünstige Abbaubedingungen herrschten. Hierzu zählten die unteren wassergesättigten Bereiche der Hausmüll-Klärschlamm-Ablagerung sowie die Hausmüllablagerung mit der hohen, abbauhemmenden chemischen Belastung.
Diese Ergebnisse werden auch durch andere Ausgrabungen bzw. Bohrungen in Deponien bestätigt, aus denen beispielsweise sehr gut konservierte und lesbare, mehr als 50 Jahre alte Zeitungen gewonnen wurden (MÜNNICH/COLLINS, 1993). Der geringe Abbaugrad ist in allen Fällen darin begründet, daß in den Deponien mit Ausnahme der oberflächennahen Bereiche auch nach Jahrzehnten noch ein anaerobes Milieu herrscht, das nur eine langsame Umsetzung organischer Substanz ermöglicht. Dies bestätigt die bislang noch nicht überall akzeptierte Tatsache, daß das Alter einer Ablagerung noch keine Aussage über den Zustand des Abfalls in dieser Ablagerung erlaubt.
Für eine stoffliche Wiederverwertung einzelner Stoffgruppen im Hausmüll kommen grundsätzlich Papier/Pappe, Kunststoffe, Glas, Fe-Metalle, NFe-Metalle und Verpackungsverbund in Frage. Ausschlaggebend für die Wirtschaftlichkeit einer Wiederverwertung ist dabei in erster Linie die Vermarktbarkeit des aus der stofflichen Aufbereitung entstehenden Sekundärrohstoffs und zwar in Abhängigkeit

vom Aufbereitungsaufwand. Hierzu zählt als erste Stufe der Aufbereitung die Reinigung der gewonnenen Wertstoffe vor der eigentlichen Aufbereitung.
Bei der Reinigung von Wertstoffen aus dem Deponierückbau ist von einem wesentlich höheren Aufwand auszugehen als für die Aufbereitung von Wertstoffen aus der getrennten Sammlung und auch gegenüber einer nachträglichen Wertstoffsortierung aus dem Haus- oder Restmüll. Durch die Verdichtung der Abfälle beim Einbau auf der Deponie werden die darin enthaltenen potentiellen Wertstoffe zerkleinert, mit anderen Abfallbestandteilen vermengt und zusammengedrückt. Die Abtrennung einzelner Stoffe wird durch hohe, lagerungsbedingte Wassergehalte und die daraus resultierenden Verklebungen der ausgebauten Abfälle erschwert, weil der Stoffstrom kaum aufgeschlossen werden kann. Außerdem sind die Abfälle während der Lagerung dem Deponiesickerwasser und Temperaturen ausgesetzt, die auch langfristig bis zu 60° C betragen können (COLLINS/MÜNNICH, 1993). Diese besonderen Einflüsse können neben erheblichen Verunreinigungen auch zu Veränderungen der physikalischen und chemischen Eigenschaften führen, die die Verwertbarkeit erheblich einschränken. Dieser zusätzliche Aufwand ist im Vergleich zur herkömmlichen Wertstoffgewinnung nur dann gerechtfertigt, wenn ein hoher Wertstoffanteil in den rückgebauten Abfällen vorhanden ist.
Die jeweiligen Anteile der für eine stoffliche Verwertung in Betracht kommenden Stoffgruppen Papier/Pappe bzw. Verpackungsverbund, Kunststoffe, Metalle und Glas sind im Vergleich zum Rest in Abb. I.3.2 für die einzelnen Versuchsdeponien dargestellt.
Der Anteil von Papier/Pappe sowie Verpackungsverbund war mit bis zu 9 Gew.-% (TS) - mit Ausnahme des hoch belasteten Hausmülls - verhältnismäßig gering, zumal diese Stoffe in den meisten Fällen so stark verunreinigt waren, daß eine Verwertung nicht sinnvoll erscheint.
Glas war in den verschiedenen Versuchsdeponien mit einem Anteil zwischen 5 und 25 Gew.-% (TS) vorhanden. Die Wiederverwertung von Glas stellt hohe Ansprüche an die farbliche Trennung der Glasscherben. In diesem Zusammenhang ist auch die Scherben- bzw. Flaschengröße des Glases von Bedeutung. Verursacht durch die Verdichtung beim Abfalleinbau betrug der Anteil an Glasscherben < 40 mm im unbelasteten/gering belasteten Hausmüll etwa 55 Gew.-% (FS). Ein hoher Scherbenanteil erschwert aber eine farbliche Trennung des Glases. Optoelektronische Verfahren zur Farbtrennung von Glas erzielen bei der Negativsortierung (Aussortierung von Fremd- oder Fehlstoffen aus Glaschargen einer Farbe) größerer Scherben die höchsten Wirkungsgrade (TILTMANN, 1990). Gleiches gilt für die herkömmliche Handsortierung umso mehr, da hierbei die Scherbengröße ein gewisses Maß nicht unterschreiten sollte. Zur Separierung großer Glasteile aus dem stark durchmischten und "verknäulten" Abfallstrom beim Deponierückbau ist lediglich eine Handsortierung vorstellbar. Die Reinigung des getrennt erfaßten Glases ist hingegen problemlos, weil es sich beim Glas um inertes

Material handelt. Das Waschwasser aus dieser Reinigung ist allerdings höher belastet als beim Glas aus der getrennten Sammlung. Insgesamt ist eine stoffliche Wiederverwertung des Glasanteils im rückgebauten Hausmüll aus den genannten Gründen nicht praktikabel.
Die bei der Abfallanalyse aussortierten Eisen- (Fe) und Nichteisenmetalle (NFe) nahmen einen Anteil von etwa 3 bis 8 Gew.-% (TS) ein. Sie wiesen einen hohen Verschmutzungsgrad und sichtbare Materialveränderungen auf, die vor allem aus dem Kontakt mit Sickerwasser resultieren. Häufig waren andere Materialien mit Blechdosen beim verdichteten Einbau in die Deponie zusammengedrückt worden und kaum noch auseinanderzutrennen. Beim Einsatz einer Magnetscheidung tritt somit ein erhöhter Anteil an mitgenommenen Fremdstoffen (v. a. Kunststoffe) auf. Eine Nachsortierung und -behandlung der durch Magnetscheidung gewonnenen Fe-Metalle wäre deswegen für eine anschließende gemeinsame Aufbereitung mit herkömmlich abgetrennten Fe-Metallen unbedingt erforderlich.
Die Kunststoffe stellten in den Versuchsdeponien mit 10-17 Gew.-% (TS) den größten Massenanteil der potentiellen Wertstoffe dar. Dieser Anteil ist unter Berücksichtigung der vergleichsweise geringen spezifischen Dichte von Kunststoff mit etwa 1,0 t/m^3 als sehr hoch zu bewerten. In allen Versuchsdeponien enthielt die Fraktion > 100 mm etwa 50 Gew.-% des gesamten Kunststoffanteils.
Die Trennung der Kunststoffe aus dem zu sortierenden Abfallstrom ist als Handsortierung bestenfalls aus einer vorher separierten Leichtfraktion denkbar. Die so abgetrennten Kunststoffabfälle bestehen aus einem Gemisch der unterschiedlichsten Kunststoffarten. Ohne weitere Trennung der einzelnen Kunststoffarten ist aufgrund der chemischen Unverträglichkeit einzelner Kunststoffsorten lediglich eine Aufbereitung zu minderwertigeren Mischkunststoffprodukten ohne hohe Anforderungen beispielsweise an Festigkeit und Dichtigkeit des Produktes (z. B. Palisaden, Schallschutzwände) möglich (TILTMANN, 1990). Da sich die meisten Kunststoffsorten nur schwer miteinander verarbeiten lassen, ist für eine werkstoffliche Aufbereitung die Trennung in die einzelnen Kunststoffsorten erforderlich. Hierzu muß das Kunststoffgemisch zerkleinert, gewaschen und in die einzelnen Sorten getrennt werden. Erst dann kann eine sortenspezifische Aufbereitung erfolgen.
Zusammenfassend ist festzustellen, daß der Massenanteil der meisten verwertbaren Stoffgruppen in den alten Hausmüllablagerungen verhältnismäßig gering ist. Eine mechanische Trennung und Sortierung zur Erfassung der einzelnen Wertstoffe wird durch die starke Vermischung sowie Verklebung der Stoffgruppen und hohe Wassergehalte sehr erschwert. Bei hoher Materialfeuchte wäre eine vorgeschaltete Trocknung der rückgebauten Abfälle für die anschließende mechanische Aufbereitung erforderlich.
Somit ist eine Abtrennung, Reinigung und Aufbereitung von Wertstoffen aus dem Rückbau in der Regel nur mit unverhältnismäßigem Aufwand durchführbar. Im konkreten Einzelfall sollte die Entscheidung hierüber anhand der Ergebnisse aus

einer Erkundung (u.a. Bohrgutuntersuchung) und unter Berücksichtigung der regionalen Absatzmöglichkeiten für diese Wertstoffe getroffen werden. Insgesamt ist aber ein Wertstoffrückgewinn für eine stoffliche Verwertung aus alten Ablagerungen ökonomisch und ökologisch zweifelhaft. Der Verbrauch von Primärressourcen, wie Wasser und Energie ist deutlich höher als bei einer Wertstoffsortierung vor der erstmaligen Deponierung.

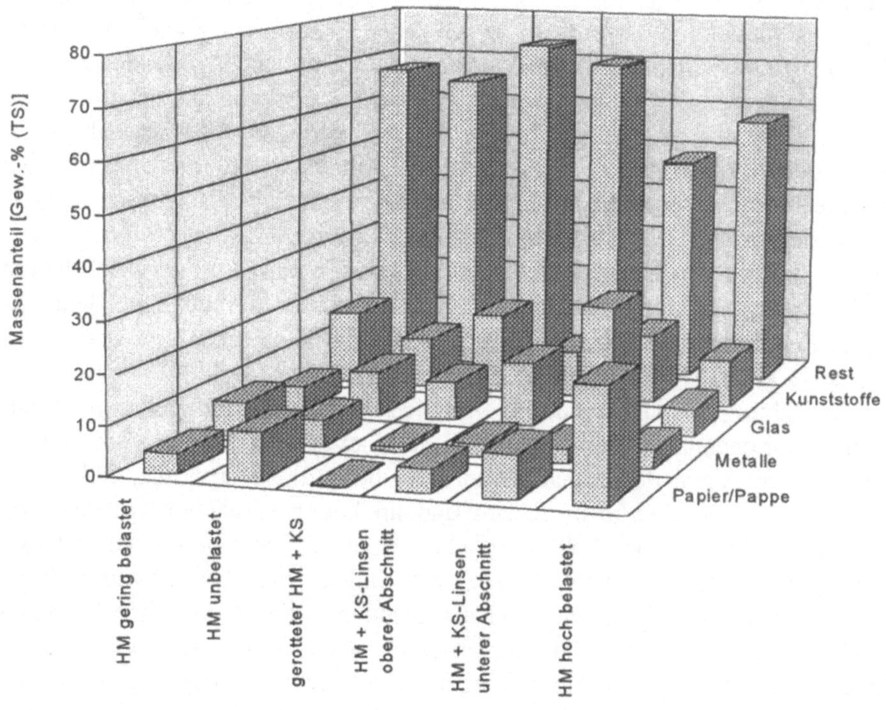

Abb. I.3.2: Anteile potentiell stofflich verwertbarer Abfälle in den rückgebauten Versuchsdeponien

I.3.2.3 Verwertung des Überkorns

Nachdem die Untersuchung einzelner Stoffgruppen ergeben hat, daß eine stoffliche Verwertung in den meisten Fällen nur mit unverhältnismäßigem Aufwand erreichbar ist, stellt sich die Frage, ob eine energetische Verwertung von Teilfraktionen, insbesondere einer Überkornfraktion sinnvoll ist. Im Rahmen des Rückbaus der Versuchsdeponien wurde dazu eine Siebung der aufgenommenen

Abfälle mit einem Trennschnitt bei 100 mm durchgeführt. Aus der Absiebung wurden zwischen 14 und 21 Gew.-% (TS) Überkorn gewonnen (Tab. I.3.3).
Probleme traten bei der Siebung des Hausmülls mit Klärschlammlinsen auf, weil es beim Austrag aus dem Trommelsieb ständig zu Verstopfungen kam und die Siebgüte äußerst schlecht war. Verursacht wurden diese Störungen durch die sehr schlammige Konsistenz der aufgenommenen Abfälle bei einem Klärschlammanteil von etwa 33 Gew.-% (FS) und einem Wassergehalt von 50 Gew.-% (FS). Dadurch ist der extrem hohe Überkornanteil von 41 Gew.-% (TS) in Tab. I.3.3 zu erklären.
Der Wassergehalt des aus der Siebung gewonnenen Überkorns lag - mit Ausnahme des hoch belasteten Hausmülls - zwischen 30 und 38 Gew.-% (FS). Demgegenüber war der Wassergehalt des Unterkorns (< 100 mm) mit Werten zwischen 33 und 43 Gew.-% (FS) nur geringfügig höher. Die nur geringen Wassergehaltsunterschiede zwischen Über- und Unterkorn lassen vermuten, daß im Überkorn ein großer Anteil von feinkörnigen, wasserreichen Anhaftungen vorhanden ist. Letzteres ist wiederum auf die insgesamt hohen Wassergehalte von etwa 30 bis 50 Gew.-% (FS) in den Versuchsdeponien zurückzuführen. Als Vergleich hierzu ergaben beispielsweise Untersuchungen im Rahmen von Bohrarbeiten auf dem Altkörper der Zentraldeponie Hannover stark streuende Wassergehalte von etwa 10 bis 60 Gew.-% (FS) (MÜNNICH/COLLINS, 1993).
Analog zur Siebung vor Ort wurde bei den Sieb- und Sortieranalysen von Abfallproben im Labor ebenfalls ein Siebschnitt bei 100 mm gesetzt. Dadurch bot sich die Möglichkeit, den Anteil der Anhaftungen am Überkorn zu ermitteln, indem die Erfassungsquoten des Überkorns in situ und im Labor verglichen wurden. Die Siebung von Stichproben im Labor erreicht wegen größerer betrieblicher Flexibilität und geringeren Durchsatzleistungen eine höhere Siebgüte als die Siebung vor Ort. Geringere Siebgüten (hier: bei der Siebung vor Ort) täuschen hingegen höhere Erfassungsquoten vor, da am Überkorn anhaftendes oder nicht aufgeschlossenes Unterkorn in der erfaßten, abgetrennten Masse enthalten ist. Im Labor lassen sich somit Erfassungsquoten ermitteln, die zur Korrektur der vor Ort-Ergebnisse z.B. im Hinblick auf den Anteil der Anhaftungen herangezogen werden können.
In den Siebanalysen im Labor wurden zwischen 10 und 12 Gew.-% (TS) Überkorn ermittelt. Aus der Differenz zwischen der Siebung in situ und im Labor errechnet sich ein Fremdkornanteil (feinkörnige Anhaftungen) zwischen 4 und 38 Gew.-% (TS), der durch ungünstige Siebbedingungen in situ, d.h. vor allem durch hohe Wasser- bzw. Klärschlammgehalte hervorgerufen wurde. Die im Labor ermittelten prozentualen Stoffgruppenzusammensetzungen des Überkorns wurden unter Berücksichtigung des jeweiligen Fremdkornanteils auf das in situ abgetrennte Überkorn übertragen. Tab. I.3.3 zeigt die auf diese Weise korrigierte Stoffgruppenzusammensetzung des Überkorns mit der Angabe der Anhaftungen < 100 mm.
Die Zusammensetzung des in situ abgesiebten Überkorns bestand im wesentlichen

aus Kunststoffen (etwa 23 bis 52 Gew.-% (TS)), Materialverbund (4 bis 26 Gew.-% (TS)) und Textilien (35 bis 10 Gew.-% (TS)). Davon abweichend enthielt der Hausmüll mit Klärschlammlinsen einen vergleichsweise hohen Glasanteil im Überkorn. Vermutlich wurde das Behälterglas beim Einbau in die Versuchsdeponie aufgrund der schlechten Verdichtbarkeit des Klärschlamms nur in einem geringen Maße zerstört. Beim hoch belasteten Hausmüll fällt der extrem hohe Papier-/Pappeanteil im Überkorn (55 Gew.- % (TS)) auf, was auf die geringen Umsetzungen in dieser Versuchsdeponie zurückzuführen ist.

Tab. I.3.3: Zusammensetzung, Anteil und unterer Heizwert des Überkorns > 100 mm aus den Versuchsdeponien

Stoffgruppen	Einheit	gering belasteter Hausmüll	unbelasteter Hausmüll	gerottete Hausmüll-Klärschlamm-Mischung	Hausmüll mit Klärschlamm-linsen	hoch belasteter Hausmüll
Papier/Pappe	Gew.-% TS	0,00	0,00	0,00	0,00	54,48
Verpackungsverb.	Gew.-% TS	0,00	0,61	0,85	0,00	0,00
Fe-Metalle	Gew.-% TS	10,87	0,00	1,63	0,00	0,00
NFe-Metalle	Gew.-% TS	0,00	0,00	0,00	0,00	0,00
Glas	Gew.-% TS	0,00	0,00	0,00	25,85	0,00
Kunststoffe	Gew.-% TS	41,77	31,11	52,19	36,83	22,51
Textilien	Gew.-% TS	6,08	2,82	6,07	9,92	7,93
Mineralien	Gew.-% TS	0,00	0,00	0,00	0,00	0,00
Materialverbund	Gew.-% TS	5,34	25,53	18,66	4,44	10,42
Problemabfälle	Gew.-% TS	0,00	0,00	0,00	0,00	0,00
Windeln	Gew.-% TS	0,00	0,00	0,00	0,00	0,00
Holz	Gew.-% TS	5,44	2,33	0,00	0,00	0,46
< 100 mm	Gew.-% TS	30,50	37,60	20,60	23,00	4,20
Summe	Gew.-% TS	100,00	100,00	100,00	100,00	100,00
Überkornanteil an Ausbaumasse (in situ)	Gew.-% TS	17,4	16,5	14,1	40,6[1)]	21,4
Unterer Heizwert des Überkorns	MJ/kg TS	21,161	11,471	nicht bestimmt	12,37	16,119
Wassergehalt des Überkorns	Gew.-% FS	35,2	37,8	22,9	37,9	45,1

[1)] Teilsiebung hochgerechnet auf die Gesamtmasse

Aus der Überkornzusammensetzung läßt sich ablesen, daß mit einer Siebung bei 100 mm - mit Ausnahme der Fe-Metalle in einem Fall - Stoffgruppen abgetrennt wurden, die einen hohen Heizwert aufweisen. Der Anteil der Fe-Metalle ließe sich dabei durch zusätzliche Magnetscheidung verfahrenstechnisch relativ einfach reduzieren.

Der hohe Energiegehalt des Überkorns im Vergleich zum Unterkorn bzw. zum gesamten Abfall wurde durch Heizwertuntersuchungen an jeweils einer Probe des Überkorns verifiziert. An diesen Proben wurde der für eine Energiegewinnung maximal nutzbare und als unterer Heizwert bezeichnete Energiegehalt ermittelt. Die Heizwertanalysen ergaben hohe untere Heizwerte von 11 bis 21 MJ/kg (TS) im Überkorn und übersteigen damit den Mindestwert von 11 MJ/kg für die energetische Verwertung von Abfällen gemäß des Kreislaufwirtschafts- und Abfallgesetzes (KrWG, 1994). Demgegenüber wies das Unterkorn < 100 mm Heizwerte von durchschnittlich 4 bis 6 MJ/kg (TS) auf und der Gesamtabfall von 5 bis 9 MJ/kg (TS). Die hohen Heizwerte des Überkorn sind vor allem auch darauf zurückzuführen, daß bei 100 mm etwa 50 Gew.-% (FS) des Gesamtkunststoffs abgetrennt wurde. Die alleinige Verbrennung einer Überkornfraktion ist aufgrund der im Gegensatz zum Gesamtabfall hohen Heizwerte damit ohne Stützfeuerung durchführbar.

Eine wesentliche Rolle für die Energieausbeute bei der Verbrennung spielt aber auch der Wassergehalt des Überkorns, der in den hier untersuchten Abfällen verhältnismäßig hoch war. Für die energetische Nutzung des Überkorns wäre die Absiebung nach einer biologischen Behandlung von erheblichem Vorteil, weil die Abfälle am Ende einer biologischen Behandlung auf einfache Weise getrocknet werden können und gleichzeitig auch die Anhaftungen verringert werden können. Weitere Untersuchungen zum Verbrennungsverhalten des Überkorns (z. B. erforderliche regelungstechnische Veränderungen des herkömmlichen Feuerungs–systems, Emissionen) konnten im Rahmen dieses Projektes nicht durchgeführt werden. Über den Verlauf der Korngrößenverteilung für die einzelnen Stoffgruppen zwischen 40 mm und 100 mm können keine weiteren Angaben gemacht werden, da bei der Sortierung in diesem Projekt kein zusätzlicher Trennschnitt vorgesehen war. Eine Verschiebung des Trennschnittes zu kleineren Korndurchmessern hin würde den Anteil heizwertreicher Stoffgruppen wie Papier/Pappe, Verpackungsverbund und Kunststoffe, gleichzeitig aber auch den Anteil heizwertarmer Stoffgruppen wie Metalle und Glas erhöhen. Beobachtungen der Siebung vor Ort bei einem Trennschnitt von 100 mm lassen den Schluß zu, daß eine deutliche Verringerung des Trennschnittes unter 100 mm mit einer akzeptablen Siebgüte nur bei wesentlich geringeren Wassergehalten des Aufgabegutes und geringeren Durchsatzleistungen technisch durchführbar ist. Ein Indiz hierfür ist auch der verhältnismäßig hohe Fremdstoffanteil im abgesiebten Überkorn.

Falls in der Praxis die Absiebung einer heizwertreichen Fraktion Teil des geplanten

Verfahrensablaufes ist, sollte die Wahl eines geeigneten Trennschnittes mit Hilfe der Untersuchung von Abfallproben, z.B. aus Bohrungen erfolgen. Mit diesem Vorgehen können Massenanteile, Korngrößenverteilungen und Wassergehalte der konkreten Deponie berücksichtigt werden.

I.3.3 Volumenreduktion durch Behandlung und erneute Ablagerung für verschiedene Rückbauvarianten

Die Höhe des möglichen Volumengewinns ist bei der Planung des Rückbaus von entscheidender Bedeutung. Um darüber Aussagen treffen zu können, in welchem Maße einzelne Verwertungs- oder Behandlungsmaßnahmen den Volumengewinn beeinflussen können, wurden die mit den unterschiedlichen Rückbauvarianten erzielten Volumengewinne in Abb. I.3.3 gegenübergestellt. Der Vergleich des Volumenbedarfes der Abfälle vor Ausbau und nach erneutem hochverdichteten Einbau ergab für die unterschiedlichen Rückbauvarianten Volumengewinne von 39 bis 56 %. Dabei führt allein der direkte Wiedereinbau aufgenommener Abfälle bereits zu einem Volumengewinn von 42 %. Wie bereits in Abschn. I.3.1 erläutert wurde, führte die Massenreduktion durch biochemischen Abbau der organischen Substanz langfristig nicht zu einer entsprechenden Volumenreduktion. Das bedeutet, daß es im Laufe der 16-jährigen Deponierung nicht zu einem Nachsacken von Material in die entstandenen Hohlräume der Versuchsdeponien gekommen ist. Durch die Aufnahme und erneute Verdichtung der Abfälle im Zuge des Rückbaus wird das bestehende, ausgehöhlte aber tragende Korngerüst zerstört. Damit ist ein erheblicher Volumengewinn erreichbar.

Die biologische Behandlung hatte auf den Volumengewinn insgesamt nur geringen Einfluß. Zwischen den Behandlungsvarianten Rotte und Alternanz traten dabei insgesamt keine signifikanten Unterschiede auf. Im Vergleich zur direkten Umlagerung erzielten die Varianten der biologischen Behandlung bis zu 15 Vol.-% höhere Volumengewinne. Dies ist vor allem auf die Massenreduktion durch die Abtrennung des Überkorns vor der biologischen Behandlung zurückzuführen, die 14 bis 21 Gew.-% (TS) betrug. Festzuhalten ist aber auch, daß für die Höhe der Volumenreduktion die Abfallzusammensetzung und Trockendichte bei erstmaligem Einbau ausschlaggebend ist. Die geringste Volumenreduktion wurde dabei erwartungsgemäß beim Rückbau der bereits früher aerob vorbehandelten Hausmüll-Klärschlamm-Mischung erzielt. Diese Versuchsdeponie wies aber auch den geringsten, abgesiebten Überkornanteil und die höchste erstmalige Einbaudichte auf. Die oberflächennahen Abschnitte der Versuchsdeponien mit höherem Abbaugrad ergaben aufgrund der dementsprechend geringen Trockendichten vor Rückbau auch die höchsten Volumenreduktionen und Trockendichten nach Rückbau

(Abb. I.3.4).

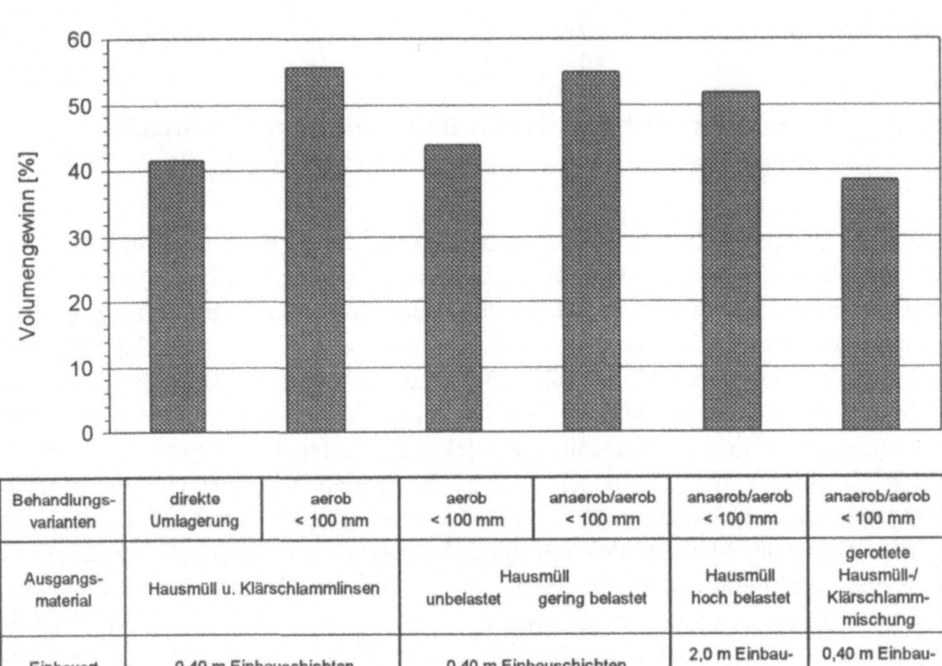

Behandlungs-varianten	direkte Umlagerung	aerob < 100 mm	aerob < 100 mm	anaerob/aerob < 100 mm	anaerob/aerob < 100 mm	anaerob/aerob < 100 mm
Ausgangs-material	Hausmüll u. Klärschlammlinsen		Hausmüll unbelastet	gering belastet	Hausmüll hoch belastet	gerottete Hausmüll-/ Klärschlamm-mischung
Einbauart	0,40 m Einbauschichten		0,40 m Einbauschichten		2,0 m Einbau-schichten	0,40 m Einbau-schichten

Abb. I.3.3: Volumengewinne bei unterschiedlichen Rückbauvarianten

Für die Beurteilung der effektiven Verbesserung der Volumennutzung ist die Veränderung der Trockendichte ein geeigneteres Maß, weil das benötigte Volumen auf die tatsächlich eingebaute Trockenmasse bezogen wird. Damit werden Unterschiede im Wassergehalt und im Überkornanteil beim Vergleich bereits berücksichtigt. Beispielsweise wurde beim hoch belasteten Hausmüll nur deswegen eine ähnlich hohe Volumenreduktion erzielt wie beim Hausmüll mit Klärschlammlinsen (aerobe Behandlung) und im gering belasteten Hausmüll, weil der Überkornanteil im hoch belasteten Hausmüll am größten war. Die Trockendichte wurde dagegen effektiv nur um 43 % erhöht, während sich für den Hausmüll mit Klärschlammlinsen (aerobe Behandlung) und den gering belasteten Hausmüll eine Erhöhung von jeweils etwa 85 % ergab (Abb. I.3.4). Dabei beziehen sich die hier diskutierten Trockendichten stets auf die aktuelle Trockenmasse, also die bei Ausbau vorgefundene Trockenmasse und die Trockenmasse, die nach dem Rückbau erneut hochverdichtet deponiert wurde.

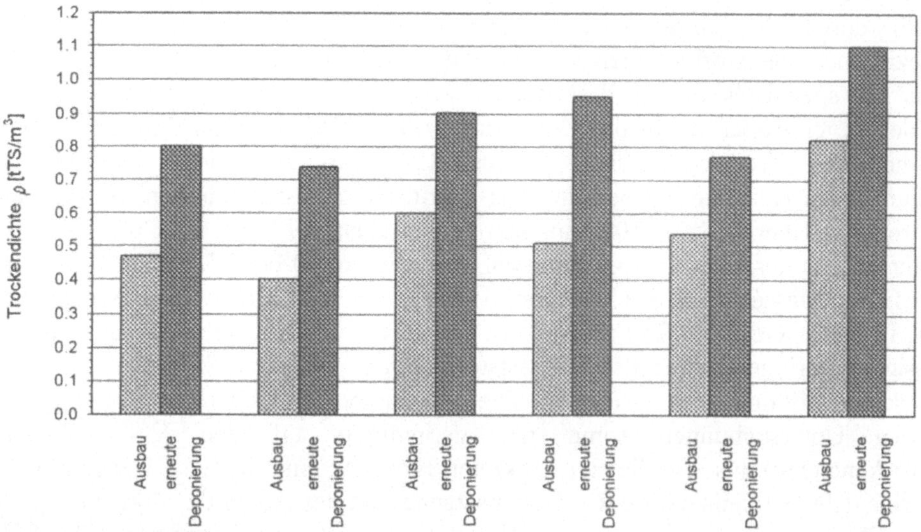

Behandlungs-varianten	direkte Umlagerung	aerob < 100 mm	aerob < 100 mm	anaerob/aerob < 100 mm	anaerob/aerob < 100 mm	anaerob/aerob < 100 mm
Ausgangs-material	Hausmüll u. Klärschlammlinsen		Hausmüll unbelastet	Hausmüll gering belastet	Hausmüll hoch belastet	gerottete Hausmüll-/Klärschlamm-mischung
Einbauart	0,40 m Einbauschichten		0,40 m Einbauschichten		2,0 m Einbau-schichten	0,40 m Einbau-schichten

Abb. I.3.4: Erhöhung der Trockendichten bei unterschiedlichen Rückbauvarianten

Für die Rückbauvariante der direkten Umlagerung ohne Siebung und Behandlung (Hausmüll mit Klärschlammlinsen) konnte eine Volumenreduktion um 42 % und eine Erhöhung der Trockendichte um 70 % ermittelt werden. Mit dieser Variante wurde - neben der bereits weitgehend inerten, aerob vorbehandelten Hausmüll-Klärschlamm-Mischung - die geringste Volumenreduktion erzielt, weil keine Überkorngewinnung (Siebung) vorgenommen wurde. Dennoch wurde eine vergleichsweise hohe Verbesserung der Trockendichte erreicht, was vor allem auf eine geringe Trockendichte vor der Aufnahme zurückzuführen ist.

Aus Abb. I.3.4 ist außerdem zu entnehmen, daß mit der mechanisch-biologischen Behandlung der rückgebauten Abfälle eine Erhöhung der Trockendichte um 45 bis 85 % erreicht werden kann. Der Volumengewinn ist dabei in erster Linie abhängig von der Zusammensetzung des Ausgangsmaterials (v.a. vom Überkornanteil) und der vorliegenden Trockendichte und nicht von einer biologischen Behandlung. Die

Absiebung einer Überkornfraktion reduziert zwar das benötigte Ablagerungsvolumen, beeinflußt hier jedoch nicht signifikant die erzielbare Trockendichte. Dies kann durch die Untersuchungsergebnisse zu den Korndichten bzw. zum spezifischen Feststoffvolumen der Abfälle erklärt werden. Der Volumenbedarf bzw. das spezifische Feststoffvolumen je Tonne Abfall ist für die Überkornfraktion in der Regel größer als für das Unterkorn, weil das Überkorn im Bereich der herkömmlichen Trennkorngrößen (60 bis 120 mm) zu einem Großteil aus voluminösen Kunststoffen besteht. Das spezifische Feststoffvolumen des hier abgetrennten Überkorns > 100 mm betrug zwischen 0,73 bis 0,88 m^3 TS/t TS, während das gesamte Ausgangsmaterial Werte von 0,50 bis 0,57 m^3 TS/t TS aufwies. Der Massenanteil des selektierten Überkorns war in den Versuchsdeponien mit 14 bis 21 Gew.-% (TS) aber relativ gering. Deswegen ergab sich ein vernachlässigbar geringeres spezifisches Feststoffvolumen des Unterkorns mit Werten zwischen 0,49 und 0,58 m^3 TS/t TS. Die Abtrennung des Überkorns wirkte sich in diesen Untersuchungen somit nur geringfügig auf den Volumenbedarf (Trockendichte) aus. Ob dies im konkreten Einzelfall einer anderen Deponie auch zutrifft, läßt sich anhand der Zusammensetzung und des Anteil des dort vorliegenden Überkorns beispielsweise aus Bohrgutuntersuchungen ermitteln. Ebenfalls großen Einfluß auf die Höhe des Volumengewinns hat die Verdichtbarkeit bzw. die Elastizität der erneut abzulagernden Abfälle. Dies ist besonders beim Rückbau von Siedlungsabfalldeponien von Bedeutung, die einen erheblichen Anteil an schwer verdichtbaren Gewerbeabfällen wie z. B. Gummi, Schaumstoffe, Drahtgeflechte, Verpackungen aufweisen.

Mit Hilfe der gewonnenen Ergebnisse läßt sich eine überschlägige Abschätzung des durch Rückbau erzielbaren Volumengewinnes vornehmen. Hierzu werden die Trockendichten vor der Aufnahme und nach dem hochverdichteten Einbau der Abfälle in Abb. I.3.5 gegenübergestellt. Eine zusätzliche Massenreduktion durch Absiebung oder biologische Behandlung wirkt sich hier auf die Trockendichte kaum aus, da das benötigte Volumen auf die tatsächlich eingebaute Trockenmasse bezogen wird und sich die durchschnittliche Korndichte nach der Überkornabsiebung kaum verändert hat. Der Vergleich der Trockendichten vor (ρ_{alt}) und nach dem Rückbau (ρ_{neu}) der Versuchsdeponien zeigt, daß die durch Rückbau erreichbare Trockendichte im Bereich herkömmlicher Trockendichten (0,40 bis 1,10 t TS/m^3) sehr gut über den linearen Zusammenhang:

$$\rho_{neu} = 0{,}8 * \rho_{alt} + 0{,}4$$

mit ρ_{alt} = Trockendichte der Abfälle vor Ausbau [t TS/m^3]

ρ_{neu} = Trockendichte der Abfälle nach erneutem hochverdichteten Einbau [t TS/m^3]

abgeschätzt werden kann.

Der durch Rückbau zu erzielende Volumengewinn (ΔV) kann damit überschlägig wie folgt berechnet werden:

$$\Delta V = \left(1 - \left(\frac{M_{neu}}{M_{alt}} * \frac{\rho_{alt}}{0{,}8 * \rho_{alt} + 0{,}4}\right)\right) * 100$$

mit: ΔV = Volumengewinn [Vol.-%]

M_{alt} = rückgebaute Abfallmasse [t TS]

M_{neu} = nach Rückbau zu deponierende Masse [t TS]

ρ_{alt} = Trockendichte der Abfälle vor Ausbau [t TS/m³]

Falls der Volumengewinn für eine direkte Umlagerung der Abfälle abgeschätzt werden soll, gilt:

$M_{alt} = M_{neu}$ und $\Delta V = \left(1 - \frac{\rho_{alt}}{0{,}8 * \rho_{alt} + 0{,}4}\right) * 100$

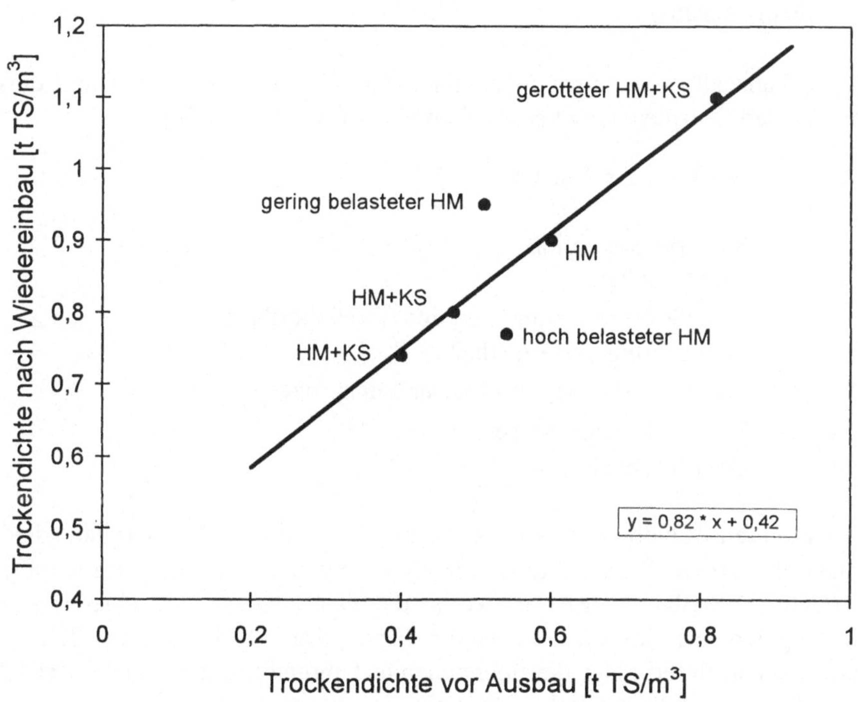

Abb. I.3.5: Zusammenhang zwischen der Trockendichte vor und nach Rückbau bei unterschiedlichen Rückbauvarianten

Bei dieser Abschätzung ist zu berücksichtigen, daß die Versuchsdeponien gegenüber realen Deponien eine vergleichsweise geringe Größe aufwiesen. Die Verdichtung der rückgebauten Abfälle im Dünnschichtverfahren erfolgte aus diesem Grund in den Versuchsdeponien nicht mit einem üblicherweise eingesetzten schweren Kompaktor, sondern mit einem leichteren Schaffußverdichter (Abschn. I.2.1). In der Praxis ist deswegen beim hochverdichteten Wiedereinbau mit höheren Verdichtungserfolgen zu rechnen. Insofern stellen die in Abb. I.3.5 aufgezeigten Erhöhungen der Trockendichte die für die Praxis mindestens erreichbaren Werte dar.

I.3.4 Auswirkung der Siebung und Behandlung auf das Deponieverhalten

I.3.4.1 Wasserhaushalt der rückgebauten Abfälle nach erneuter Deponierung

Der Wasserhaushalt einer unabgedeckten Deponie wird grundsätzlich durch folgende Wasserbilanzgleichung beschrieben (SPILLMANN, 1988):

$$A = N - V_a \pm S + W_n + W_k - O$$

mit:

A = Sickerwasserabfluß
N = Niederschlag
V_a = aktuelle Verdunstung von der Abfalloberfläche
S = Speicherung und Rückhalt
W_n = Wasserneubildung aus Umsetzungsprozessen
W_k = Konsolidierungswasser
O = Oberflächenabfluß

Unter bestimmten Randbedingungen können einige dieser Wasserbilanzglieder vernachlässigt werden. Da der Abfall über ein sehr hohes Infiltrationsvermögen verfügt (COLLINS/BRAMMER, 1994), ist der Oberflächenabfluß einer unabgedeckten Deponie bei schwach geneigter Einbaufläche sehr gering. Bei den Versuchsdeponien unterbindet die überstehende Umrandung der Abfalloberfläche einen Oberflächenabfluß gänzlich. Für weitgehend inerte Abfälle gilt außerdem, daß die Wasserneubildung aus Umsetzungsprozessen gleich Null ist. Konsolidierungswasser ist nur bei hohen Schlammanteilen unter hoher Auflast zu erwarten.
Daraus folgt, daß der Wasserhaushalt der Abfälle nach erneuter Deponierung maßgeblich von den Parametern abflußwirksamer Niederschlag ($N - V_a$), Speicherung

und Rückhalt sowie dem Sickerwasserabfluß bestimmt wird. Vereinfacht ergibt sich damit die Wasserbilanzgleichung für die Versuchsdeponien nach erneuter Deponierung der Abfälle zu:

$$A = N - V_a \pm S$$

Der zeitliche Verlauf des Sickerwasserabflusses in den Versuchsdeponien wurde durch regelmäßige Messungen ermittelt. Die daraus berechneten Summenlinien der Sickerwasserabflüsse für die einzelnen Versuchsdeponien sind in Abb. I.3.6 dargestellt. Zusätzlich zu den Abflußsummenlinien ist in Abb. I.3.6 auch die rechnerische Sickerwasserbildung ($N - V_a$), berechnet nach dem Bilanzmodell von SPILLMANN (1988), aufgetragen. Die rechnerische Sickerwasserbildung entspricht hierbei dem abflußwirksamen Niederschlag und wird unter Berücksichtigung der tatsächlichen Verdunstung von Abfalloberflächen ermittelt. Dazu wird die tägliche Verdunstung auf 5 mm sowie die Verdunstungssumme in einer auf ein Niederschlagsereignis folgenden Trockenperiode auf 20 mm begrenzt.

Aus der Differenz der Summenlinien von abflußwirksamen Niederschlag und Abfluß kann die Auslastung der Speicher- und Rückhaltekapazität abgelesen werden. Nimmt beispielsweise die Differenz zu, so wird vorhandene Speicherkapazität in Anspruch genommen.

Der Vergleich aller Abfluß-Summenlinien mit der Summenlinie des abflußwirksamen Niederschlages zeigt, daß in allen Versuchsdeponien im Anschluß an die erneute Deponierung eine Entwässerung des Porenraumes stattfand. Mit dem erneuten hochverdichteten Einbau der Abfälle wurde der Porenanteil stark reduziert, was zu einer Verringerung des maximalen Rückhaltevolumens in den Versuchsdeponien führte (Tab. I.3.4). Unter Berücksichtigung des Wassergehaltes der Abfälle beim hochverdichteten Einbaus läßt sich in den Versuchsdeponien eine nahezu vollständige Sättigung des vorhandenen Porenraumes feststellen; der direkt umgelagerte Hausmüll mit Klärschlammlinsen war beim Einbau nahezu übersättigt. Da das langfristige Rückhaltevermögen - auch als Wasserkapazität bezeichnet - geringer ist als das Wasservolumen bei Sättigung, findet ein Abfluß aus den Versuchsdeponien statt, ohne daß Niederschlag fällt.

Die höchste Wasserabgabe trat zu Beginn im direkt umgelagerten Hausmüll mit Klärschlammlinsen auf. Ursache hierfür ist im wesentlichen der hohe Wassergehalt von 52 Gew.-% (FS) gegenüber Wassergehalten von 30 bis 46 Gew.-% (FS) in den anderen Versuchsdeponien. Der direkt umgelagerte Hausmüll mit Klärschlammlinsen verfügt über einen ähnlich großen Porenanteil wie der unbelastete Hausmüll oder der mit aerober Behandlung rückgebaute Hausmüll mit Klärschlammlinsen (Tab. I.3.4), so daß der hohe Einbauwassergehalt zu hohen Abflüssen führen muß.

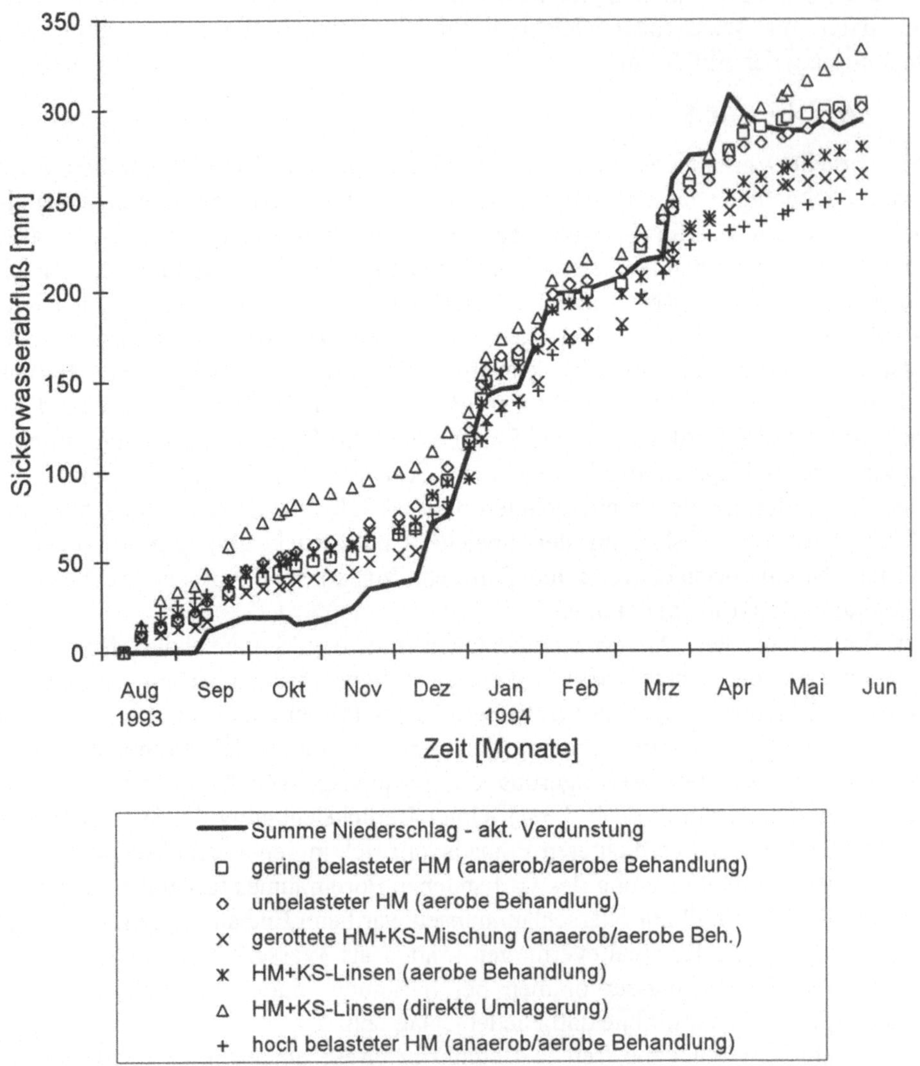

Abb. I.3.6: Sickerwasserabflüsse der Versuchsdeponien nach erneuter Deponierung im Vergleich zur rechnerischen Sickerwasserbildung

Ein Reduzierung des Wassergehaltes von 50 Gew.-% (FS) auf 40 Gew.-% (FS) würde beispielsweise langfristig einen zusätzlichen Abfluß von 370 mm erbringen. Alle anderen Versuchdeponien wiesen zu Beginn dagegen ähnliche Abflußmengen auf. Der Abfluß der gerotteten Hausmüll-Klärschlamm-Mischung war hierbei am geringsten, weil der Einbauwassergehalt nur 30 Gew.-% betrug.
Wie aus Abb. I.3.6 zu erkennen ist, waren die Abflüsse insgesamt etwas gleichförmiger als die abflußwirksamen Niederschläge. Bei näherer Betrachtung der Abflußganglinien der einzelnen Versuchsdeponien und der Ganglinie des abflußwirksamen Niederschlages konnte aber auch festgestellt werden, daß kurzzeitige abflußwirksame Niederschlagsspitzen (hohe Steigung der Summenlinie Niederschlag - akt. Verdunstung) von mehr als 10 mm pro Woche zu deutlich erhöhten Abflüssen in allen Versuchsdeponien führten. Daraus ist abzulesen, daß die Versuchsdeponien der rückgebauten Abfälle eine nur sehr geringe Speicherfähigkeit aufwiesen.

Tab. I.3.4: Porenanteil der Versuchsdeponien bei Ausbau und nach erneuter Deponierung

Versuchsdeponie		Lagerungsdichte [t TS/m³]	Feststoffvolumen [m³ TS/m³]	Porenanteil [m³ Poren/m³]
gering belasteter Hausmüll	vor Ausbau	0.51	0.272	0.728
	nach Rückbau	0.95	0.489	0.511
unbelasteter Hausmüll	vor Ausbau	0.60	0.321	0.679
	nach Rückbau	0.90	0.444	0.556
gerotteter Hausmüll u. Klärschlammischung	vor Ausbau	0.82	0.445	0.555
	nach Rückbau	1.10	0.559	0.441
Hausmüll u. Klärschlammlinsen (oberer Abschnitt)	vor Ausbau	0.40	0.202	0.798
	nach Rückbau	0.74	0.429	0.571
Hausmüll u. Klärschlammlinsen (unterer Abschnitt)	vor Ausbau	0.47	0.256	0.744
	nach Rückbau	0.80	0.435	0.565
hoch belasteter Hausmüll	vor Ausbau	0.54	0.308	0.692
	nach Rückbau	0.77	0.379	0.621

I.3.4.2 Sickerwasserbelastung nach erneuter Deponierung

Um vergleichbare Aussagen über die langfristige Belastung der Umwelt durch das Sickerwasser aus den Versuchsdeponien treffen zu können, wurden die Summenlinien der Frachten (Konzentration * Abfluß) betrachtet. Da die Fracht von der

abgelagerten Abfallmasse beeinflußt wird und die Versuchsdeponien unterschiedliche Einbaumassen aufwiesen, wurde die Fracht zur Vergleichbarkeit der Varianten zusätzlich auf die in den einzelnen Versuchsdeponien eingebauten Abfalltrockenmassen normiert.
Die normierten Frachtensummen im Sickerwasser der einzelnen Versuchsdeponien nach erneuter Deponierung der rückgebauten Abfälle sind in Abb. I.3.7 für die CSB-Belastung und in Abb. I.3.8 für die BSB_5-Belastung aufgetragen.
Beide Abbildungen zeigen vergleichsweise hohe BSB_5- und CSB-Belastungen des rückgebauten, hoch belasteten Hausmülls und des vormals unbelasteten Hausmülls. Aus dem Verlauf der BSB_5- und CSB-Frachten für den hoch belasteten Hausmüll ist zu entnehmen, daß die biologische Behandlung dieser Abfälle noch nicht ausreichend war. Einige Monate nach der erneuten hochverdichteten Deponierung stiegen BSB_5- und CSB-Frachten im Sickerwasser der Versuchsdeponie deutlich an.
In geringem Maße trifft dies auch für den unbelasteten Hausmüll zu, der ursprünglich unterhalb des gering belasteten Hausmülls lagerte. Beim Austrag aus den anderen Versuchsdeponien bestehen dagegen kaum Unterschiede in den Frachten. Allerdings war die Sickerwasserbelastung aus diesen Abfällen während der erstmaligen Deponierung auch wesentlich geringer als ursprünglich aus dem hochbelasteten Hausmüll.
Der Vergleich der Sickerwasserkonzentrationen vor der Aufnahme der Abfälle und nach erneuter Deponierung ergab insgesamt eine signifikante Reduzierung des CSB für den gering belasteten Hausmüll und eine drastische Reduzierung der CSB-Konzentrationen aus dem hoch belasteten Hausmüll. Dies läßt auch unter Berücksichtigung der Ergebnisse aus den mikrobiologischen und abfallanalytischen Untersuchungen den Schluß zu, daß durch die biologische Behandlung eine Reduzierung des Gefährdungspotentials für den gering belasteten Hausmüll und insbesondere für den hoch belasteten Hausmüll erreicht wurde, obwohl die biologische Behandlung beim hoch belasteten Hausmüll noch nicht abgeschlossen war.
Der pH-Wert im Sickerwasser der erneut hochverdichtet abgelagerten Abfälle lag im Bereich zwischen 7,4 und 8,5 und war bei nahezu allen Versuchsdeponien jeweils weitgehend konstant. Im Vergleich zu den Sickerwasseranalysen direkt vor Ausbau der ursprünglichen Versuchsdeponien ergab sich daraus vor allem für den hoch belasteten Hausmüll eine signifikante Erhöhung des pH-Wertes von 6,6 auf 7,4.
Die Schwermetallkonzentrationen für Cadmium, Chrom, Blei und Nickel im Sickerwasser waren im pH-Bereich um 8 erwartungsgemäß (WIENBERG/ FÖRSTNER, 1990) konstant, was dementsprechend zu einer abflußproportionalen Fracht führte. Eine Ausnahme davon bildeten die Eisen- und Zinkfrachten in einzelnen Versuchsdeponien, die bereits durch eine geringe pH-Wert-Schwankung erkennbar beeinflußt wurden. Diese Schwankung wurde durch jahreszeitlich

bedingte Temperaturerhöhungen verursacht, die wiederum eine mikrobielle Stoffwechselveränderung auslösten und damit zu geringen pH-Wert-Änderungen führten.
Für Nickel und Chrom wiesen die mit Chemikalien belasteten Abfälle (gering belasteter und hoch belasteter Hausmüll) nach der erneuten Deponierung vergleichsweise hohe Frachten auf, was auf die hohen Nickel und Chrom-Gehalte der Galvanikschlämme zurückzuführen ist (siehe auch Abschn. III.3.3).

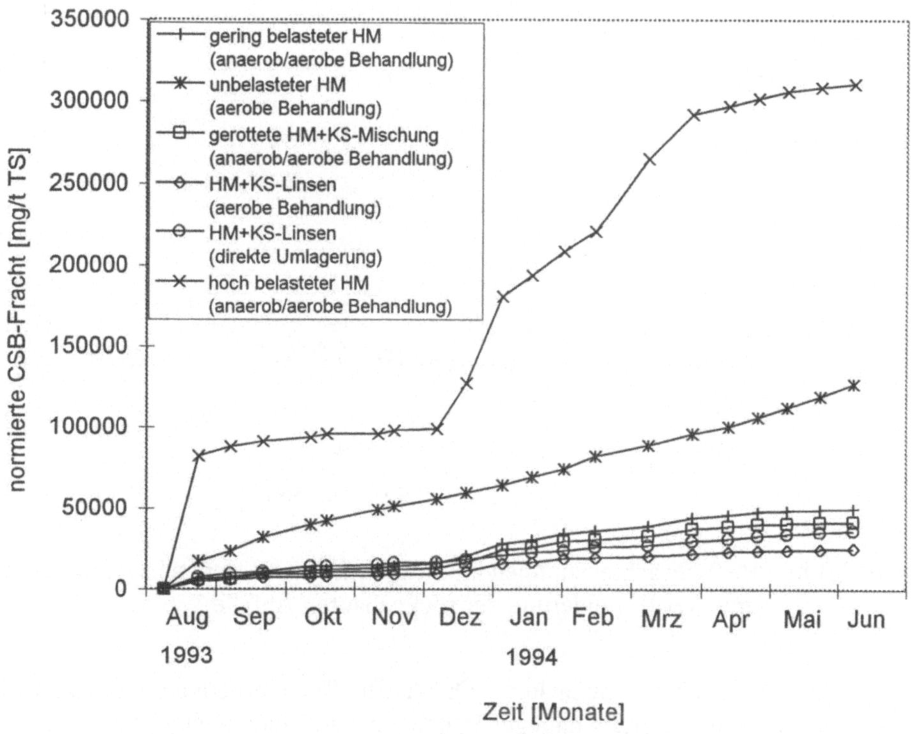

Abb. I.3.7: CSB-Frachtensummen im Sickerwasser der Versuchsdeponien nach erneuter Deponierung der rückgebauten Abfälle

Mit Ausnahme des hoch belasteten Hausmülls wurden die Anforderungen an das Einleiten von Abwasser aus Siedlungsabfällen in Gewässer gemäß Anhang 51 der Rahmen-Abwasser-Verwaltungsvorschrift (Rahmen-AbwasserVwV, 1996) für die Schwermetalle Cadmium, Chrom, Nickel und Zink abgesehen von vereinzelten

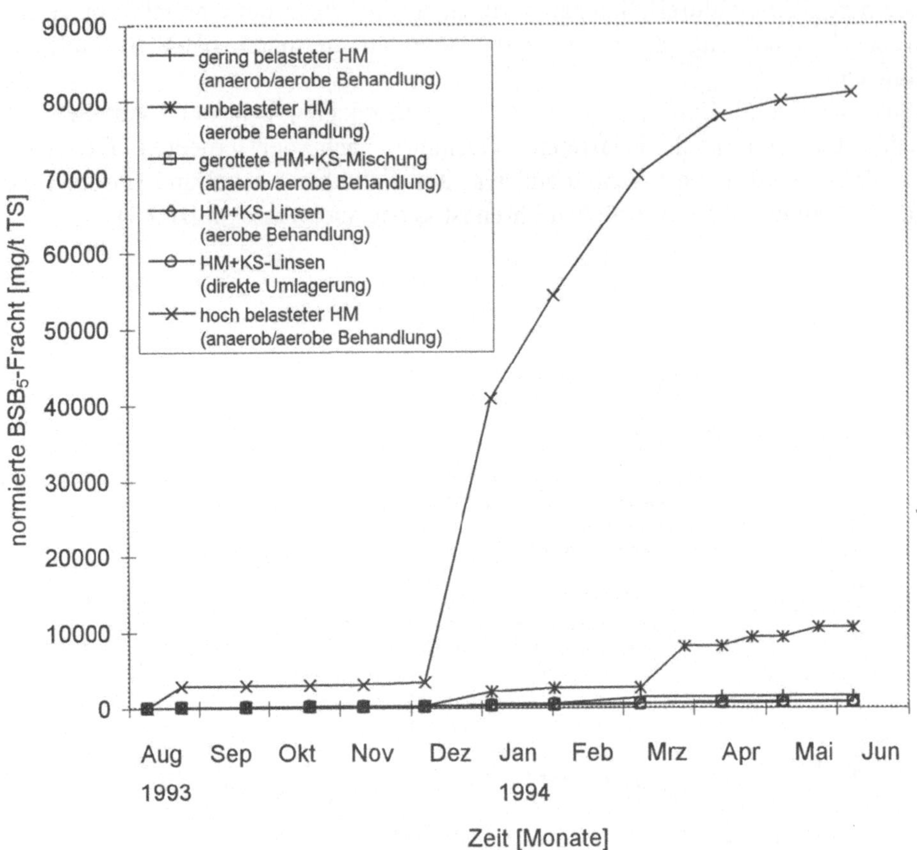

Abb. I.3.8: BSB_5-Frachtensummen im Sickerwasser der Versuchsdeponien nach erneuter Deponierung der rückgebauten Abfälle

Ausreißern insgesamt eingehalten. Die nach Einleiterbedingungen zulässigen Bleikonzentrationen wurden dagegen in den meisten Fällen überschritten.

Einen ebenfalls weitgehend abflußproportionalen zeitlichen Verlauf der normierten Frachten zeigten die Sickerwasserinhaltsstoffe AOX, Sulfat, Calzium, Chlorid und Sauerstoff aller Versuchsdeponien. Die AOX-Konzentrationen im Sickerwasser der Versuchsdeponien nach erneuter Deponierung der Abfälle hielten - abgesehen vom gering belasteten und hoch belasteten Hausmüll - die Einleiterbedingungen ein.

Am abgesiebten Unterkorn < 100 mm wurden vor und nach der biologischen Behandlung, d.h. vor dem erneuten hochverdichteten Einbau zahlreiche Feststoff-

und Eluatuntersuchungen durchgeführt. Zur Orientierung (siehe auch Abschn. IV.5.3.2) wurden die Ergebnisse dieser Analysen mit den Zuordnungswerten der TA Siedlungsabfall (TA SiedlAbf, 1994) für Deponieklasse I und II verglichen. Daraus ging hervor, daß das abgesiebte Unterkorn < 100 mm nach biologischer Behandlung die Zuordnungswerte der TA Siedlungsabfall für die Deponieklasse II in allen Versuchsdeponien einhielt, mit Ausnahme der Zuordnungswerte für Glühverlust bzw. TOC im Feststoff. Dies traf allerdings auch schon vor der biologischen Behandlung für das Unterkorn zu (Ausnahme: TOC im Eluat des hoch belasteten Hausmülls).
Wie auch die hier durchgeführten Sickerwasser- und Feststoff- bzw. Eluatuntersuchungen zeigten, besteht für nahezu alle hier untersuchten Parameter kein unmittelbarer Zusammenhang zwischen der Höhe der Belastung im Eluat und im Sickerwasser, das an der Deponiebasis austritt. Gleiches wurde bereits von MÜNNICH (1994) anhand von Vergleichen zwischen den Sickerwasser- und Eluatwerten einer alten Deponie belegt. Für die Beurteilung des Deponieverhaltens der behandelten und anschließend hochverdichtet eingebauten Abfälle wurde deshalb maßgeblich die langfristig beobachtete Sickerwasserbelastung herangezogen.

II Mikrobiologische Untersuchungen

Martin Kucklick, Peter Harborth, Hans Helmut Hanert

II.1 Ziele und Umfang der mikrobiologischen Untersuchungen

II.1.1 Einleitung

In einer Siedlungsabfalldeponie kommt es im Abfallkörper zu zahlreichen anaeroben mikrobiellen Umsetzungsprozessen. Dabei findet ein anaerober Abbau zu gasförmigen Endprodukten wie CO_2, N_2, CH_4 und H_2S statt. Es kommt aber auch zu einer Bildung von Intermediaten wie z.B. organischen Säuren, Alkoholen, metallorganischen Verbindungen und Produkten reduktiver Dehalogenierungen. Diese Vorgänge verursachen letztendlich die Gefährlichkeit des Abfalls sowie der Sickerwässer und Deponiegase, welche aus Deponien emittiert werden. Alle dabei stattfindenden anaeroben Stoffwechselprozesse laufen in einer bestimmten Reihenfolge nacheinander ab (thermodynamische Redoxmetabiosen).
Bei Beginn eines Rückbaus stellen sich zunächst einmal die folgenden Fragen:

1. In welchem Zustand der anaeroben Abbau- und Umbauprozesse befindet sich der Abfall?
2. Wie inert ist er?
3. Wie gefährlich ist er?
4. Wie gefährlich sind die bei Aushub auftretenden Gasemissionen?

Zur Beantwortung der Fragen 1 und 2 erfolgt eine ökophysiologische Charakterisierung durch die Bestimmung von

- Keimzahlen (unterschiedliche stoffwechselphysiologische Gruppen)
- verschiedenen aktuellen Stoffwechselaktivitäten
- verschiedenen potentiellen Stoffwechselaktivitäten

Eine Bewertung der Gefährlichkeit (Frage 3) ist mit chemischen Analysen allein aufgrund der Vielfalt von tausend möglichen Substanzen nicht nur wegen der hohen Zahl erforderlicher Analysen sondern auch wegen möglicher additiver, kumulativer und antagonistischer Wechselwirkungen nicht praktikabel.
Deshalb erfolgt der Einsatz von ökotoxikologischen Testverfahren.
Diese Verfahren bieten die Möglichkeit, ähnlich wie man die Belastung eines Abwassers mit dem Summenparameter BSB „biologisch“ ermitteln kann, auch die Giftigkeit einer Probe mit einem biologischen Summenparameter zu ermitteln. Die

als „Meßgeräte" verwendeten Indikatororganismen waren Leuchtbakterien und Daphnien.
Auch für die Bewertung der Gefährlichkeit der Gasemissionen (Frage 4) wurde neben der physikalisch-chemischen Analytik ein ökotoxikologisches Verfahren (Leuchtbakterientest) angewendet.
In einer biologischen Behandlung des aufgenommenen Abfalls soll eine Schadstoffverringerung, ein aerober Abbau anaerob angehäufter Intermediate sowie eine Massenreduktion erfolgen.
Dabei wurden im mikrobiologischen Teilprojekt folgende Fragen beantwortet:

5. Welches sind die günstigsten Redoxbedingungen (aerob, denitrifizierend, anaerob, methanogen)?
6. Wie groß ist die aktuelle Abbauleistung?
7. Wie kann man den Abbau stimulieren, wenn nur eine geringe Abbauleistung vorhanden ist?

Zur Beantwortung von Frage 5 wurden vergleichende Untersuchungen zum Kohlenstoffumsatz im Labormaßstab durchgeführt.
Die aktuellen Abbauleistungen (Frage 6) wurden durch Messung von Permanentgasen im Abfallkörper und in den Kaminausgängen (Abschn. I.2.1) bestimmt. Zur Stimulierung des Abbaus wurden Versuche zur Optimierung von Wassergehalt, Gefüge und Mineralstoffversorgung durchgeführt.
Mit zunehmender Zeitdauer der Behandlung stellt sich die Frage:

8. Anhand welcher Parameter kann man feststellen, ob die biologische Behandlung ausreichend lange durchgeführt worden ist?
9. Wie hoch ist die in dem Abfall noch vorhandene anaerobe Stoffumsatzrate?

Hierfür wurden neben physikalisch-chemischer und ökotoxikologischer Schadstoffanalytik vorwiegend die Sauerstoffzehrung, die Methanbildungsrate und das Methanbildungspotential verwendet.
Anhand dieser Parameter wurde auch versucht, das Verhalten bei erneuter Deponierung vorherzusagen.
Auch andere ökophysiologische Parameter wie Keimzahlen und Stoffwechselprodukte anaerober Atmungen lieferten hier wertvolle Informationen.

In einem abschließenden Schritt erfolgte während der erneuten Deponierung eine Bestimmung von Stoffumsätzen und Ökotoxizität im Sickerwasser und Feststoff der Versuchsdeponien, um so das Verhalten des Abfalls bei erneuter Ablagerung zu ermitteln und längerfristige Tendenzen einer geänderten Umweltbelastung abzuschätzen.

II.1.2 Methoden

II.1.2.1 Physikalisch-chemische Methoden

Wassergehalt
Der Wassergehalt von Abfallproben wurde gravimetrisch durch Trocknen bei 105 °C bis zur Massekonstanz ermittelt (DIN 19683, 1973).

Maximale Wasserkapazität
Die Bestimmung wurde leicht verändert nach KRETZSCHMAR (1989) an gestörten Proben durchgeführt. Die verwendeten Glaszylinder hatten einen Innendurchmesser von 4 cm und eine Höhe von 12 cm. Der Boden der Gefäße bestand aus einer Glassinterplatte. Es wurden etwa 60 g Abfall eingesetzt.

O_2-Gehalt von Gasen mit einer Brennstoffzelle
Zur schnellen Vor-Ort-Ermittlung des O_2-Gehaltes von Gasen wurde das auf einer Brennstoffzelle basierende Gerät testo 32 der Firma Testotherm verwendet.

O_2, N_2, CO_2, CH_4 und N_2O in Gasen mittels GC-WLD
Die Proben wurden mittels einer Drägerpumpe aus Gassonden oder einer eingerammten Dräger-Stitz-Sonde entnommen. Sie wurden in Hungate-Röhrchen ins Labor transportiert und dort schnellstmöglich analysiert. Laborproben wurden direkt aus dem Gefäß entnommen.
Zur Analyse wurde ein GC (Carlo Erba Vega Series 6000 bzw. Becker Packard Modell 419) mit einem Wärmeleitfähigkeitsdetektor verwendet, der mit einem Integrator (Perkin Elmer, LCI-100) gekoppelt war. Weitere Details sind bei KUCKLICK et al. (1995) angegeben.
Bei allen Proben wurde - mit Ausnahme der Methanbildungspotentiale (große H_2-Mengen in der Probe) - eine rechnerische Korrektur der Meßwertsumme auf 100 %, wie bei WÜRDEMANN (1990) beschrieben, durchgeführt.

Organische Bestandteile von Gasemissionen mittels GC-FID
Die Probenahme erfolgte entweder direkt über Adsorption an Aktivkohle oder zunächst mit einem 10 l-Airbag und anschließender Adsorption an Aktivkohle unter Temperieren des Airbags auf 30 °C.
Die Aktivkohle wurde 30 Minuten mit CS_2 auf einem Überkopfschüttler extrahiert und anschließend mit einer Tischzentrifuge abzentrifugiert. Der Überstand wurde gaschromatographisch analysiert. Weitere Details sind bei KUCKLICK et al. (1995) angegeben.

II.1.2.2 Mikrobiologische und ökotoxikologische Methoden

Keimzahl

Alle Keimzahlbestimmungen erfolgten in Flüssigmedien nach der MPN-Methode mit zwei bzw. drei Parallelen (NÄVECKE/TEPPER, 1979). Hierzu wurden 30 g Abfall mit 60 ml Natriumpyrophosphatlösung (2,8 g/l, pH 7,2) für eine Stunde ausgeschüttelt.

Da Keimzahlen sich wie alle mikrobiologischen Parameter vor allem beim Wechsel der Umgebungsbedingungen schnell ändern können, wurde das Beimpfen der Kulturröhrchen am Tag der Probenahme durchgeführt. Proben zur Bestimmung der Keimzahl von Eisenreduzieren, Desulfurikanten und methanogenen Bakterien wurden vor Ort unmittelbar nach der Probenahme mit N_2 begast.

Medien, Animpf- und Kulturbedingungen sind in Tab. II.1.1 dargestellt.

O_2-Zehrung

Zur Ermittlung der Sauerstoffzehrung wurden 70 - 75 g Abfall locker in ein 250 ml fassendes Schraubdeckelglas mit teflonkaschierter Butylgummidichtung im Deckel gefüllt. Die Gaszusammensetzung wurde in bestimmten Abständen mittels Probenahme aus einem Seitenansatz mit Septum durch einen GC-WLD bestimmt.

Aus dem linearen Anteil der Sauerstoffabnahmekurve wurde rechnerisch die Sauerstoffzehrung als O_2-Verbrauch pro Zeiteinheit ermittelt.

Aktuelle Methanbildungsaktivität

Es wurde analog zur Sauerstoffzehrung verfahren. Der Ansatz wurde mit N_2 begast und die Zunahme des CH_4-Gehaltes sowie der Druckanstieg bestimmt.

Potentielle Methanbildungsaktivität aus H_2 und CO_2

Probenmaterial, welches unmittelbar nach der Probenahme vor Ort mit N_2 begast worden war, wurde in einer anaeroben Glovebox in ein Schraubdeckelglas mit teflonkaschierter Butylgummidichtung im Deckel und Septum gefüllt. Nach dem Ausschleusen wurde es mit einer sauerstofffreien Mischung aus H_2 und CO_2 (80 Vol.-% / 20 Vol.-%) begast. Aus dem linearen bzw. dem annähernd linearen Bereich der Methanbildungskurve wurde das Methanbidungspotential berechnet.

Potentielle Methanbildungsaktivität aus H_2, CO_2 und Acetat

Es wurde wie oben beschrieben verfahren. Zusätzlich wurden jedoch 60 ml einer O_2-freien Mineralsalzlösung nach Valcke und Verstraete (beschrieben bei JAMES et al. (1990)) mit 2,5 g/l Natriumacetat zu 60 g Abfall zugegeben.

Tab. II.1.1: Kulturmedien und Kulturbedingungen für die einzelnen Keimzahlbestimmungen

stoffwechsel-physiolog. Gruppe	Animpf-bedingungen	Kulturmedium	Kultur-bedingungen
aerobe Organotrophe	sterile Werkbank	Merck Standard I Nährboullion, 1/10 konzentriert	aerob, dunkel, 25 °C
anaerobe Organotrophe	sterile Werkbank	Merck Standard I Nährboullion, 1/10 konzentriert	anaerob, dunkel, 25 °C
Denitrifikanten	sterile Werkbank	nach GAMBLE et al., (1977)	anaerob, dunkel, 25 °C
Säurebildner	sterile Werkbank	Merck Standard I Nährboullion, 1/10 konzentriert	anaerob, dunkel, 25 °C
Eisenreduzierer	Glovebox, 90 Vol.-% N_2, 10 Vol.-% H_2	nach BRUNE (1991)	Raumtemp., 90 Vol.-% N_2, 10 Vol.- % CO_2
Desulfurikanten	Glovebox, 90 Vol.-% N_2, 10 Vol.-% H_2	nach BRUNE (1991)	Raumtemp., 100 Vol.-% N_2
methanogene Bakterien	Glovebox, 90 Vol.-% N_2, 10 Vol.-% H_2	nach BRUNE (1991)	Raumtemp., 80 Vol.-% H_2, 20 Vol.-% CO_2

Kohlenstoffumsätze bei unterschiedlichen Bedingungen

Zur Ermittlung der Kohlenstoffumsätze wurden Ansätze zur Sauerstoffzehrung, Denitrifikationsaktivität nach NO_3-Zugabe und zur CH_4-Bildung verwendet.

Bei den Ansätzen zur Sauerstoffzehrung und zur CH_4-Bildung wurde die CO_2-Bildung bei Beginn der Ansätze gemessen (aerober C-Umsatz und anaerober C-Umsatz). Beim Ansatz zur CH_4-Bildung wurde zusätzlich die CO_2- und CH_4-Bildung nach Erreichen der methanogen Phase (deutliche CH_4-Bildung ab ca. 5 Vol.-% CH_4) ermittelt. Beim Ansatz zur Denitrifikation wurde die CO_2-Freisetzung während des Zeitraums konstanter N_2O-Bildung bestimmt.

Aus den so erhaltenen CO_2- und CH_4-Bildungsraten wurden die Kohlenstoffumsätze errechnet.

Bestimmung der Leuchtbakterientoxizität von Wasserproben
Die Probenahme erfolgte gasblasenfrei in Glasflaschen.
Mit Hilfe eines Luminometers wurde in einer Verdünnungsreihe die Verdünnungsstufe ermittelt, bei der die Hemmung der bakteriellen Leuchtkraft durch die Verdünnung von toxischen Inhaltsstoffen auf 20 % oder weniger zurückgegangen ist. Dabei wurde, wie bei SCHEIBEL et al. (1991) beschrieben, vorgegangen. Anstelle des EC_{50} wurden der heute allgemein übliche EC_{20} und der G_L-Wert (DIN 38412, 1991) ermittelt.

Bestimmung der Daphnientoxizität von Wasserproben
Die Probenahme erfolgte ebenfalls gasblasenfrei in Glasflaschen.
In einer Verdünnungsreihe wurde die Verdünnungsstufe ermittelt, bei der ähnlich wie bei einer unbelasteten Vergleichsprobe keine Schwimmunfähigkeit von Daphnien mehr auftritt. Die Vorgehensweise entsprach der von SCHEIBEL et al. (1991), die Auswertung erfolgte nach DIN 38412, 1982.

Leuchtbakterientoxizität von Feststoffproben
Destilliertes Wasser wurde durch Rückflußkochen (15 Minuten) und anschließendem sofortigen Luftabschluß von Sauerstoff befreit. In 100 ml von diesem O_2-freien Wasser wurden etwa 30 g Abfall eingewogen, mit N_2 begast und anschließend 24 Stunden eluiert. Nach dem Eluieren wurden die Feststoffpartikel abzentrifugiert und der Überstand wie eine Wasserprobe weiterbehandelt.

Leuchtbakterientoxizität von Gasproben
Die Gasproben wurden in 10 l-Airbags gesammelt und mittels einer Flüssigstickstoff-Kühlfalle nach einer von MÜLLER (1991) entwickelten Methode aufkonzentriert. Anschließend wurden sie in 2 %iger Kochsalzlösung aufgenommen und wie Wasserproben weiterbehandelt.

II.2 Vergleich der Versuchsdeponien mit Großdeponien

Da bei diesem Forschungsvorhaben zum Deponierückbau nicht an ganzen Deponien oder Teilen einer Deponie gearbeitet wurde, sondern an modellhaften Ablagerungen des Abfalls in freistehenden Lysimetern, sollte zunächst aufgezeigt werden, wie weit diese Versuchsdeponien einer Deponie entsprechen.
Die Versuchsdeponien waren, wie schon in Abb. I.2.3 dargestellt, freistehende oberirdische Abfallablagerungen von etwa 5 m Durchmesser und bis zu 5 m Höhe. Sie wurden durch eine dehn- und stauchbare Folie zusammengehalten, die die Setzungsbewegungen des Abfalls mit vollzog. Durch Umkleiden mit Styropor®-

Platten wurde der Wärmeaustausch sehr stark reduziert, durch mehrere Schichten von Kunststoffolien wurden der Gasaustausch und sonstige Randeffekte (Stoffflüsse zwischen Abfallkörper und Umgebung) minimiert.
Bei allen Untersuchungen wurden, wie auch erwartet, vertikale Gradienten, aber auch trotz aller Isolierungsmaßnahmen horizontale Gradienten festgestellt. An einigen Untersuchungen der Versuchsdeponie „Hausmüll mit Klärschlammlinsen" vor der Wiederaufnahme soll dies exemplarisch belegt werden.
Bei Untersuchungen des Gases aus dem Inneren der Versuchsdeponien wurde festgestellt, daß sich ein Gradient gebildet hatte, der von aeroben Verhältnissen in den oberen und seitlichen Randbereichen des Abfallkörpers bis zu methanogenen Verhältnissen in den Kernbereichen reichte.
Abb. II.2.1 zeigt die Gaszusammensetzung an unterschiedlichen Stellen einer Versuchsdeponie. Bei den Probenahmestellen, die am Rand lagen (Rand 1 m tief und Mitte 1 m tief) wurden hohe O_2-Konzentrationen und Methan allenfalls in Spuren gefunden. Im Kern hingegen (Mitte 2 m tief) wurden nur Spuren an O_2 gefunden, dafür aber Methankonzentrationen um 10 Vol.-%.
Offensichtlich kam es von den seitlichen Rändern und der Oberfläche (oberer Rand) zu einem Eindiffundieren von atmosphärischer Luft und damit auch von O_2. Im Laufe der relativ langsamen Diffusion wurde dabei O_2 zu CO_2 veratmet, so daß im Innern der Versuchsdeponien nur noch sauerstofffreie Luft angelangte und dort unter anaeroben (sauerstofffreien) Bedingungen Methanproduktion stattfand. Dieses Methan wurde durch Diffusion nach außen transportiert, so daß auch dort geringe Methankonzentrationen nachgewiesen werden konnten.
In einem Übergangsbereich zwischen Rand und Mitte lagen schon weitgehend O_2-freie Bereiche vor, so daß dort Denitrifikation stattfand und N_2O als Zwischenprodukt der Denitrifikation nachgewiesen wurde (Mitte 1 m tief, Abb. II.2.1).
Man kann also davon ausgehen, daß es eine von den Randbereichen bis zum Kern der Versuchsdeponien reichende Zonierung mit unterschiedlichen Stoffwechselprozessen gab: am äußersten Rand aerobe Atmung, dann Denitrifikation und im Zentrum Methanogenese.
Diese Ergebnisse wurden durch Untersuchungen zur Fähigkeit der spontanen Methanbildung bestätigt. Material aus den Randbereichen zeigte bei Zugabe von Nährstoffen für die Methanogenese unter anaeroben Bedingungen kein Potential zur Methanbildung, Material aus den Kernbereichen hingegen wies ein sehr hohes Methanbildungspotential auf.
Experimentelle Ergebnisse, die den Umfang solcher Zonen bei ganzen Deponien aufzeigen, sind bisher kaum veröffentlicht worden.
NOZHEVNIKOVA et al. (1992) gliedern Hausmülldeponien in 3 Zonen: eine aerobe Zone von 0-1,5 m Tiefe, eine Übergangszone von 1-2 m Tiefe und eine „anaerobe" Zone von 1,5-2,0 m Tiefe oder mehr. Sie konnten an einer 15 bis 20 Jahre alten Deponie, also etwa mit dem gleichen Alter wie die in diesem Projekt

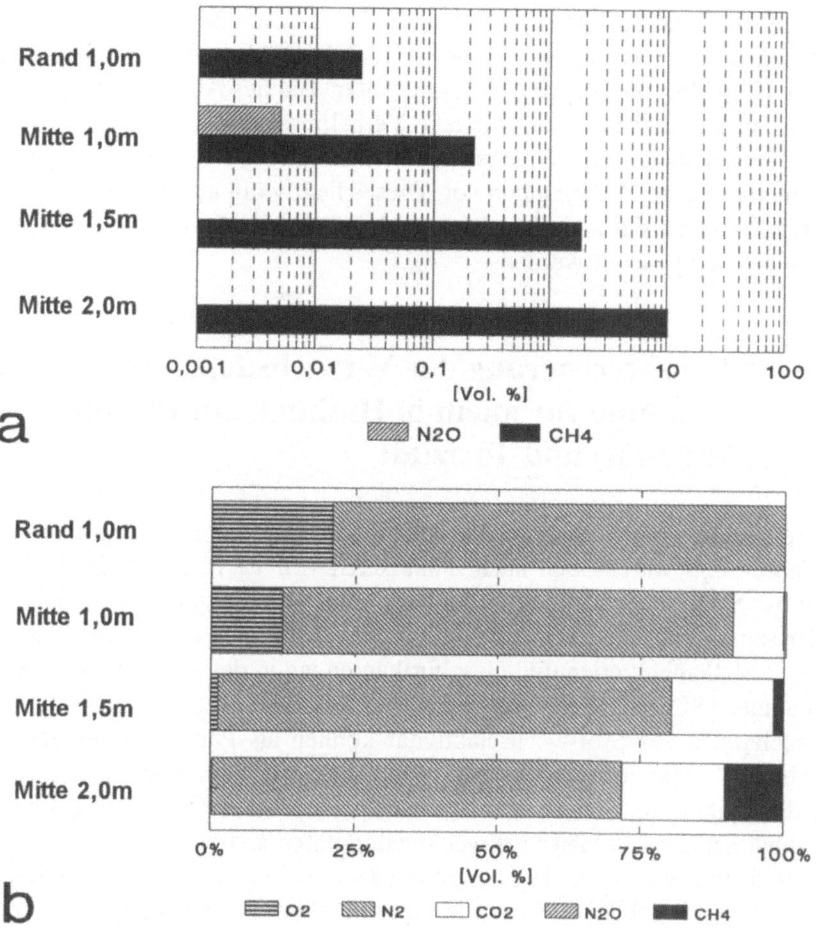

Abb. II. 2.1: Gaszusammensetzung der Versuchsdeponie von Hausmüll mit Klärschlammlinsen vor der Wiederaufnahme
a) CH_4-Gradient; punktuelles Auftreten von N_2O in 1,0 m Tiefe als Anzeichen für eine Denitrifikation (logarithmische Achse)
b) Gesamtgaszusammensetzung (mit O_2-Gradient)

untersuchten Versuchsdeponien, ein sprunghaftes Ansteigen der Methankonzentration in 40 bis 80 cm Tiefe beobachten. In einem Versuchsansatz, bei dem gleichzeitig die Methanoxidation und die Aktivität der Methanbildung getestet

werden sollte, wies der äußerste obere Randbereich einer weiteren von NOZEVNIKOVA untersuchten Deponie keine Methanbildung auf, während Proben aus tieferen Schichten (ab 0,5 m Tiefe) im Labor Methan bildeten.
Somit liegen nach den Daten von NOZHEVNIKOVA et al. (1992) in einer etwa 15 Jahre alten Hausmülldeponie in dem größten Teil des Abfallkörpers ab etwa 1 m Tiefe bis zur Deponiebasis methanogene Verhältnisse vor.
In den Versuchsdeponien hingegen herrschten nur in etwa 40-60 % der Abfallmasse methanogene Bedingungen vor. Dieses liegt wohl an dem großen Verhältnis von Oberfläche zu Volumen und kann auch durch Abdichtungsmaßnahmen an den Seiten nicht kompensiert werden.

II.3 Charakterisierung der Versuchsdeponien vor der Aufnahme vor allem in Hinblick auf Inertheit (Aktivität) und Toxizität

Die Versuchsdeponien entsprechen den normalen Hausmülldeponien aus den 70er Jahren und waren auch nach Standzeiten von 12-16 Jahren biologisch noch sehr aktiv. Sie befanden sich in ihrem Kern in der Methanphase bzw. im Übergang von der sauren Gärungsphase zur Methanphase. Die Zahl der für die Methanphase typischen Methanbakterien und Desulfurikanten lag in der Höhe der Literaturwerte für Deponien (SLEAT et al., 1987).
Untersuchungen zur Stoffwechselaktivität können als Parameter für die Inertheit von Abfällen herangezogen werden. Ein Abfall ist dann inert (reaktionsträge), wenn die in ihm stattfindenden Ab- und Umbauprozesse nur gering sind. Die in dem Abfall nachgewiesenen Stoffwechselaktivitäten sollten demzufolge zwar nicht gleich Null, aber sie sollten doch so gering sein, daß keine signifikanten Schadstoffemissionen durch gebildetes Gas oder durch Sickerwasser verursacht werden (wie dies in der sauren Phase, aber auch in der methanogenen Phase der Fall ist). Ziel könnte beispielsweise sein, etwa den Stoffwechsel zu erreichen, der in einem „normalen" Boden (z.B. in einem Wald- oder Wiesenboden) stattfindet.
Um nicht durch eine Vielzahl von Stoffwechselaktivitäten zu verwirren, stützt sich die Bewertung des Grades der Inertisierung in der vorliegenden Untersuchung vorwiegend auf zwei Laborversuche: 1. O_2-Zehrungsexperimente und 2. Versuche zur CH_4-Bildung unter anaeroben Bedingungen ohne Nährstoffzugabe. Frischmüll beispielsweise weist eine sehr hohe O_2-Zehrung und eine spät startende Methanbildung auf. Eine Abfallprobe aus der sauren Gärungsphase würde zwar zunächst keine CH_4-Bildung aufweisen (WASCHKE, 1994), hätte aber dennoch eine sehr hohe O_2-Zehrung oder eine mittlere, sehr schnell zunehmende O_2-Zehrung.

Stammt der Abfall aus der Methanbildungsphase, kommt es zu einer schnellen und intensiven Methanbildung.
In Abb. II.3.1 und II.3.2 sind die O_2-Zehrung und die CH_4-Bildung der unterschiedlichen Abfallarten mit einem Waldboden verglichen.
Anhand der gegenüber dem Waldboden um ein Vielfaches höheren O_2-Zehrung und CH_4-Bildung erkennt man, daß vor Beginn des Rückbaus die meisten der untersuchten Abfallablagerungen als keineswegs inert einzustufen waren.

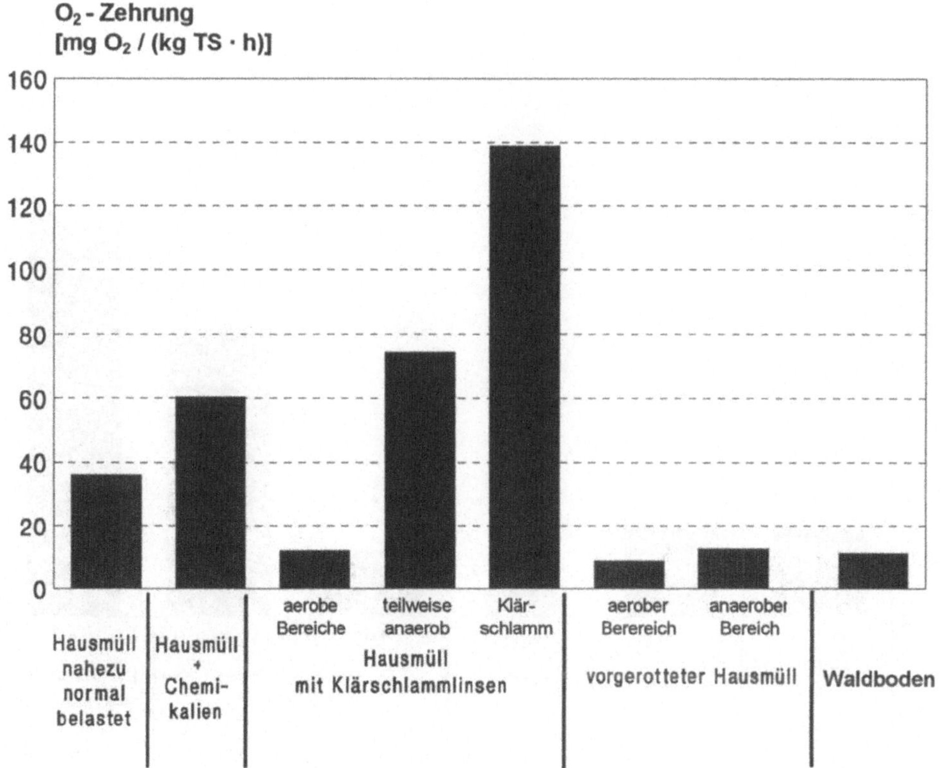

Abb. II.3.1: O_2-Zehrungen der Feststoffproben vom Ausbau der Versuchsdeponien vor der Behandlung

Nur die vor der erstmaligen Deponierung gerottete Hausmüll-Klärschlamm-

Mischung zeigte keine Methanbildungsaktivität und wies eine O_2-Zehrung auf, die der eines nährstoffreichen Bodens entsprach. Fügte man diesen Abfallproben hingegen nachträglich Nährstoffe für eine Methanbildung zu, so wiesen sie eine hohe Methanbildungsaktivität auf. Das Potential zur Methanbildung bei Vorliegen von organischen Nährstoffen war also noch vorhanden. Damit war dieser Abfall als einziger als inert einzuordnen. Sein abbaubarer organischer Anteil war bereits praktisch vollständig mineralisiert, er befand sich im Übergang zu einer post-methanogenen Phase. Gleiches gilt für die aerobisierten Randbereiche der Versuchsdeponien, wie die aerobe Probe vom Rand des Versuchskörpers von „Hausmüll mit Klärschlammlinsen" zeigt. Hier hat die aerobe Behandlung durch langzeitigen Kontakt mit Sauerstoff zu einer Inertisierung des Abfalls geführt.

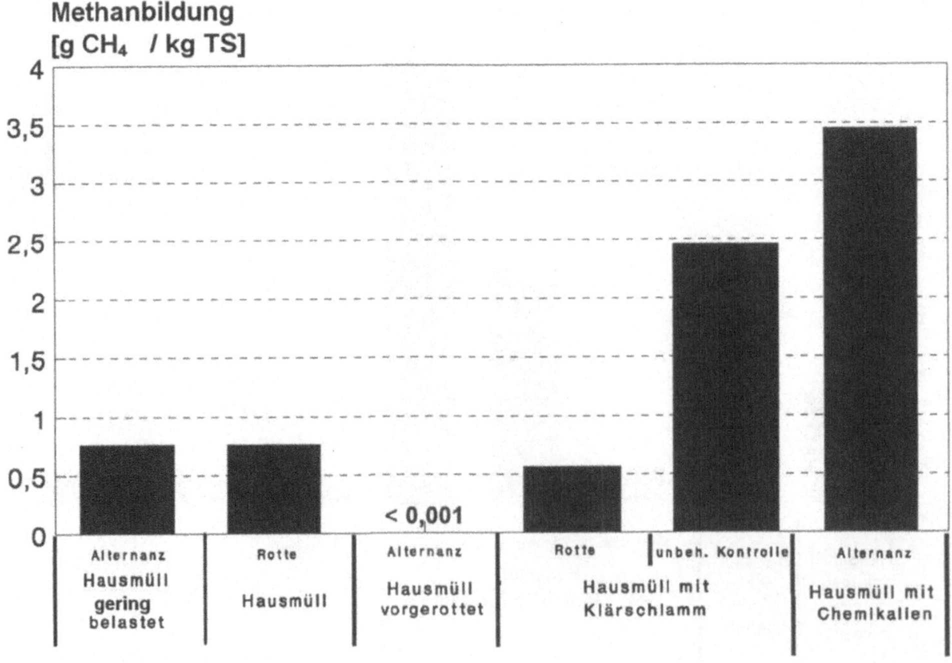

Abb. II.3.2: Methanbildung von Abfallproben aus den Versuchsdeponien im Laborversuch

Auf die Höhe der Keimzahlen hat sich die Inertisierung des Abfalls nicht ausgewirkt. Sie lagen bei der gerotteten Hausmüll-Klärschlamm-Mischung meist auf dem Niveau der anderen Versuchsdeponien. Lediglich die Zahl der Säurebildner war deutlich niedriger als bei den anderen Versuchsdeponien (Abb. II.3.3).

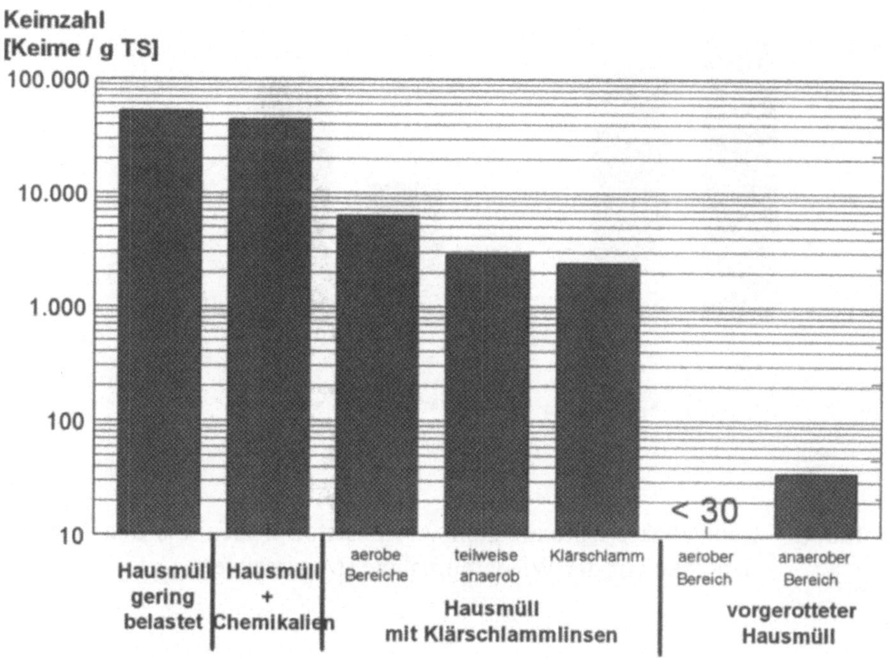

Abb. II.3.3: Zahlen der säurebildenden Keime vor der Wiederaufnahme

Der durch aerobe Behandlung inertisierte Abfall zeichnet sich auch dadurch aus, daß er als einziger ungiftig ist. In Abb. II.3.4 ist die Giftigkeit von Feststoffproben der einzelnen Abfallarten vor den Rückbaumaßnahmen anhand des Leuchtbakterientestes miteinander verglichen. Dabei gibt der Wert $1/EC_{20}$ (effektive Konzentration mit 20 % Wirkung auf die Testorganismen) an, mit wieviel Litern Wasser man 1 kg Boden eluieren muß, damit man gerade an der unteren Nachweisgrenze der Giftigkeit für Leuchtbakterien angelangt ist.
Man erkennt, daß die Abfallarten aus „klassischen“ Deponien alle hochgiftig sind. Ein ausführlicher Vergleich mit anderen Feststofftoxizitäten findet in Abschn. II.9 statt. Die Abfälle (Hausmüll-Klärschlamm-Gemisch, vorgerottet) oder Abfallbestandteile (Hausmüll mit Klärschlammlinsen am Rand, aerob), die längere Zeit

aerob „behandelt" wurden, weisen hingegen keine Giftigkeit auf.

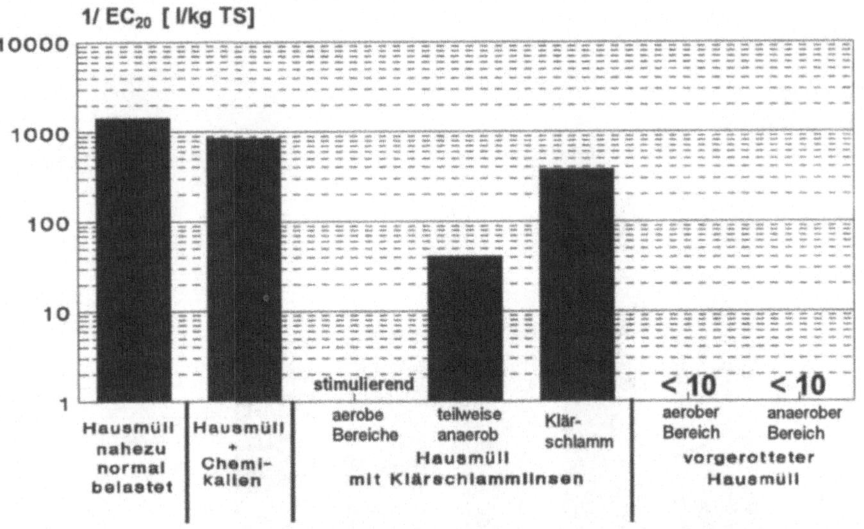

Abb. II.3.4: Leuchtbakterientoxizitäten von Feststoffproben aus den Versuchsdeponien vor der Wiederaufnahme (Maximalwerte)

Hervorzuheben ist in diesem Zusammenhang noch der Hausmüll mit hoher Chemikaliendotierung. Dieser wies als einzige Abfallart nicht nur im Feststoffmaterial sondern auch im Sickerwasser eine hohe Toxizität auf, obwohl konstruktionsbedingt (Artefakt) an allen Sickerwasser-Probenahmestellen eine intensive aerobe Behandlung des Sickerwassers erfolgte. Die extreme Höhe dieser Toxizität ist in Abb. II.3.5 dargestellt. Sowohl beim Leuchtbakterientest (G_L = Verdünnungsstufe, die 20 % Wirkung auf Leuchtbakterien unterschreitet) als auch beim Daphnientest (G_D = Verdünnungsstufe ohne Wirkung auf Daphnien) liegt die Giftigkeit des Sickerwassers sehr viel höher als die in der Literatur vorgeschlagenen zukünftigen Einleitergrenzwerte (z. B. HAGENDORF u. BÖNERT, 1992), bei der Daphnientoxizität reicht sie nahe bis an das giftigste aus der Literatur bekannte Sickerwasser (ATWATER et al., 1983) heran.

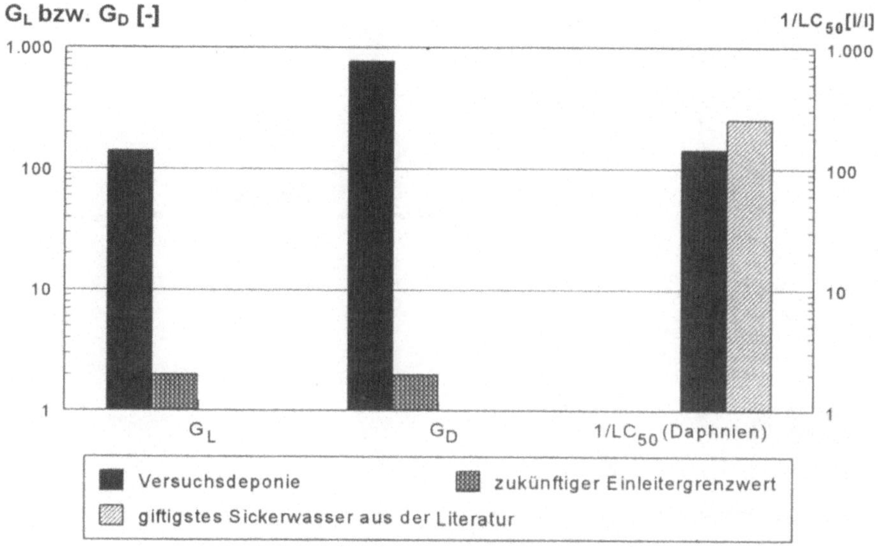

Abb. II.3.5: Vergleich der Ökotoxizität von Sickerwasser aus hochbelastetem Hausmüll mit den in der Literatur vorgeschlagenen Grenzwerten für Einleiter und weiteren Literaturwerten

II.4 Toxizität der Gasemissionen bei Aufnahme des Abfalls und mechanischer Behandlung

Nach Abschluß der analytischen Bestandsaufnahme zur Charakterisierung der Situation nach 15 Jahren Deponierung wurde der in den Versuchsdeponien lagernde Abfall aufgenommen, um eine mechanisch-biologische Behandlung durchzuführen.

Im Rahmen der Aushubarbeiten und der mechanischen Behandlungsmaßnahmen wurde neben einer Emissionsüberwachung durch chemische Analytik (Abschn. III.2.2) auch erstmals im Rahmen des Umgangs mit Abfällen eine ökotoxikologische Überwachung von Gasemissionen durchgeführt. Als Testverfahren wurde dazu der Leuchtbakterientest verwendet. Die Probenahmeorte sind in Abb. II.4.1 schematisch wiedergegeben.

Eigene parallel durchgeführte Messungen mit einem Photoionisationsdetektor (PID), der unspezifisch auf sämtliche organische Verbindungen unabhängig von ihrem Gefährdungspotential anspricht, ergaben korrelierende Ergebnisse: Bei den

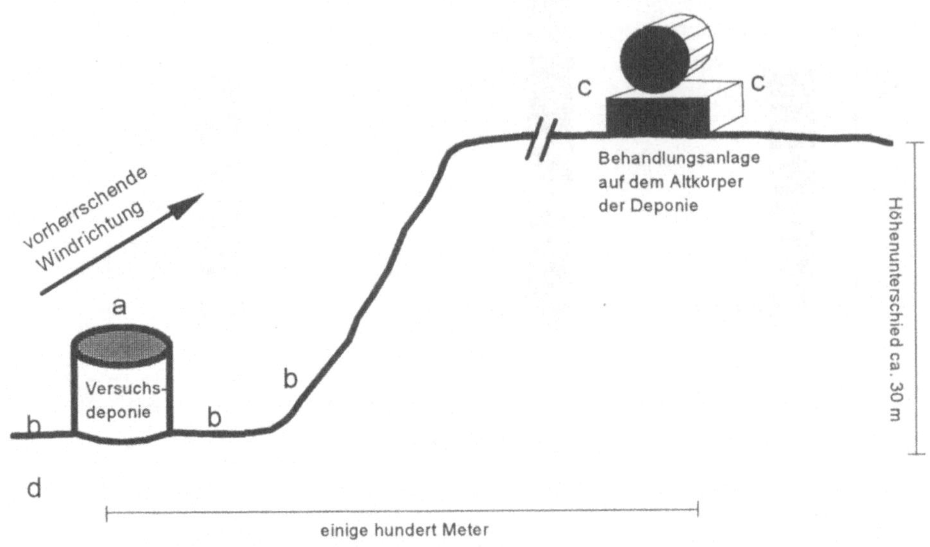

Abb. II.4.1: Schematische Darstellung der ökotoxikologischen Emissionsüberwachung im Gelände: a) auf der Versuchsdeponie, b) neben der Versuchsdeponie, c) beim Sieben d) Umgebungsluft (mind. 30 m von den Versuchsdeponien entfernt)

Abfällen mit Chemikalienzudotierung zeigte der PID deutliche Gasemissionen von organischen Substanzen an, bei dem Hausmüll mit Klärschlammlinsen und dem gerotteten Hausmüll-Klärschlamm-Gemisch hingegen nur sehr geringe (Abb. II.4.2).

Somit sind nur die Abfälle mit Chemikaliendotierung (in alten Hausmülldeponien übliche Chemikalienmengen und deutlich größere Chemikalienmengen) bezüglich ihrer Gasemissionen bei Arbeiten mit dem Abfall als gefährlich einzuordnen, obwohl die im abfallanalytischen Teilprojekt durchgeführten Emissionsmessungen mit Aktivkohle für alle untersuchten Substanzen Belastungen weit unter den MAK-Werten ergaben (Abschn. III.2.2).

Bei den Versuchsdeponien mit gefährlichen Gasemissionen wurde weiterhin untersucht, an welchen Orten bei der Aufnahme und mechanischer Behandlung die Giftigkeit am größten war. In Abb. II.4.3 sind exemplarisch die Ergebnisse für den

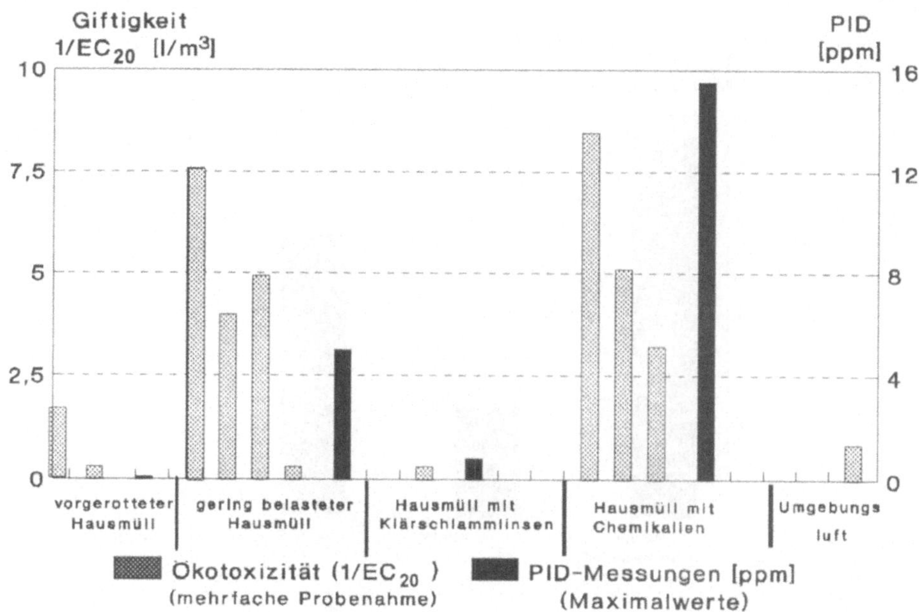

Abb. II.4.2: Leuchtbakterientoxizität und Menge an org. Substanzen (PID-Messungen) von Emissionen beim Rückbau auf den Abfallkörpern

gering belasteten Hausmüll dargestellt. Die höchsten Giftigkeiten ($1/EC_{20}$ Werte) wurden auf dem Abfallkörper selbst festgestellt. Deutlich gegenüber der Umgebungsluft erhöhte Werte ergaben sich auch beim Sieben des Abfalls in unmittelbarer Nähe des Siebes. In einigen Metern Entfernung von den Versuchsdeponien wurden beim Aushub hingegen deutlich reduzierte Giftigkeiten festgestellt.

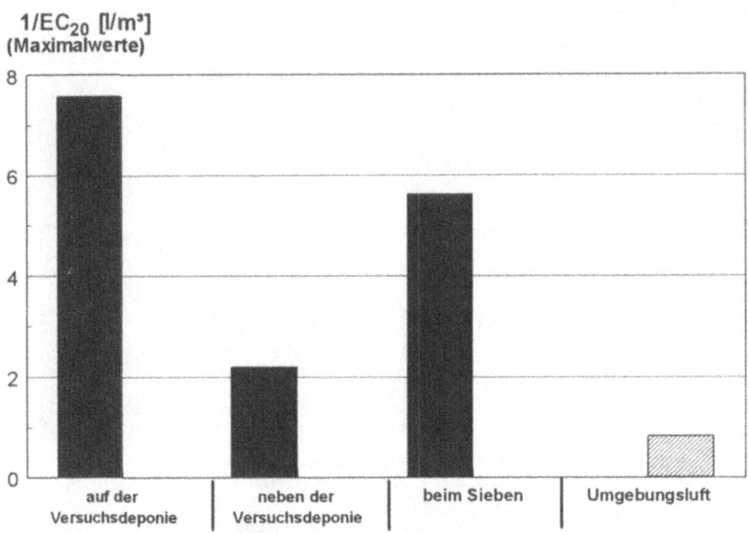

Abb. II.4.3: Ökotoxikologische Überwachung der Gasemissionen bei dem Hausmüll mit geringer Chemikaliendotierung während der Wiederaufnahme und der Behandlung des Abfalls (Maximalwerte mehrfacher Einzelmessungen)

II.5 Aerobe biologische Behandlung des Abfalls

Nach der mechanischen Behandlung des Abfalls erfolgte eine knapp einjährige biologische Behandlung mittels Aerobisierung in Behandlungsbehältern durch das am Leichtweiß-Institut entwickelte Kaminzugverfahren. Dabei sollten einige der Abfallarten rein aerob (durch permanente Frischluftzufuhr) andere wiederum alternierend (ständiger Wechsel von aeroben und anaeroben Verhältnissen) behandelt werden. Die entsprechenden Behandlungsvarianten und ihre Realisierung sind ausführlich in Abschn. I.2 dargestellt.

Als Leitparameter für die Kontrolle der aeroben und anaeroben Phasen in der Behandlung wurde der über Gassonden ermittelte Sauerstoffgehalt innerhalb der Behandlungsbehälter verwendet. In den anaeroben Phasen müßte er auf 0 Vol.-% oder nahe 0 Vol.-% sinken, in den Aerobphasen wieder deutlich über 10 Vol.-% steigen. Die Geschwindigkeit der O_2-Abnahme nach dem Abdecken der

Behandlungsbehälter mit Folie und dem Abdichten gegen Gasaustausch ist dann ein Maß für die Aktivität der aeroben (sauerstoffzehrenden) Mikroflora und damit der biologischen Abbauprozesse. Jedoch zeigte sich, daß die Behandlungsbehälter mit dem Abdecken durch eine Kunststoffplane nicht vollständig gasdicht verschließbar waren und sich der Sauerstoffgehalt unabhängig vom „Abdichten“ einstellte.

Anstelle solcher O_2-Abnahmekurven, die ein Stoppen der Frischluftzufuhr und ein vollständiges Abdichten des Behandlungsbehälters gegen Gasaustausch erfordern, wurden deshalb Einzelmessungen des O_2-Gehaltes in dem unabgedichteten belüfteten Behandlungsbehälter als Maß für die mikrobielle Aktivität verwendet. Da ein ständiges Nachliefern von O_2 in die Behälter über Diffusion und durch das Kaminzugverfahren erfolgt, stellt sich in Abhängigkeit vom Sauerstoffverbrauch ein Gleichgewichtszustand in den Behältern ein. Ist der O_2-Verbrauch und damit die Abbauaktivität hoch, so mißt man eine geringe O_2-Konzentration, ist er niedrig, so mißt man eine hohe O_2-Konzentration in den Behandlungsbehältern. Somit stellt die Sauerstoffkonzentration ein relatives Maß für die Aktivität in den Behandlungsbehältern dar.

Der hoch bzw. gering mit Chemikalien belastete Hausmüll sowie der unbelastete Hausmüll wiesen eine ähnliche Entwicklung der mikrobiellen Aktivität auf (Abb. II.5.1). Es gab zu Beginn der ersten (anaeroben) Behandlungsstufe eine relativ hohe Abbauaktivität, sichtbar durch das Absenken des O_2-Gehaltes im Behandlungsbehälter auf unter 5 Vol.-%. Im Winter sank die aerobe Abbauaktivität bei diesen Abfallarten mit dem Absinken der Außentemperatur einheitlich sehr stark und stieg dann im Frühjahr zum Sommer hin nochmals leicht an, was sich in einem erneuten Absinken der O_2-Konzentration äußerte.

Die beiden anderen Abfalltypen (gerottetes Hausmüll-Klärschlamm-Gemisch und Hausmüll mit Klärschlammlinsen) hingegen zeigten in situ nur sehr geringe Aktivitäten, was an dem hohen O_2-Gehalt von meist um die 20 Vol.-% sichtbar wurde (Abb. II.5.2).

Bei dem gerotteten Hausmüll-Klärschlamm-Gemisch war dies aufgrund der geringen O_2-Zehrung der Probe vor der Wiederaufnahme auch erwartet worden. Bei dem Hausmüll mit Klärschlamm jedoch nicht. Dort zeigte nämlich der Klärschlammanteil im Laborexperiment mit knapp 140 mg O_2 / (kg TS · h) die höchste O_2-Zehrung und die teilweise anaeroben Übergangsbereiche mit 74 mg O_2 / (kg TS · h) eine sehr hohe. Lediglich das Material aus dem Randbereich wies eine für Abfall sehr geringe Sauerstoffzehrung von 12 mg O_2 / (kg TS · h) auf (siehe Abb. II.3.1). Offensichtlich haben in den Randbereichen der alten Versuchsdeponie bereits Abbauprozesse stattgefunden.

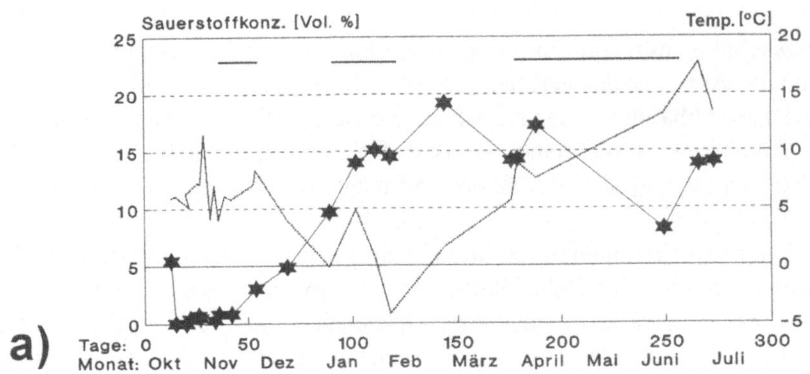

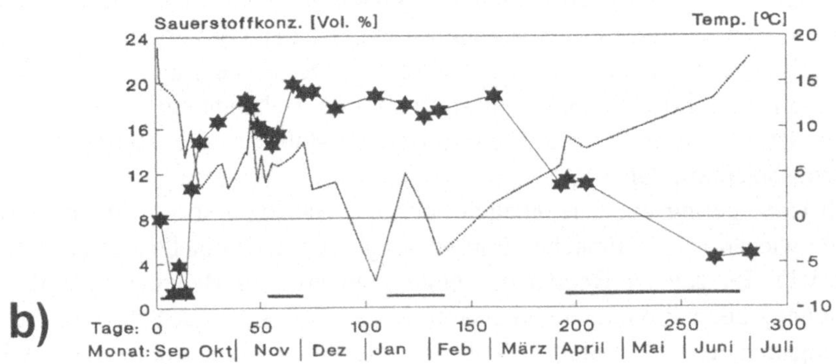

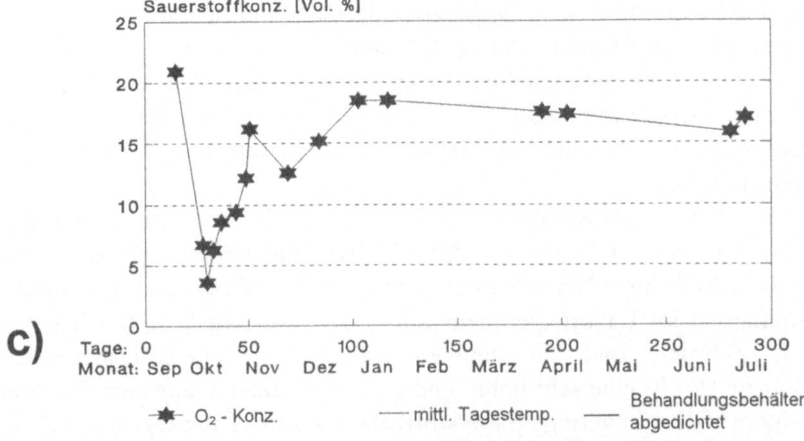

Abb. II.5.1: Ganglinie der O_2-Konzentration in den Behandlungsbehältern mit
a) Hausmüll mit hoher Chemikaliendotierung
b) Hausmüll mit geringer Chemikaliendotierung
c) unbelastetem Hausmüll

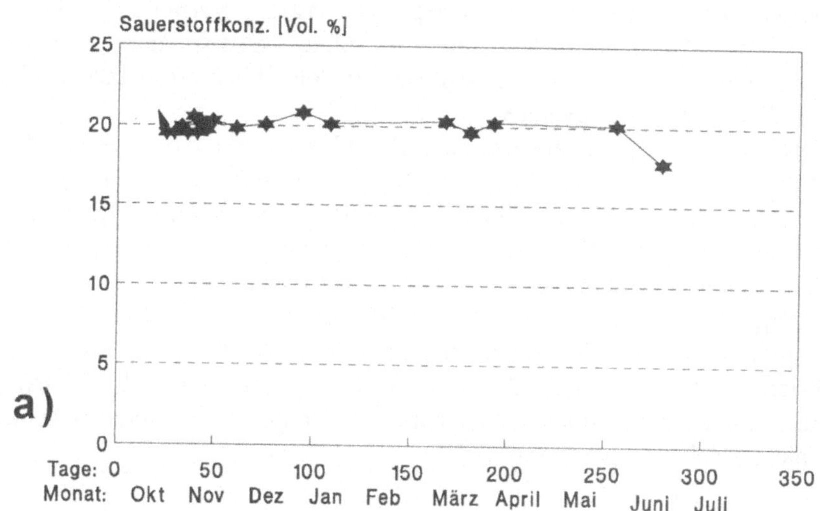

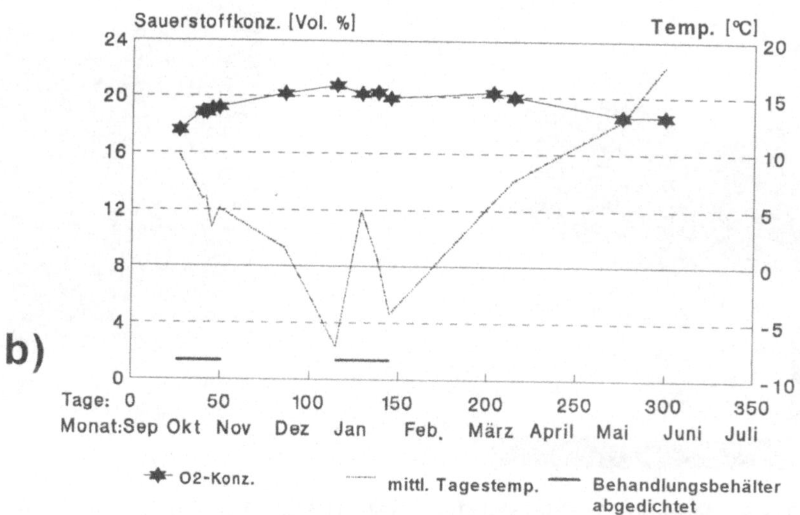

Abb. II.5.2: Ganglinie der O_2-Konzentration in den Behandlungsbehältern mit
a) Hausmüll mit Klärschlammlinsen
b) gerottetes Hausmüll-Klärschlamm-Gemisch

Daraus läßt sich schließen, daß der Abbau in irgendeiner Weise limitiert wurde. Aufgrund der pastösen Konsistenz des Klärschlamm-Materials und des hohen Wassergehaltes von bis zu 141 % (bzgl. TS) lag die Vermutung nahe, daß die Eigenlast des Materials sowie darauf arbeitende Personen das „Zufließen“ der meisten Porenräume bewirkten, so daß der für den Abbau erforderliche Sauerstoff nicht in die Porenräume gelangte.
Rein visuell konnte man anhand einer Pürckhauerprobe von diesem Hausmüll-Klärschlamm-Gemisch nach etwa 5,5 Monaten Aufenthalt in dem Behandlungsbehälter, die bis dahin nicht gelungene Aerobisierung erkennen. Auf einer Photographie des Probenmaterials (Abb. II.5.3) ist eindeutig die von Sulfiden hervorgerufene Schwarzfärbung des Materials zu erkennen. Wäre das Abfallmaterial vollständig aerobisiert, so wäre das Sulfid aufoxidiert und das Probenmaterial braun gefärbt, wie der Vergleich zwischen einer aerobisierten und einer nicht aerobisierten Probe in Abb. II.5.4 zeigt. Beim Aufnehmen des Behandlungsbehälters war ebenfalls sofort erkennbar, daß der größte Teil dunkel gefärbt und somit nicht aerobisiert war (Abb. II.5.5).

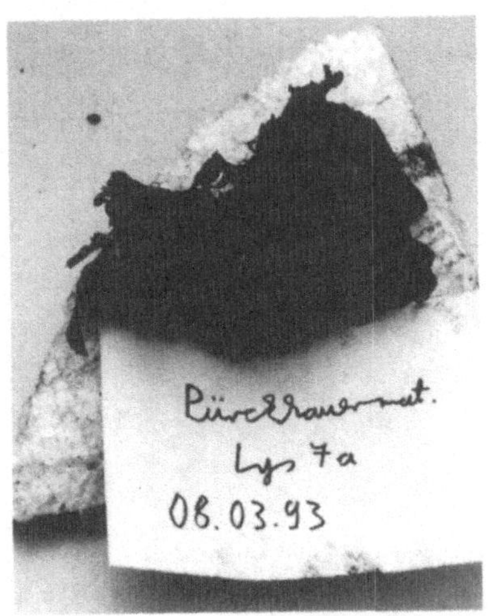

Abb. II.5.3: Durch mikrobiologische Sulfid-Bildung schwarz gefärbtes Probenmaterial aus dem Behandlungsbehälter „Hausmüll mit Klärschlamm“

Abb. II.5.4: Vergleich einer nicht aerobisierten (schwarzen) Probe (a) mit einer aerobisierten (braunen) Probe (b) aus dem Behandlungsbehälter „Hausmüll mit Klärschlamm“

Abb. II.5.5: Dunkelfärbung des Innenbereichs (a) aus dem Behandlungsbehälter „Hausmüll mit Klärschlamm“ im Vergleich zum hellen aerobisierten Außenbereich (b)

Um diesen in situ im Behandlungsbehälter auftretenden Effekt zu simulieren, wurde in einem weiteren Laborversuch zur O_2-Zehrung das Material nachträglich mit einem Pistill verdichtet. Das Ergebnis war eine mehr als 90 %ige Verringerung der Sauerstoffzehrung auf etwa 10 mg O_2 /(kg TS · h) (Abb. II.5.6). Die sehr geringe Atmungsaktivität wurde demnach durch Verdichtung verursacht. Mischte man dem Abfall vor dem Verdichten Kies als Strukturverbesserer zu, so betrug die Verringerung der Sauerstoffzehrung nur 75 %, es wurden noch 30 mg O2 /(kg TS · h) erreicht (Abb. II.5.6). Der Verdichtungseffekt wurde also teilweise aufgehoben.

Eine weitere Möglichkeit, das Absinken der O_2-Zehrung nach dem Verdichten zu verhindern, besteht in der Trocknung des Materials. Sie hat den Vorteil, daß das Deponievolumen nicht zusätzlich verfahrensbedingt erhöht wird. Die Abb. II.5.7 zeigt, daß die Sauerstoffzehrung von Klärschlammaterial aus der Versuchsdeponie mit abnehmenden Wassergehalt ansteigt. Das Optimum dürfte etwa bei 30 % der maximalen Wasserkapazität liegen. Beim Ausbau hatte das Klärschlammaterial jedoch einen Wassergehalt von 69 % der maximalen Wasserkapazität. Der Wassergehalt war demnach viel zu hoch für einen optimalen Abbau.

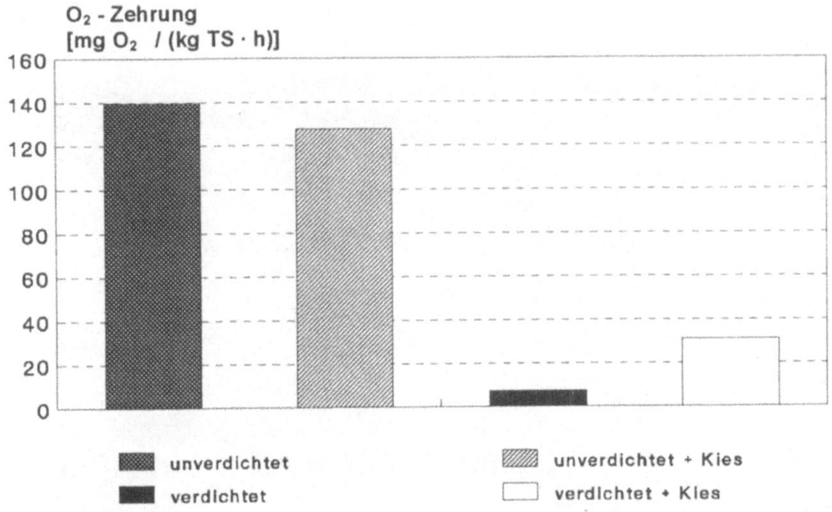

Abb. II.5.6: Atmungsaktivität von Hausmüll mit Klärschlamm in Abhängigkeit vom Verdichtungszustand und der Zugabe von Strukturverbesserern

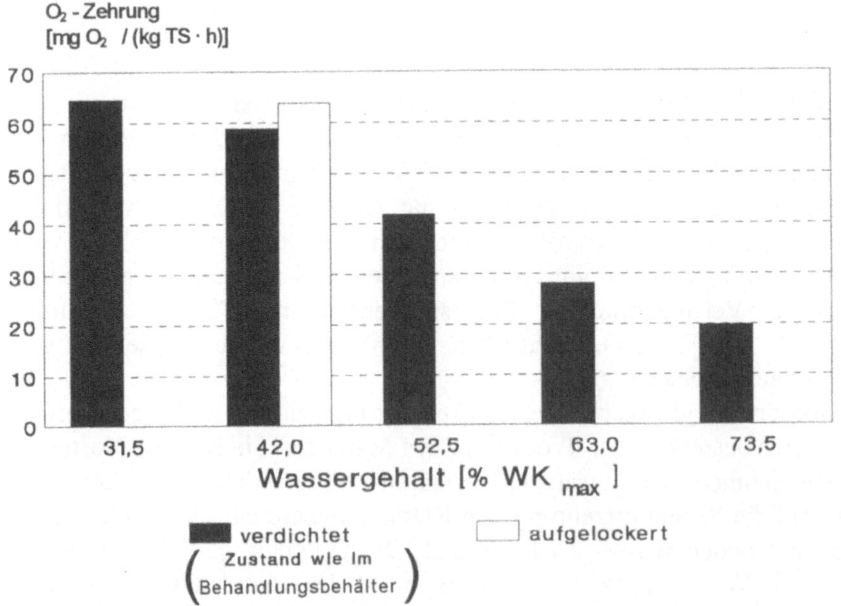

Abb. II.5.7: O_2-Zehrung von Hausmüll mit Klärschlamm in Abhängigkeit vom Wassergehalt

Zusammenfassend läßt sich feststellen, daß der aerobe Abbau eine ausgesprochene jahreszeitliche, temperaturbedingte Abhängigkeit aufweist und der Zusatz von einwohnergleichen Mengen an Klärschlamm zu Problemen bei der Belüftung des Abfalls führt. Diese werden erst durch den Vergleich des O_2-Verbrauchs in situ erkennbar. Die Belüftungsprobleme lassen sich durch eine Verringerung des Wassergehaltes vom Abfall beheben.

II.6 Auswirkungen der aeroben Behandlung des Abfalls auf Toxizität und Inertisierung

Erfolgte eine ausreichend lange und intensive aerobe Behandlung des Abfalls, so konnte man eine Inertisierung und eine sehr weitgehende Detoxifikation des Abfalls erreichen. Betrachtet man die Leuchtbakterientoxizität des Feststoffmaterials und vergleicht die Werte vor der Behandlung mit denen bei erneuter Deponierung (Abb. II.6.1), so stellt man bei allen Abfallarten eine Senkung der Giftigkeit fest.

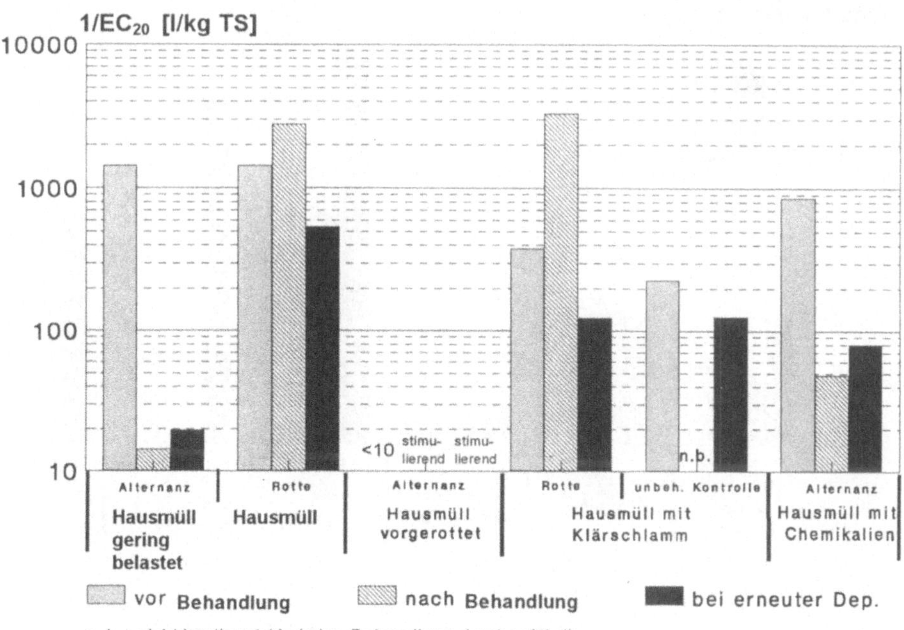

Abb. II.6.1: Leuchtbakterientoxizität von Abfallproben aus den Versuchsdeponien (Maximalwerte) vor der Behandlung, unmittelbar danach und nach 10 Monaten erneuter Deponierung

Die deutlichste Senkung um fast 2 Zehnerpotenzen fand bei dem gering mit Chemikalien belasteten Hausmüll statt. Auch bei dem Hausmüll mit hoher Chemikaliendotierung ist eine sehr große Absenkung des $1/EC_{20}$ (als Maß für die Giftigkeit) um eine Zehnerpotenz von 850 l / kg TS auf 80 l / kg TS erfolgt. Nach der erneuten Deponierung ergab sich damit folgende Situation: Die vorgerottete Hausmüll-Klärschlamm-Mischung war ungiftig, der gering mit Chemikalien belastete Hausmüll wies mit einem Maximalwert von 20 l / kg TS eine mittlere Giftigkeit auf, die anderen Abfallarten wiesen mit 80 l / kg TS und mehr immer noch sehr hohe Giftigkeiten auf. Die Ursachen für die immer noch hohen Feststofftoxizitäten bei diesen Abfallarten lagen in einer fehlenden Aerobisierung des Abfalls (Abschn. II.5) oder in einer nicht ausreichend langen und intensiven Aerobisierung (Hausmüll, Hausmüll mit hoher Chemikaliendotierung).
Auch an den Inertisierungsparametern läßt sich verfolgen, daß eine aerobe Behandlung des Abfalls bei den eben genannten Beispielen mit hoher Toxizität praktisch nicht oder nicht ausreichend und intensiv erfolgte (Abb. II.6.2).

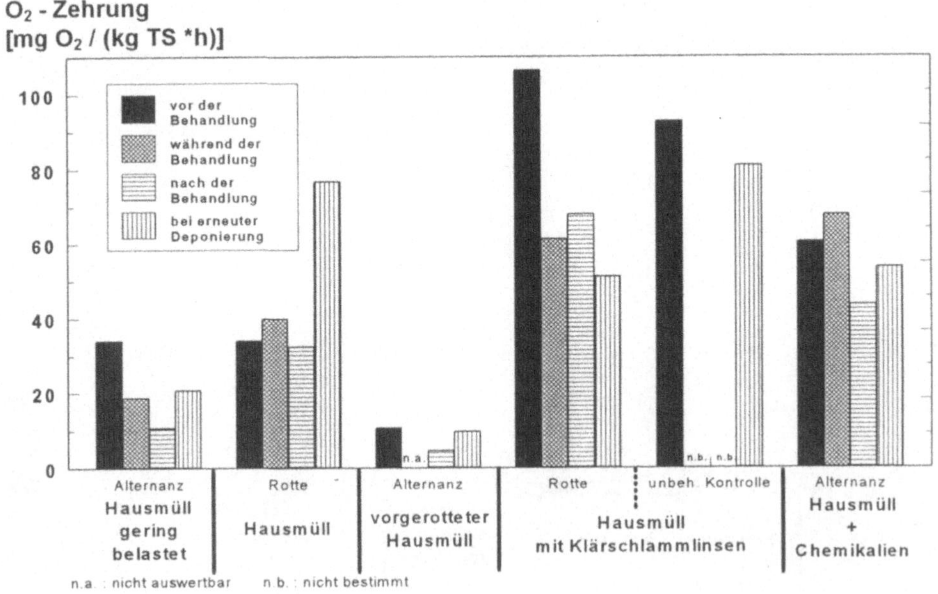

Abb. II.6.2: O_2-Zehrung von Feststoffproben vor, während und nach der biologischen Behandlung

Bei diesen Parametern wurden nämlich nur bei dem Hausmüll mit geringer

Chemikalienbelastung (ähnlich wie bei der Toxizität) die deutlichsten Effekte beobachtet. Dieser Abfall zeigte die größte Abnahme der O_2-Zehrung. Sie lag nach 10 Monaten abschließender Deponierung mit 20 mg O_2 / (kg TS · h) deutlich tiefer als bei den anderen Abfallarten, das vorgerottete Hausmüll-Klärschlamm-Gemisch ausgenommen. Die anderen Abfälle besaßen aufgrund ihres Sauerstoffverbrauchs noch große Mengen an abbaubaren Substanzen.

Bei der Methanbildung innerhalb von 2,5 Monaten im Laborversuch vor und nach der Behandlung (Abb. II.6.3), ergab sich ebenfalls ein ähnliches Bild. Die vorgerottete Hausmüll-Klärschlamm-Mischung hatte die „besten" Werte - nämlich keine Methanbildung - und der gering belastete Hausmüll wies mit einer erheblichen Senkung der Methanbildung um mehr als 99 % von 0,76 g CH_4 / kg TS auf 0,06 g CH_4 / kg TS den größten Erfolg der Behandlung auf. Alle anderen Abfälle bildeten deutlich größere Mengen an CH_4. Bei dem Hausmüll mit Klärschlamm kam es sogar zu einer Steigerung der Methanbildung.

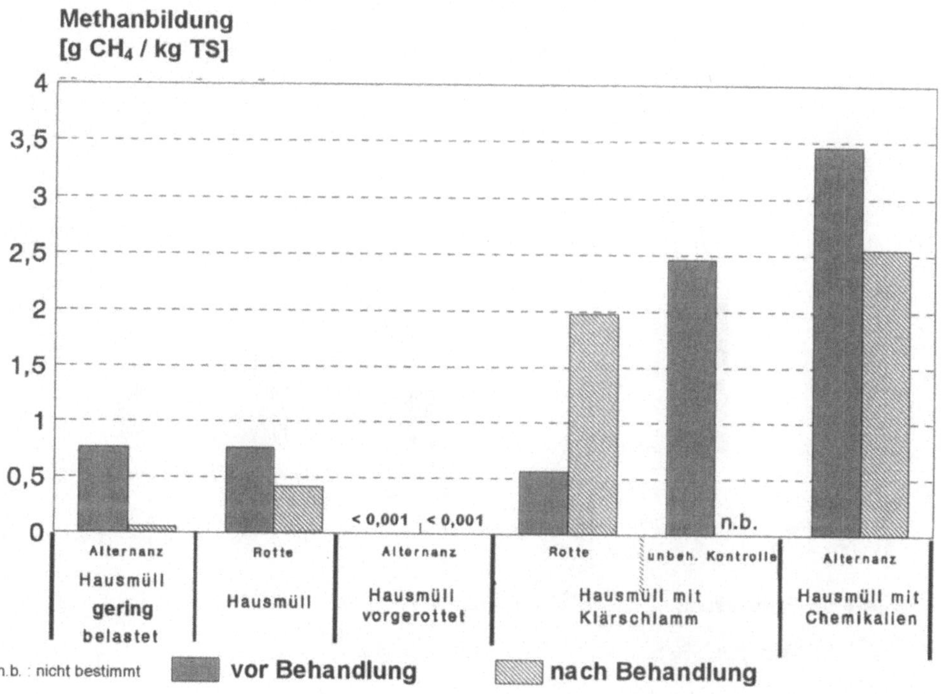

Abb. II.6.3: Veränderung der Methanbildung von Abfallproben in 2,5 Monaten im Laborversuch (Maximalwerte aller Proben eines Abfalltyps) durch die Behandlung

Die generellen Aussagen durch diesen einfachen Laborversuch bei Ende der Behandlung - keine Methanbildung beim vorgerotteten Hausmüll-Klärschlamm-Gemisch, geringe Methanbildung beim Hausmüll mit geringer Chemikalienbelastung und deutliche Methanbildung bei den übrigen Abfällen - waren später in ähnlicher Form in situ innerhalb der Versuchsdeponien selbst, nach dem abschließenden hochverdichteten Einbau ebenfalls zu beobachten. Die in Abb. II.6.4 dargestellte Entwicklung des Methangehaltes in den Versuchsdeponien zeigt, daß die geringste CH_4-Bildung mit deutlich weniger als 10 Vol.-% beim vorgerotteten Hausmüll-Klärschlamm-Gemisch auftrat, bei Hausmüll mit geringer Chemikalienbelastung eine etwas höhere (max. 10 Vol.-% CH_4) und bei den anderen Abfallarten eine deutlich über das Ausgangsniveau vor der Behandlung gehende Methanbildung von über 40 Vol.-% erfolgte.

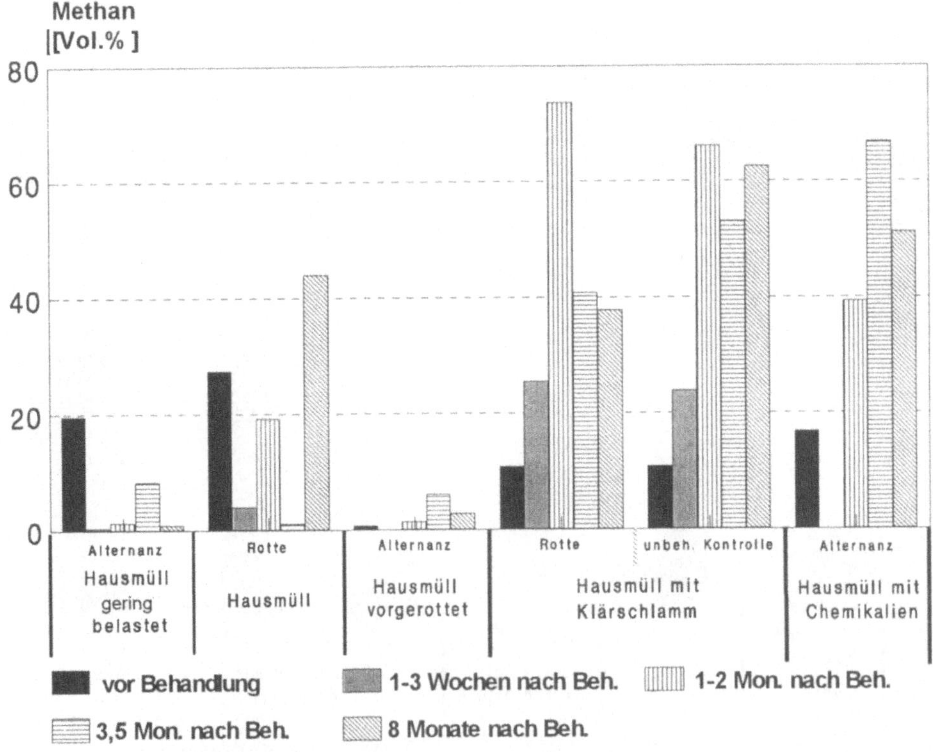

Abb. II.6.4: CH_4-Konzentrationen in den Versuchsdeponien vor der Behandlung und bei erneuter Deponierung nach der Behandlung

Die beim Hausmüll beobachtete Senkung der Methanbildung im Laborversuch auf Werte unterhalb derer von Hausmüll mit Klärschlamm und hoch mit Chemikalien belasteten Hausmüll (siehe Abb. II.6.3) schlug sich in situ in einem langsameren Ansteigen der Methankonzentration in der Versuchsdeponie nieder (Abb. II.6.4).
Aus den drei zuletzt betrachteten Parametern ergibt sich, daß abgesehen vom vorgerotteten Hausmüll-Klärschlamm-Gemisch bei dem Hausmüll mit geringer Chemikalienbelastung der Abbau und die Inertisierung am weitesten fortgeschritten waren. Die übrigen Abfälle waren dagegen bei Beendigung unserer Untersuchungen noch nicht inert.

II.7 Abbaugeschwindigkeit unter aeroben und verschiedenen anaeroben Bedingungen

Erfolgt im Rahmen der Wiederaufnahme einer Deponie eine biologische Behandlung des Abfalls, so muß diese nicht zwingend als aerobe Behandlung, d.h. als Abbau von organischen Substanzen mit molekularem Sauerstoff als Oxidationsmittel durchgeführt werden. Ebenso kann man auch gezielt einige anaerobe Abbauwege (Abbau in Abwesenheit von Sauerstoff) fördern oder einen steten Wechsel von aeroben und anaeroben Abbau (Alternanz) durchführen.
So böte beispielsweise ein Abbau über Denitrifikation (Veratmung mit Nitrat) den Vorteil, daß nicht ständig auf eine gute Luftgängigkeit auch im Feinporenbereich zur Sicherstellung einer guten O_2-Versorgung geachtet werden müßte. Diese kann, beispielsweise bei größeren Mengen an Klärschlamm im Abfall, erhebliche Probleme bereiten. Für eine Denitrifikation, bei der Nitrat anstelle von Sauerstoff als Elektronenakzeptor verwendet wird, bräuchte dieses lediglich wie ein Dünger angewendet zu werden.
Das Ziel bei der Auswahl eines oder mehrerer Abbauwege ist zum einen eine möglichst große Verringerung des Gefährdungspotentials aber auch eine möglichst große Abbauleistung in vertretbaren Zeiträumen. Daher spielt bei der Auswahl des Verfahrens die Abbaugeschwindigkeit eine große Rolle. Im Rahmen der vorliegenden Untersuchungen wurde dazu der Kohlenstoffumsatz durch Mikroorganismen als Maß für den Abbau von organischen Verbindungen gewählt. Es wurde die pro Zeiteinheit gebildete Menge an gasförmigen kohlenstoffhaltigen Stoffwechselprodukten (CO_2 und CH_4) ermittelt.
Im einzelnen wurden folgende Ansätze geprüft:

a) Abbau unter aeroben Bedingungen, d.h. in Gegenwart von molekularem Sauerstoff ohne Zugabe von Nährstoffen
b) Abbau unter anaeroben Bedingungen, d.h. unter Ausschluß von molekularem Sauerstoff (N_2-Begasung) und ohne Zugabe von Nährstoffen

c) Abbau unter denitrifizierenden Bedingungen, d.h. unter anaeroben Bedingungen wie unter b) mit zusätzlicher Nitratgabe
d) Abbau unter methanogenen Bedingungen, d.h. unter anaeroben Bedingungen wie unter b) bei Beginn einer deutlichen Methanbildung (meist ab etwa 5 Vol.-% CH_4)

Bei allen Proben war der Kohlenstoffumsatz bei der Veratmung mit Sauerstoff am größten. Aus Abb. II.7.1, welche die Ergebnisse aller Einzelansätze zusammenfaßt, erkennt man, daß die Abbaugeschwindigkeit der anaeroben Abbausätze im Mittel nur zwischen 10 bis 30 % der Geschwindigkeit des aeroben Ansatzes beträgt.

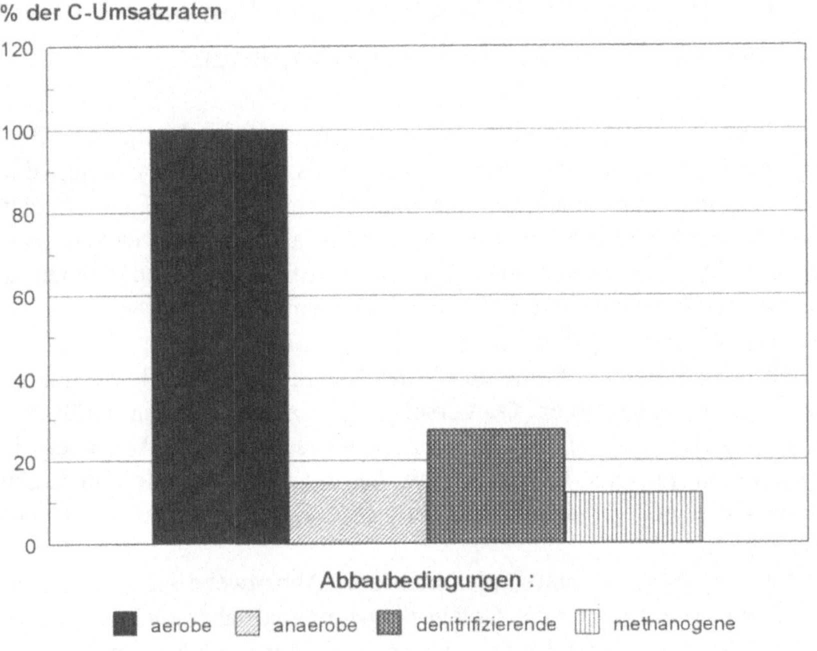

Abb. II.7.1: Relative Abbaugeschwindigkeiten von organischen Substanzen bei unterschiedlichen Abbaubedingungen (Kohlenstoffumsatzraten zu CO_2 und CH_4 bezogen auf die jeweils aeroben Ansätze und anschließend über alle Proben gemittelt)

Unter den anaeroben Abbausätzen war in der Regel der denitrifizierende am schnellsten mit im Mittel etwa 27 % vom C-Umsatz des aeroben Abbaus. Der absolute Maximalwert lag hier mit 4,9 mg Kohlenstoff/(kg TS · h) jedoch noch so niedrig, daß beim Beibehalten dieser im Labor ermittelten Abbaugeschwindigkeit innerhalb von einem Jahr lediglich etwa 2 % der Abfallmasse abgebaut würden.

In Bezug auf eine möglichst große Massenreduktion ist daher ein aerober Abbau anzustreben. Ist aufgrund zu geringer Abbaugeschwindigkeit noch eine größere Menge anaerob leicht umsetzbarer Substanzen vorhanden, so kommt es bei einer erneuten Deponierung zu einer Bildung giftiger anaerober Stoffwechselprodukte und zu einem Ansteigen der Toxizität. Da in den aeroben Bereichen der alten Versuchsdeponien auch keine Toxizitäten mehr feststellbar waren (siehe Abschn. II.3 und Abb. II.3.4) scheint für normalen Abfall aus Altdeponien eine aerobe Behandlung auch eine ausreichende Reduktion des Gefährdungspotentials zu ermöglichen.

II.8 Abbaubarkeit unterschiedlicher Abfallbestandteile

Die im abfallwirtschaftlichen Teilprojekt vor und nach der biologischen Behandlung durchgeführte Ermittlung des relativen Anteils einzelner Stoffgruppen am Abfall und die darauf basierende Berechnung absoluter Mengen gibt einen ersten Hinweis auf die Abbaubarkeit unterschiedlicher Abfallbestandteile. Sie erfaßt jedoch nicht die Stoffflüsse zwischen den einzelnen Gruppen. So ist z.B. ein Zuwachs der Fraktion < 8 mm durch Abbauprozesse in anderen Fraktionen möglich.

Zur Bestimmung der Abbaubarkeit einzelner Abfallbestandteile eignen sich neben gravimetrischen Bestimmungen der Massenabnahme auch Bestimmungen der Abbauaktivität. In dem hier vorliegenden Fall eines aeroben Abbaus wurde dazu die aerobe Atmungsaktivität über den O_2-Verbrauch bestimmt. Dazu wurden Einzelfraktionen aus der Sieb- und Sortieranalyse vom abfallwirtschafltichen Teilprojekt verwendet. Um die Beeinflussung des Abbaus durch die teilweise erfolgte Chemikalienzugabe bei der Abfallablagerung gesondert zu erfassen, wurden Proben der Abfallarten mit und ohne Chemikalienzugaben getrennt betrachtet.
Die Ergebnisse sind in Abb. II.8.1 dargestellt.
Unabhängig von der Chemikalienzugabe waren die O_2-Zehrungen und damit die Atmungsaktivitäten bei der Fraktion < 8 mm am größten. Der O_2-Verbrauch lag in beiden Fällen mit etwa 100 mg O_2 / (kg TS · h) auf einem sehr hohem Niveau.
Die zweithöchste Abbauaktivität wies in beiden Fällen die Papierfraktion auf. Die O_2-Zehrung lag mit 55 bzw. 84 mg O_2 / (kg TS · h) auf einem hohen bis sehr hohem Niveau. Die bei dieser Abfallgruppe auch relativ konstante O_2-Zehrung würde bei dieser Höhe innerhalb von 6 Monaten einen Abbau von etwa einem Viertel der Masse bedeuten.

Am dritthöchsten war bei Abfall sowohl mit als auch ohne Chemikalien der Sauerstoffverbrauch der Fraktion von 8 bis 40 mm. Er lag mit 22 bzw. 36 mg O_2 / (kg TS · h) nochmals deutlich tiefer als der von Papier.
Die geringste Abbauaktivität wiesen Textilien und Holz auf. Das Holz lag mit einer O_2-Zehrung von weniger als 10 mg O_2 / (kg TS · h) auf einem für Böden üblichen Niveau. Es ist nur sehr langsam abbaubar.

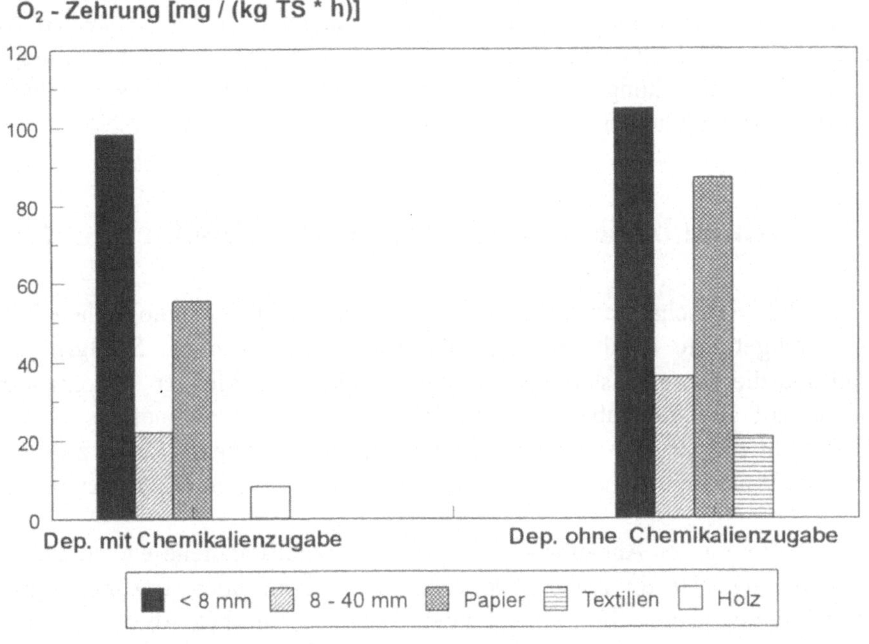

Abb. II.8.1: Abbaugeschwindigkeit unterschiedlicher Abfallbestandteile dargestellt anhand der O_2-Zehrung

Demnach kann bei einer Separation einzelnen Stoffgruppen durch mechanische Verfahren durch die biologische Behandlung der Fraktionen < 8 mm, 8 bis 40 mm und Papier schon ein ziemlich großer Erfolg der Behandlung im Hinblick auf die Inertisierung erreicht werden.

II.9 Ausmaß des toxischen Potentials einer Abfalldeponie

Neben den akuten toxischen Wirkungen, die von einer Siedlungsabfalldeponie über den Gas- bzw. Sickerwasserpfad ausgehen, können auch von dem ökotoxikologischen Gesamtpotential einer Deponie große Gefahren ausgehen. Dieses Gefahrenpotential, das in einer Deponie über Jahrzehnte latent vorhanden ist, wird einerseits durch die mit dem Müll eingebauten Schadstoffe bestimmt, andererseits aber auch durch die mikrobiologischen anaeroben Stoffwechselumsetzungen im Deponiekörper verursacht. Quantitativ erfassen kann man dieses umwelthygienische Risikopotential durch ökotoxikologische Tests am Feststoff - z.B. mit dem Biolumineszenstest oder Daphnientest.
In Abb. II.9.1 ist die Biolumineszens-Hemmwirkung von unbehandeltem gering belasteten Hausmüll im Vergleich zu typischen kontaminierten Böden aus Altlaststandorten gegenübergestellt worden.

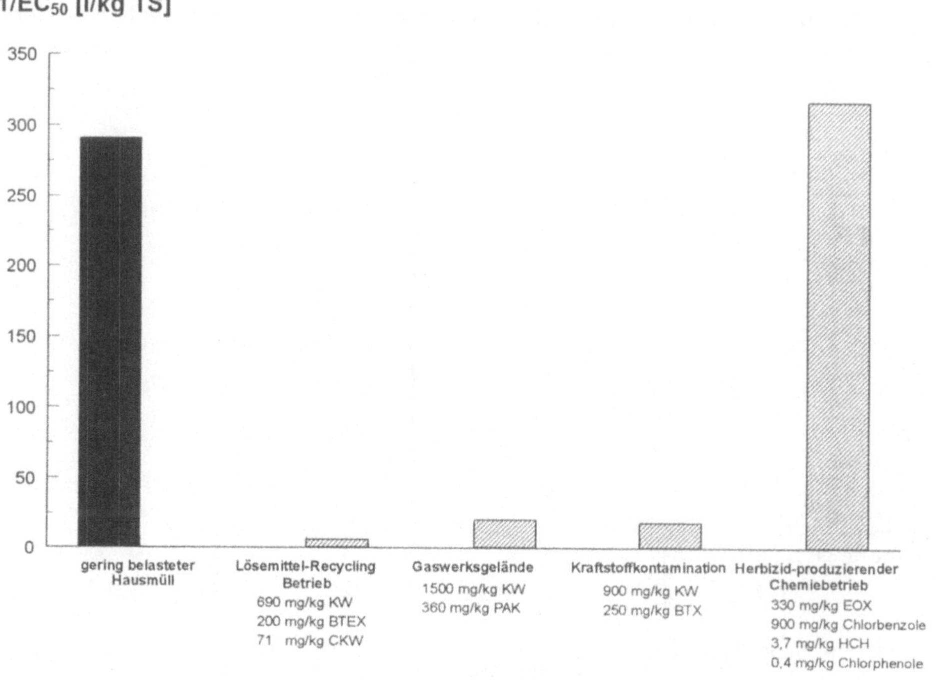

Abb. II.9.1: Vergleich der Leuchtbakterientoxizität von Abfall (gering belasteter Hausmüll) mit Böden aus der Altlastensanierung.

Die Abbildung macht deutlich, daß normaler, 13 Jahre alter Hausmüll um mehr als den Faktor 10 giftiger ist als übliche kontaminierte Böden etwa von Tankstellen, Gaswerksgeländen oder Geländen lösemittel-verarbeitender Industrie. Nur der hochgradig belastete Boden eines herbizid-produzierenden Chemiebetriebes aus Hamburg - mit chlororganischen Inhaltsstoffen wie Chlorbenzole, Chlorphenole, Hexachlorcyclohexan und letztlich sogar den Dioxinen - zeigt eine vergleichbare Giftigkeit wie der Hausmüll.
Dieses hohe Toxizitätspotential schlummert normalerweise über Jahrzehnte hinweg unentdeckt im Abfall. Ernsthafte Gefahren, die von diesem Toxizitätspotential herrühren könnten, schätzt man im praktischen Betrieb als gering ein.
Diese Situation kann sich jedoch schlagartig ändern, wenn sich die Umgebungsbedingungen einer Deponie ändern. Stark einschneidende Änderungen der Deponiebedingungen stellen beispielsweise die Abdichtung der Deponieoberfläche (Stillegung des Deponiebetriebes), unsachgemäße Manipulation am Deponiekörper oder ganz besonders der Deponierückbau dar.
Abb. II.9.2 zeigt den Gang der Toxizität im Sickerwasser eines 13 Jahre alten Hausmülls - nach Wiederaufnahme, aerober Behandlung und erneuter Deponierung.

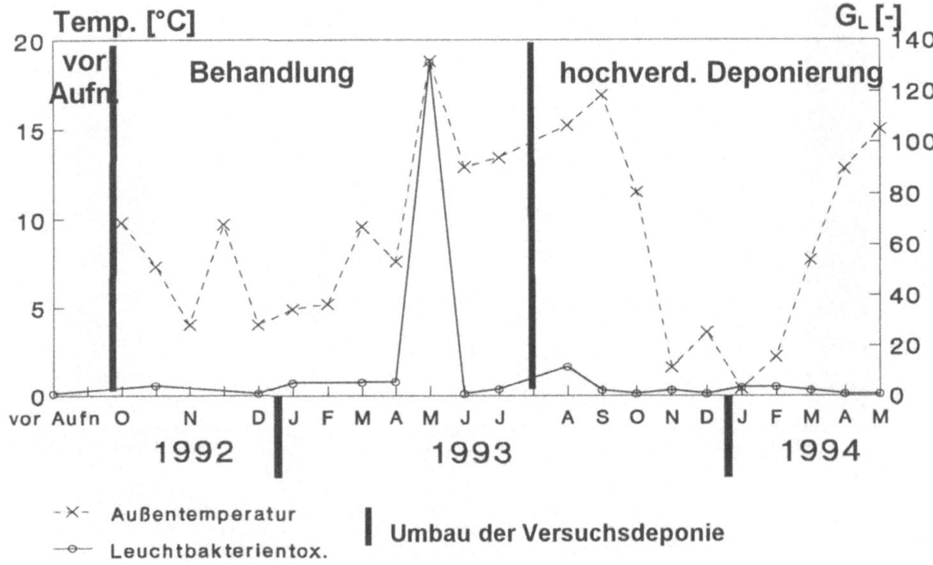

Abb. II.9.2: Leuchtbakterientoxizität im Sickerwasswasser des Hausmülls während der Projektdauer im Vergleich zur Außentemperatur

Es überrascht, daß die Giftigkeit des Sickerwassers nach zunächst konstant niedrigen Werten im April/Mai des Jahres 1993 plötzlich extrem ansteigt. Dieser Meßwert stellt keine Fehlmessung dar sondern korreliert mit anderen Parametern (Sulfid, Eisen, CSB, Sauerstoffgehalt, (KUCKLICK et al., 1995)). Die Gründe für diese unerwartete Toxizitätszunahme sind einerseits in einen unvollständigen Rotteprozeß und andererseits in einen Anstieg der Umgebungstemperaturen zu sehen.
Der Toxizitätspeak belegt, daß trotz niedriger Sickerwasserwerte im Jahr 1992 noch ein hohes Giftigkeitspotential im Abfallkörper lagert, das völlig überraschend im Frühjahr 1993 zum Ausbruch kam.
Er belegt ferner, daß Sickerwasseranalysen allein den Zustand einer Deponie nicht charakterisieren können. Im vorliegenden Fall ist der Abfallkörper trotz 13 jähriger Lagerung und einer halbjährigen Rottephase keineswegs als inert bzw. entgiftet anzusehen.
Das Toxizitätspotential einer Deponie tritt unter diesen unzureichenden Überwachungsbedingungen besonders unerwartet in Erscheinung und kann zu großen Gefahren für Mensch und Umwelt führen und zwar auch noch viele Jahre nach Stillegung der Deponie.

II.10 Biologisches Detoxifikationspotential einer Abfalldeponie: Quantifizierung, Aktivierung, Effizienz und Aufrechterhaltung des entgifteten Zustandes (Abfallinertisierung)

Dem im vorherigen Abschnitt geschilderten toxischen Potential einer Siedlungsabfalldeponie steht ein biologisches Detoxifikationspotential entgegen, nämlich die Fähigkeit von Mikroorganismen die im Abfall vorhandenen oder durch mikrobielle Aktivitäten gebildeten toxischen Substanzen durch Abbau oder Aufoxidation in ungiftige Substanzen umzuwandeln.
Dieses mikrobielle Detoxifikationspotential läßt sich durch eine permanente (aerobe Behandlung) oder zeitweise (alternierende Behandlung) Zugabe von Sauerstoff aktivieren. HANERT et al. (1992) zeigen welche Vielzahl von giftigen organischen Komponenten durch aerobe bzw. anaerobe Behandlung mit Hilfe von Sauerstoff aus dem Abfall entfernt werden können. Unter Umständen reichen dabei schon wenige Stunden Abbau unter aeroben Bedingungen, um die akute Toxizität vollständig zu beseitigen, wie parallel durchgeführte Elutionsversuche in An- bzw. Abwesenheit von O_2 aufzeigen (Abb. II.10.1).

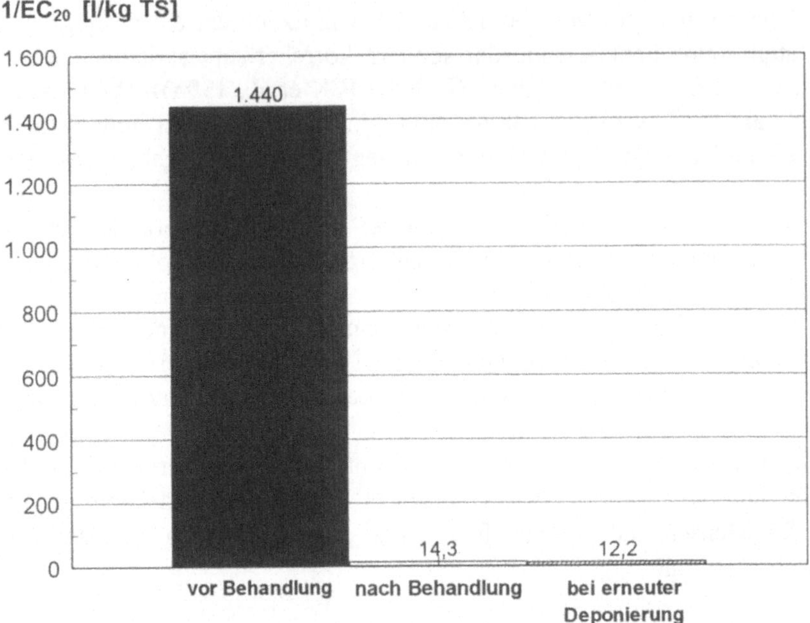

Abb. II.10.1: Leuchtbakterientoxizität von Eluaten des gering belasteten Hausmülls in Abhänigikeit der An- oder Abwesenheit von Luftsauerstoff (21 Vol.-% O_2) während der Elution

Zur Quantifizierung der Entgiftungsleistung verwendet man ökotoxikologische Tests, die in einem Summenparameter die Giftwirkung von allen im Abfall enthaltenen Stoffen gleichzeitig erfassen.

Dabei werden für einen Testorganismus die Giftigkeiten vor der biologischen Behandlung mit denen nach der biologischen Behandlung verglichen. Das Beispiel des gering belasteten Hausmülls zeigt die enorme Effizienz dieser biologischen Entgiftung: die sehr hohe Giftigkeit des Abfalls konnte durch die einjährige biologische Behandlung um 99 % gesenkt werden (Abb. II.10.2).

Da die in abgelagerten Siedlungsabfällen vorhandene Toxizität zu einem großen Teil erst durch mikrobielle Reaktionen im Abfallkörper selbst entsteht, stellt sich die Frage, ob eine solche enorme Absenkung der Giftigkeit wie in Abb. II.10.2 dargestellt auch dauerhaft ist, oder ob es durch mikrobielle Aktivität bedingt wieder zu einem erneuten Ansteigen der Toxizität kommen kann, wie z.B. in Abschn. II.9 (Abb. II.9.2) dargestellt.

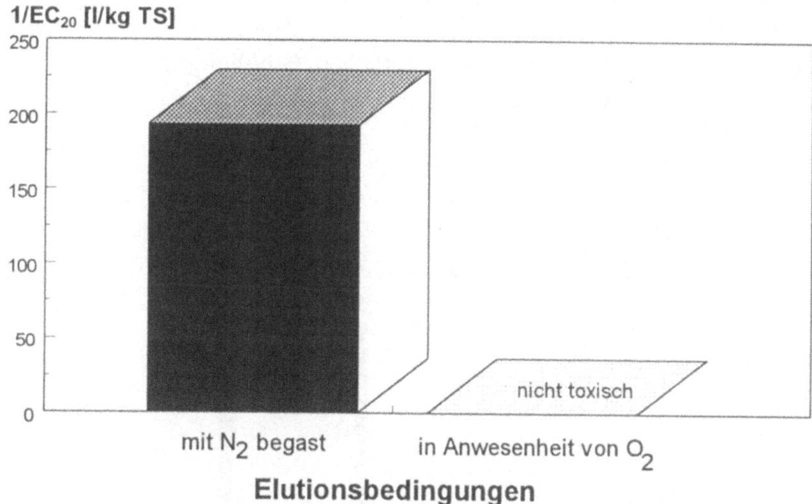

Abb. II.10.2: Abnahme der Leuchtbakterientoxizität von gering belastetem Hausmüll durch die biologische Behandlung

Um eine solche Aussage treffen zu können, ist es notwendig Toxizitätsmessungen in Beziehung zu Messungen mikrobieller Aktivitäten zu setzen. Führt man solche Betrachtungen durch, wie z.B. in Abb. II.10.3 für Leuchtbakterientoxizität und O_2-Zehrung geschehen, so erhält man folgendes Bild: Man erkennt, daß kein direkter Zusammenhang (Korrelation) zwischen Aktivität und Toxizität einer Abfallprobe zu bestehen scheint. Auffällig ist in Abb. II.10.3 jedoch, daß bei Proben mit einer O_2-Zehrung von weniger als 20 mg O_2 / (kg TS · h) bis auf eine Ausnahme keine Leuchtbakterientoxizität festgestellt wurde, über 20 mg O_2 / (kg TS · h) O_2-Zehrung alle Proben eine Leuchtbakterientoxiziät aufwiesen, und sehr hohe Leuchtbakterientoxizitäten erst bei Proben mit O_2-Zehrungen über 30 mg O_2 / (kg TS · h) auftraten.
Offenbar ist bei hoher Aktivität (in diesem Fall hoher O_2-Zehrung) einer Probe auch die Wahrscheinlichkeit erhöht, daß diese Probe hohe Toxizitäten aufweist. Eine hohe Aktivität mit einem sehr allgemeinen Aktivitätsparameter wie beispielsweise der O_2-Zehrung zeigt an, daß in einem Abfallkörper genügend Nährstoffe, vor allem organische Nährstoffe vorhanden sind, um zahlreiche mikrobielle Umsetzungs- und Abbauvorgänge in Gang zu bringen, unter anderen auch solche, die zu giftigen Zwischen- und Endprodukten führen. Demzufolge wird ein Abfall erst dann entgiftet sein, wenn er inert ist, d.h. wenn die in ihm ablaufenden Stoff-

wechelaktivitäten auf ein Minimum herabgesunken sind (siehe auch Abschn. II.3). Erst dann ist gewährleistet, daß es auch nicht in der Zukunft, bedingt durch hohe mikrobielle Aktivitäten wieder zu einer deutlichen Erhöhung der Giftigkeit des Abfalls kommt.

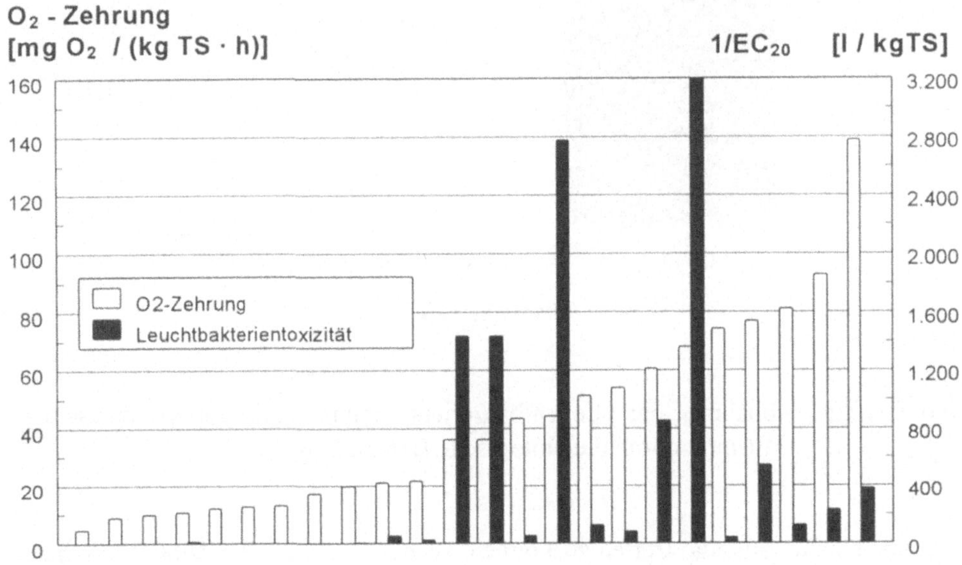

Abb. II.10.3: Zusammenhang zwischen O_2-Zehrung und Leuchtbakterientoxizität von Abfallproben (Proben wurden anhand ihrer O_2-Zehrung geordnet).

Die als Inertisierungsziel anzustrebende Höhe der Stoffwechselaktiviäten auf dem Niveau eines Bodens (siehe Abschn. II.3) würde im Fall der O_2-Zehrung (mit 2 bis 15 mg O_2 / (kg TS · h) Sauerstoffverbrauch (bei üblichen Böden) ein sicheres Unterschreiten der anhand von Abb. II.10.3 als für Leuchtbakterientoxizität relevant erkannten 20 mg O_2 / (kg TS · h) bedeuten.

Für eine wirklich sichere Bestimmung der Inertisierung sind neben den bisher angesprochenen Bestimmungen der aktuellen Stoffwechselaktivitäten (z.B. O_2-Zehrung) auch noch vergleichende Bestimmungen von potentiellen Stoffwechselaktivitäten notwendig, um sicherzustellen, daß die niedrigen aktuellen Aktivitäten auch wirklich auf einer Menge an abbaubaren organischen Nährstoffen beruhen (KUCKLICK et al., 1996). Bei beiden Messungen (aktuelle und

potentielle Stoffwechselaktivitäten) werden die Geschwindigkeiten biologischer Stoffumsätze bestimmt. Im Falle der aktuellen Stoffwechselaktivität versucht man dabei möglichst exakt die natürlichen Bedingungen vor Ort beizubehalten und unterliegt dadurch einer Reihe von Limitierungen (Abb. II.10.4).
Bei Messungen der potentiellen Stoffwechselaktivitäten (maximalen Stoffwechselaktivitäten, gelegentlich auch Stoffwechselpotential genannt) werden diese Limitierungen soweit wie möglich aufgehoben.

aktuelle Stoffwechselaktivität: Geschwindigkeit von biologischen Stoffumsetzungen einer physiologischen Gruppe in situ oder an möglichst ungestörten Proben

ist abhängig von
- Redoxbedingungen
- Zahl und Art der momentan aktiven Mikroorganismen dieses Stoffwechseltyps
- Menge an verfügbaren Nährstoffen
- Menge an verfügbaren e^--Endakzeptoren

potentielle Stoffwechselaktivität: Geschwindigkeit von biologischen Stoffumsetzungen in situ oder an Proben nach Aufhebung von Limitierungen (z.B Nährstoffmangel)

ist abhängig von
- Zahl und Art der momentan aktiven Mikroorganismen dieses Stoffwechseltyps
- nicht aufgehobenen Limitierungen

Institut für Mikrobiologie, TU Braunschweig

Abb. II.10.4: Unterschiede zwischen Messungen der aktuellen und der potentiellen Stoffwechselaktivität

Will man nun mittels beider Messungen bestimmen, wie inert ein Abfall ist, so werden beide Messungen so gestaltet, daß als einziger Unterschied zwischen beiden die Messung der aktuellen Stoffwechselaktivität von der Menge an verfügbaren Nährstoffen abhängt, die Messung der potentiellen Stoffwechselaktivität jedoch nicht. Man kann damit durch vergleichende Betrachtung beider Messungen indirekt bestimmen, ob noch größere Mengen an abbaubaren organischen Stoffen im Abfall vorhanden sind oder nicht.

Dies wird anhand von Abb. II.10.5 erläutert:
Weist die aktuelle Stoffwechselaktivität hohe Werte auf, so enthält der Abfall noch große Mengen an leicht abbaubaren organischen Stoffen und ist damit nicht inert (a) in Abb. II.10.5).
Besitzt der Abfall eine niedrige aktuelle Stoffwechselaktivität, so ist eine zusätzliche vergleichende Messung der potentiellen Stoffwechselaktivität erforderlich. Ergibt diese einen hohen Wert, so könnte die am Standort vorhandene Mikroflora große Mengen an organischen Nährstoffen umsetzen, wenn sie vorhanden wären. Da dies aber unter ansonsten gleichen Bedingungen nur mit am Standort vorhandenen Nährstoffen nicht geschieht, bleibt als einziger Schluß, daß der Abfall nur noch geringere Mengen an abbaubaren organischen Nährstoffen enthält. Der Abfall ist bereits inert (Abb. II.10.5 b)).
Sind sowohl aktuelle als auch potentielle Stoffwechselaktivität gering (Abb. II.10.5 c)) so ist entweder nicht genügend abbauende Mikroflora vorhanden, oder sie wird gehemmt oder es fehlen einige bestimmte Nährstoffe. Es müssen weitere Untersuchungen (Aufhebung der vorhin genannten Mängel) durchgeführt werden, die letztendlich zu den unter a) oder b) bei Abb. II.10.5 dargestellten Ergebnissen führen.
Anhand solcher Untersuchungen läßt sich beurteilen, ob der Abfall inert und damit auch in Zukunft ungiftig ist.
Zusammenfassend bleibt festzustellen, daß durch eine biologische Behandlung eine enorme Entgiftung des Abfalls erreicht werden kann (Abnahme der Giftigkeit um 99 %), diese Entgiftung aber nur dann dauerhaft ist, wenn der Abfall inert ist.

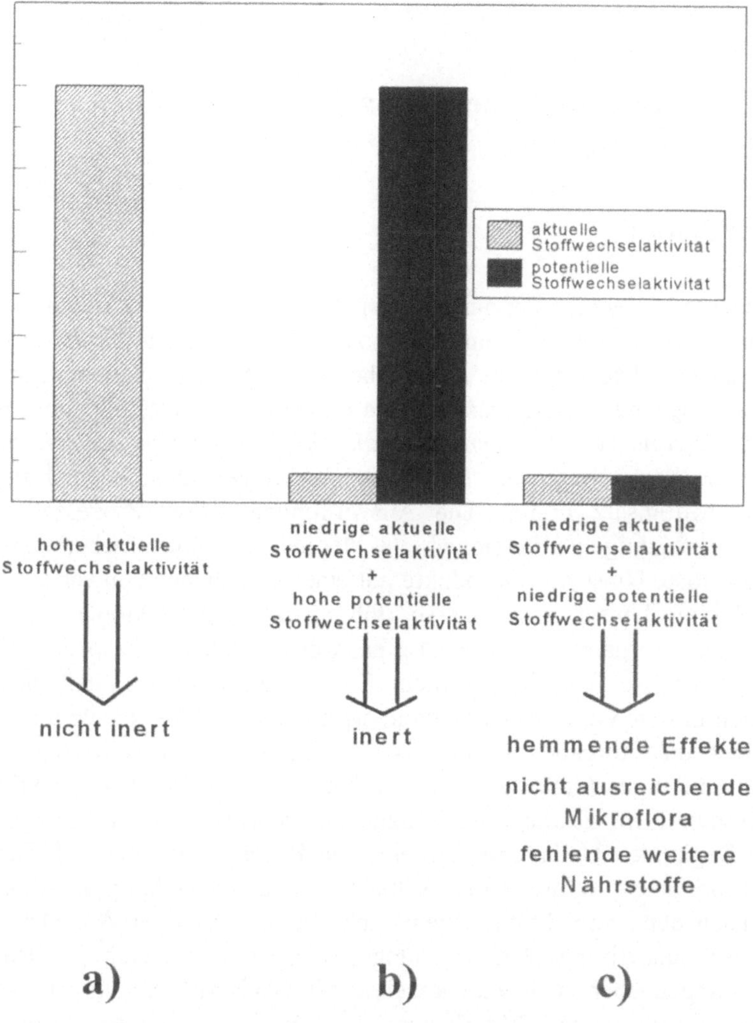

Abb. II.10.5: Interpretation der bei Messungen von aktueller und potentieller- Stoffwechselaktivität erhaltenen Ergebnisse

III Abfallanalytische Untersuchungen

Jan Gunschera, Jörg Fischer, Wilhelm Lorenz, Müfit Bahadir

III.1 Ziele und Methoden der abfallanalytischen Untersuchungen

III.1.1 Einleitung

Die untersuchten Versuchsdeponien entsprachen in ihrer Zusammensetzung gewöhnlichen Hausmülldeponien und waren zum Teil zusätzlich mit anorganischen und organischen Schadstoffen in einer inhomogenen Form kontaminiert. Ihrer Zusammensetzung und Genese entsprechend durchlaufen Hausmülldeponien nacheinander *aerobe, anaerob-acetogene* und *anaerob-methanogene Gärungsphasen*, in denen die so bezeichneten biochemischen Reaktionen ablaufen und zu einem erheblichen Stoffumsatz führen. Die Auswirkungen dieser Prozesse sind am Auftreten von flüchtigen Emissionen als Deponiegase und Sickerwässern als flüssige und gelöste Umsetzungsprodukte mit einer erheblichen Umweltrelevanz zu erkennen. Diese Umsetzungsprozesse führen zu einer Mobilisierung von organischen und anorganischen Schadstoffen, welche über die Gasphase wie auch über die Sickerwässer emittiert werden. Es war zu erwarten, daß sich diese Prozesse auch in den Versuchsdeponien in signifikanter Weise auswirken werden. Es war daher die Aufgabe der chemischen Analytik, das Auftreten und die Verlagerung von zugesetzten wie auch sich bei den biochemischen Reaktionen in den Versuchsdeponien natürlicherweise bildenden Schadstoffen zu verfolgen. Dies erfolgte vor Beginn der Umlagerungsarbeiten zur Beschreibung des IST-Zustandes der Versuchsdeponien, während der Aufnahme- und Behandlungsarbeiten sowie schließlich nach dem verdichteten Wiedereinbau eines Teils der Abfallfraktionen. Diese chemisch-analytischen Untersuchungen wurden zum einen mit Blick auf Umweltbelastungen aber auch zum anderen mit Blick auf Arbeitssicherheit der Deponiebeschäftigten sowie Mitarbeitern von Sanierungsfirmen durchgeführt. Darüber hinaus sollten anhand des ermittelten Stoffspektrums der Fortgang der ablaufenden Reaktionen und der Erfolg der durchgeführten Rückbaumaßnahmen nachgewiesen werden. Gemeinsam mit den mikrobiologischen Untersuchungen sollten die chemisch-analytischen Ergebnisse eine qualifizierte Beschreibung der ins Auge gefaßten Maßnahmen für Hausmülldeponien vor, während und nach der Umlagerung ermöglichen.

III.1.2 Allgemeine Bemerkungen zu Probenahme und Probenvorbereitung

Die Versuchsdeponien bestanden aus originärem Hausmüll, der teilweise mit linsenförmigen Dotierungen (Klärschlamm, Lindan, Dicrotophos, Simazin etc.) versehen war. Daher mußte vorrangig auf eine möglichst repräsentative Probenahme geachtet werden. Besonders die Probenahme des festen Abfalls ist in dieser Hinsicht problematisch. Zum einen liegen hier große Bestandteile wie Flaschen, Zeitungen und Plastiktüten vor, zum anderen ist es unzweckmäßig, eben diese Probenanteile zu homogenisieren und in die Analytik einzubeziehen. Im wesentlichen wurden deshalb die analytisch interessantesten Fraktionen (< 8 mm und 8-40 mm) untersucht. Die Probenahme erfolgte während der Siebanalysen.
Vor dem Hintergrund der Probleme der Probenahme sind auch die analytischen Ergebnisse zu bewerten, zumal sich die Abfallzusammensetzung und damit der prozentuale Anteil der beiden Fraktionen durch die Siebung und Behandlung zum Teil drastisch verändern. Auch ist zu berücksichtigen, daß nach der Wiederaufnahme der Versuchsdeponien der Überkornanteil entnommen und nicht wieder eingebaut wurde, so daß sich die zu bilanzierende Gesamtabfallmasse veränderte. Die Analytik der oben genannten Fraktionen und eine Extrapolation auf den Gesamtabfall wurde jedoch beibehalten, da diese auch bei einer realen Umlagerung einer Deponie das anfallende Probenmaterial darstellen würden.
Im Gegensatz zu den Feststoffen konnten die Gasproben naturgemäß als homogen angesehen und die Sickerwasserproben durch Schütteln einfach homogenisiert werden.

III.1.3 Gasproben

Die Gasuntersuchungen wurden sowohl in den Versuchsdeponien während der jeweiligen Projektphasen als auch während der Aus- bzw. Umlagerungsarbeiten durchgeführt. Zur Untersuchung der Versuchsdeponien selbst wurden Gasproben mit einem automatischen Gasprobenehmer aus eingebauten perforierten Probeschleifen entnommen. Die zu untersuchenden Substanzen LCKW (leichtflüchtige Chlorkohlenwasserstoffe) und BTEX-Aromaten (Benzol, Toluol, Ethylbenzol und Xylol) wurden dabei auf Aktivkohle angereichert, im Labor mit Kohlenstoffdisulfid (CS_2) eluiert und mit GC-ECD sowie GC-FID untersucht (VDI, 1984a, 1984b). Desweiteren wurden bei den Versuchsdeponien Emissionsmessungen über die Oberflächen durchgeführt. Dazu wurden die Versuchsdeponien mit Folien vollständig abgedichtet und an der Oberseite mit einem Gassammelkamin versehen (Abschn. I.2.1). Das Volumen zwischen Oberseite und Kaminausgang betrug ca. 5 m^3. In die Kaminenden wurden 2-3 Lagen Aktivkohle (jeweils 50-75 g) eingebracht und zweimal 5 m^3 Luft abgesaugt. Die Analyse dieser Proben erfolgte nach Desorption mittels Headspacetechnik mit GC-ECD, GC-FID und GC-ITD (massenselektiver **I**on-**T**rap-**D**etektor) (SCHLEGELMILCH, 1990a, 1990b, 1990c). Für die Gasprobenahme während des Ausbaus und der Behandlung wurde der automatische Gasprobenehmer leewärts von der bearbeiteten Versuchsdeponie aufgestellt und abschnittsweise 100-200 L Gasprobe auf Aktivkohle angereichert. Diese wurden analog den oben beschriebenen Aktivkohleproben untersucht. Proben direkt von der Oberfläche der Versuchsdeponien (je 5 L) wurden an Tenax TA angereichert und nach Thermodesorption (TD) gaschromatographisch mit GC-ITD untersucht (VDI, 1988, WILKINS, 1994). Zusätzlich wurden mit einem mobilen Photoionisationsdetektor (PID) stichprobenartige Messungen durchgeführt. Außerdem wurden jeweils 2 Mitarbeiter bei Ausbau und Behandlung der Versuchsdeponien mit Diffusionsprobenahmeröhrchen ausgestattet. Die Analyse dieser Proben erfolgte mit Headspacetechnik und GC-ECD, GC-FID und GC-ITD.

III.1.4 Sickerwasserproben

III.1.4.1 Probenahme

Die Sickerwasserproben wurden direkt an der Basis der Versuchsdeponien aufgefangen. Die Proben für die organische Analytik wurden in 2 L Braunglasflaschen abgefüllt und bis zur Probenaufarbeitung im Kühlschrank bei 4 °C gelagert. Der Turnus der Sickerwasserprobenahme lag zwischen 2 und 4 Wochen. Die Probennahme der Sickerwässer für die anorganische Elementanalytik erfolgte in 1 L Teflonflaschen. Nach der Messung des pH-Wertes wurde die Probe geteilt, indem ein aliquoter Probenanteil für die Quecksilberbestimmung abgenommen und mit 1 %iger salpetersaurer Kaliumdichromatlösung stabilisiert wurde. Der andere Probenanteil wurde mit 65 %iger Salpetersäure auf pH 2 eingestellt.

III.1.4.2 TOC- und TC-Gehalte

Die Bestimmung der TOC Gehalte wurde mittels der Differenzmethode (DEV, 1983) durchgeführt. Hierbei wird in zwei getrennten Schritten der gesamte Kohlenstoffgehalt (TC) und der anorganische Kohlenstoffgehalt (TIC) ermittelt. Die Differenz der beiden Werte stellt den organischen Kohlenstoffgehalt (TOC) dar. Das Verfahrensprinzip besteht dabei in der katalytischen Verbrennung der

Probe zu CO_2 und Messung mit einem NDIR-Detektor. Die Quantifizierung erfolgt mittels Integrator über Flächenvergleich mit einem Oxalsäurestandard.

III.1.4.3 AOX

Die AOX Messungen der Sickerwässer erfolgten in Anlehnung an DEV H14 (DEV, 1984b). Die hohen Chlorid- und TOC-Gehalte machten allerdings den Einsatz von mehreren Aktivkohlesäulen (4-5 statt 2) und wesentlich höheren Nitratmengen zur Elution des an die Aktivkohle sorbierten Chlorids (5-10-fache Mengen im Vergleich zur DIN) erforderlich.

III.1.4.4 Phenolindex, organische Säuren

Zur Bestimmung des Phenolindex wurden 100 mL der Probe mit Salzsäure auf pH 2 eingestellt und die Phenole durch Wasserdampfdestillation abgetrennt. Je 100 mL Destillat wurden mit 10 mL Boratpuffer (pH 8-9) und 2 mL Gibbs-Reagenz versetzt. Die Lösung wurde nach 24 h mit 25 mL Butanol ausgeschüttelt und die Butanolphase bei 650 nm photometrisch untersucht. Die Quantifizierung erfolgte mittels eines Phenolstandards (DEV, 1984c).

III.1.4.5 Chlororganische und leichtflüchtige Verbindungen

Leichtflüchtige Verbindungen wurden mit Hilfe der Headspacetechnik am GC-ECD und GC-FID untersucht. Als Standardreferenzsubstanzen wurden BTX-Aromaten, Chlorbenzole und leichtflüchtige Chlorkohlenwasserstoffe (LCKW) eingesetzt. Für Untersuchungen auf mittel- und schwerflüchtige chlororganische Verbindungen wurden die Proben mit Hexabrombenzol als internem Standard dotiert, auf pH 12 eingestellt. Nach Extraktion mit Petrolether (30/60) (PE) wurde die organische Phase mit Natriumsulfat getrocknet. Anschließend wurde eingeengt und mit GC-ECD auf zwei Säulen unterschiedlicher Polarität analysiert. Als Leitparameter dienten Chlorbenzole (ClBz), Hexachlorcyclohexan-Isomere (HCH), DDT-Analoga und polychlorierte Biphenyle (PCB). Die Wiederfindungsraten in dotierten Wasserproben lagen dabei matrixabhängig zwischen 55 und 116 %.

III.1.4.6 Weitere mittelflüchtige Verbindungen und Phenole

Als weitere mittelflüchtige Verbindungen wurden polycyclische aromatische Kohlenwasserstoffe *(PAK)* (GEISSLER u. WEIMAR, 1993, EPA, 1984), *Phthalate, Dicrotophos, Triazine, leichtflüchtige organische Säuren* und *Phenole* bestimmt. Aufgrund der Probenanzahl, der breiten Streuung der Rückstandsgehalte und der Komplexität der Probenmatrix wurde in Anlehnung an verschiedene in der Literatur beschriebene Verfahren (EPA, 1982, COLGROVE u. SVEC, 1981) eine Multimethode entwickelt, die eine simultane Analyse aller Substanzgruppen ermöglicht. Zur Qualitätssicherung wurden jeder Probe vor der Aufarbeitung zwei interne Standards hinzugegeben (2,6-Dibromphenol für die sauren Komponenten und Benzo[a]pyren-d12 für die neutral/basischen Komponenten). Nach Zugabe der internen Standards wurden 200 mL der wäßrigen Probe im Scheidetrichter mit 6 n Natronlauge bis pH 12 versetzt, um die Phenole als dissoziierte Phenolate in die wäßrige Phase zu überführen und anschließend 3 mal mit jeweils 30 mL Dichlormethan die nicht dissoziierten organischen Verbindungen ausgeschüttelt. Die vereinigten organischen Extrakte wurden über Glaswolle und Natriumsulfat filtriert, getrocknet und in 1 mL Hexan umgelöst. Der wäßrige Rückstand wurde mit 6 n Schwefelsäure bis pH 1 versetzt, die nunmehr protonierten Phenole mit Dichlormethan ausgeschüttelt und aufgearbeitet. Die Umlösung erfolgte in 1 mL Isopropanol. Die während der flüssig/flüssig Verteilung immer wieder auftretenden starken Emulsionen konnten durch Stehenlassen, Filtrieren über Glaswolle, Aussalzen bzw. Zentrifugieren zur Abtrennung gebracht werden. Die Analyse der Extrakte erfolgte gaschromatographisch mit massenselektivem Detektor (GC-MSD). Die Messungen wurden im Selected Ion Monitoring (SIM) vorgenommen, die Absicherung der Verbindung erfolgt dabei über charakteristische Massenfragmentionen bzw. Molekülionen und die Retentionszeit. Als Kapillarsäulen wurden je nach zu untersuchender Schadstoffgruppe DB-5, Stabilwax DA, Stabilwax DB und HP-5 verwendet. Die Quantifizierung erfolgte über externe Kalibration. Die Wiederfindung der Standards (s.o.) bei der flüssig/flüssig Verteilung lagen matrixabhängig i. a. zwischen 50 und 130 %, vereinzelt jedoch auch darüber oder darunter.

III.1.4.7 Elementbestimmung

Die Bestimmung der Elementgehalte im Sickerwasser und Eluat erfolgte mit Hilfe der Plasmaemmissionsspektrometrie (ICP-AES) bzw. Atomabsorptionsspektrometrie (H-AAS für As und CV-AAS für Hg). Die Aufschlüsse erfolgten für Arsen nach DIN 38405 Teil 18 (DEV, 1985b), für Quecksilber nach DIN 38406

Teil 12 (DEV, 1980) und für die anderen Elemente nach DIN 38406 Teil 22 A (DEV, 1988).

III.1.5 Feste Abfallproben und Eluate

III.1.5.1 Probenahme

Die Feststoffproben wurden aus Mischproben von ca. 1 m^3 der einzelnen Versuchsdeponien genommen. Für die analytischen Untersuchungen der organischen Einzelstoffe und Parameter wurden lediglich die Fraktionen < 8 mm und 8-40 mm herangezogen. Die Proben wurden nach dem Prinzip des Mehrfachteilens genommen, um eine möglichst hohe Homogenität zu erhalten. Große Bruchstücke wie Zeitungsschnipsel, Kronenkorken oder Plastikteile wurden vor der analytischen Aufarbeitung aussortiert. Die Einlagerung der Proben im Gefrierschrank erfolgte im feuchten Zustand bei -16 °C. Um eine Vergleichbarkeit der Daten zu gewährleisten, wurden die Gehalte der Einzelfraktionen gemäß ihrem Anteil an der Gesamtmasse normiert und anschließend die Werte für die Fraktionen < 8 mm und 8-40 mm addiert. Man erhält dadurch die Konzentration der jeweiligen Substanz extrapoliert auf den gesamten Abfall der jeweiligen Versuchsdeponie.
Alle Feststoffproben für die Elementanalytik wurden getrocknet (60 °C) und gemahlen (d < 0,1 mm), mit Ausnahme des Materials für den Elutionstest, welches im grobkörnigen Zustand verwendet wurde. Die Probe der Fraktion < 8 mm wurde per Pinzette von Glasteilen befreit und mit einem kleinen Handmagneten die magnetischen Anteile aussortiert. Die Analytik der magnetischen Anteile erfolgte ohne weitere Vorbehandlung.
Die Eluate wurden nach DEV S4 (1984a) aus den einzelnen Proben hergestellt. Um die Vergleichbarkeit zu gewährleisten, wurden alle Eluate filtriert (0,45 µm), auch wenn scheinbar keine Schwebstoffe enthalten waren. Partikelgebundene Schadstoffe wurden daher im Gegensatz zu den Sickerwässern hier nicht erfaßt. Die Analyse erfolgte analog den Sickerwasserproben.

III.1.5.2 TOC- und TC-Gehalte

Zur Bestimmung der TC und TOC Werte der Abfallproben wurden jeweils 10 g feuchte Mischprobe eingewogen, nach dem Trocknen bei 105 °C die Trockenmasse bestimmt (DEV, 1987, DEV, 1985a) und in einer Mörsermühle staubfein gemahlen. Von dieser homogenisierten Probe wurden je 2 g zur Bestimmung des TC und TOC Wertes verwendet. Zur Bestimmung des TC Gehaltes wurden ca.

0,5-5 mg Probe eingewogen und im Quarzschiffchen bei 900 °C verbrannt, das entstandene CO_2 mittels NDIR-Detektor quantifiziert. Als Vergleichsstandards dienten Oxalsäure/Aluminiumoxid-Mischungen. Zur Analyse des TOC Gehaltes wurde eine gleiche Probenmenge in einem 10 mL Becherglas mit halbkonzentrierter Salzsäure versetzt, zum Abrauchen bei 100 °C auf eine Heizplatte gestellt und anschließend bei 105 °C getrocknet. Die Bestimmung des noch verbliebenen Kohlenstoffs erfolgte analog zur TC Bestimmung.

III.1.5.3 Mittel- und schwerflüchtige Chlorkohlenwasserstoffe

Die feste Abfallprobe wurde mit Hexabrombenzol als internem Standard versetzt, Seesand und Natriumsulfat hinzugegeben, gemischt und verrieben. Die Mischung wurde mit 50 mL Aceton und 200 mL Petrolether (30/60) versetzt und ca. 20 h geschüttelt. Die organische Phase wurde durch Unterschichten mit Wasser abgetrennt und am Rotationsverdampfer bei leicht vermindertem Druck weitestmöglich eingeengt. Diesem folgte ein Clean-Up über Silicagel. Die erhaltene Lösung wurde mit GC-ECD über zwei Säulen unterschiedlicher Polarität sowie GC-MS untersucht. Die Wiederfindungsraten für den internen Standard lagen matrixabhängig zwischen 69 und 119 %. Die Wiederfindungsraten für eine Auswahl von mittel- und schwerflüchtigen Chlorkohlenwasserstoffen, welche zu einer Abfallmischprobe in einer Konzentration von 500 µg/kg dotiert wurden, lagen zwischen 60 und 120 %.

III.1.5.4 Polyhalogenierte Dibenzo-p-dioxine und -furane

Die getrockneten Proben wurden 16 Stunden lang in einer Soxhletapparatur mit Toluol extrahiert. Die resultierenden Extrakte wurden mit allen 2,3,7,8-chlorsubstituierten, ^{13}C-markierten Kongeneren dotiert und anschließend säulenchromatographisch in drei Schritten aufgereinigt. Verwendet wurden zwei Aluminiumoxidsäulen und eine Kieselgelsäule, die sauer bzw. basisch imprägnierte Zonen enthielt. Nach Aufnahme in 100 µL iso-Octan, in denen 25 µg/µL 1,2,3,4-^{13}C-TCDD enthalten waren, erfolgte die Bestimmung der chlorierten Dibenzo-p-dioxine und Dibenzofurane mit GC/MS (DB 5, SIM) nach der Isotopenverdünnungsmethode. Bestimmt wurden dabei die Summenwerte aufgeschlüsselt nach Chlorierungsgraden. Aufgrund der relativ geringen Konzentrationen wurde auf eine kongenerenspezifische Analyse (CP-Sil 88) verzichtet (BAHADIR et al., 1992).

III.1.5.5 Andere mittelflüchtige Verbindungen und Phenole

Die Untersuchung der festen Proben auf diese Substanzgruppen erfolgte nach einer adaptierten Multimethode (Klärschlamm, Boden) (BÖHM, 1993, DFG, 1991, CZUCZWA u. ALFORD-STEVENS, 1989, SPECHT u. TILLKES, 1985, 1980, LOPEZ-AVILA u. NORTHCUTT, 1983). Dabei wurde nach Zugabe von internen Standards die feuchte Abfallprobe mit Wasser und Aceton versetzt, 12 h geschüttelt und mit Dichlormethan ausgeschüttelt. Der Rückstand wurde mit Schwefelsäure bzw. Natronlauge auf pH 1 bzw. pH 12 eingestellt und die Prozedur wiederholt. Die vereinigten Dichlormethanextrakte wurden über Natriumsulfat getrocknet und in Ethylacetat/Cyclohexan (50/50) umgelöst. Eine weitere Reinigung erfolgte mittels Gelpermeationschromatographie (GPC). Nach dem Einengen wurde in Hexan umgelöst und über Kieselgel fraktionsweise eluiert. Die Elution erfolgte dabei mit Lösemitteln zunehmender Polarität (Toluol-Aceton). Nach Umlösung der einzelnen Fraktionen in Hexan oder Methanol erfolgte die Analyse am GC-MSD. Die Wiederfindung der Standards (s.o.) lagen matrixabhängig im allgemeinen zwischen 50 und 130 %, vereinzelt jedoch auch darüber oder darunter.

III.1.5.6 Elementbestimmung

Für die Bestimmung der Metallgehalte wurden die Abfallproben mit Druckaufschluß oder Königswasser aufgeschlossen und mit atomspektrometrischer Elementanalytik (ICP-AES und AAS) untersucht.

III.2 Gasförmige Emissionen

III.2.1 Emissionen aus den Versuchsdeponien

III.2.1.1 Gasemission über die Oberfläche

Die Ausgasungen aus den Oberflächen waren bei allen Versuchsdeponien vergleichbar und gleich oder etwas geringer als in der Umgebung von Hausmülldeponien gefundene Werte (Tab. III.2.1). Eine starke Gasemission über die Oberfläche konnte also bei höher belastetem Hausmüll nicht festgestellt werden. Die Größe der Versuchsdeponien wurde derart gewählt, daß die unvermeidbare Abweichung der Abfallzusammensetzung an der Zylinderwand vom Durchschnitt der Zusammensetzung der Deponie bei unzerkleinertem Hausmüll unter 10 % blieb. Diese Bedingung ist bei Durchmessern ab 5 m erfüllt (SPILLMANN, 1986). Dennoch ist die Oberfläche einer Versuchsdeponie der verwendeten Größe im Verhältnis zum Abfallvolumen deutlich größer als bei einer realen Deponie. Daher ist die austretende Gasmenge je Flächeneinheit bei der Versuchsdeponie geringer, was zu kleineren Spurengaskonzentrationen führt.

Tab. III.2.1: Ergebnisse der Gasprobenahmen mit Gassammelkaminen vom Juni und Juli 1992 im Vergleich mit Literaturdaten (RIPPEN, 1994) zu Belastungen in der Umgebungsluft von Hausmülldeponien (HMD Umgeb.) in µg/m^3

	gering belasteter HM	gerottete HM-KS-Mischung	HM mit KS-Linsen	hoch belasteter HM	HMD Umgeb.
Dichlormethan	2,4	16,5	0,5	7,5	< 4 - 21
Trichlormethan	6,4	0,2	< 0,1	< 0,1	bis 28
1,1,1-Trichlorethan	1,2	0,1	< 0,05	< 0,05	10,4 - 12,2
Trichlorethen	0,4	0,8	0,5	0,4	bis 11
Tetrachlorethen	2,7	2,6	1,0	5,2	6,9 - 140
m-/p-Xylol	3,5	26,5	9,7	11,2	8,7 - 16,0

HMD: Hausmülldeponie HM: Hausmüll KS: Klärschlamm

III.2.1.2 Konzentrationen in der Gasphase

In allen Versuchsdeponien wurden i.a. mit der Anzahl der Bearbeitungen sinkende Konzentrationen an LCKW und BTEX-Aromaten festgestellt. Am Ende des Projektes waren praktisch keine der genannten Substanzen mehr nachweisbar. Auffällig sind die ermittelten Chlorbenzolkonzentrationen. In den nicht mit Chemikalien belasteten Versuchsdeponien wurden keine Chlorbenzole in der Gasphase nachgewiesen. Im Behandlungsbehälter des gering belasteten Hausmülls konnten dagegen 14 µg/m^3 nachgewiesen werden, wobei die Werte vor der Behandlung um 1.000 µg/m^3 (Monochlorbenzol) lagen. Im hochbelasteten Hausmüll wurden sogar während der Behandlung erhöhte Werte festgestellt (Abb. III.2.1). Da die belasteten Abfälle mit Lindan versetzt worden waren, der Hausmüllanteil aber in allen Versuchsdeponien, wenn auch mit zeitlichem Abstand, ausschließlich aus der Stadt Braunschweig stammt, dürften die Chlorbenzolemissionen durch Lindanabbauprozesse zu erklären sein. Dafür spricht auch die

Tatsache, daß im gering belasteten Hausmüll eine erhöhte Konzentration lediglich in der alten Versuchsdeponie gemessen wurde. Gerade in diesem Abfall wurde aber der überwiegende Anteil des dotierten Lindans bereits in der alten Versuchsdeponie abgebaut. Im Gegensatz dazu waren im hochbelasteten Hausmüll die Chlorbenzolgehalte während der Behandlung höher als vorher, da vor dem ersten Ausbau nur geringe Abbautätigkeit stattfand. Während die Chlorbenzolbelastung in den alten Versuchsdeponien vorwiegend aus Monochlorbenzol bestand, wurden während der Behandlung des hoch belasteten Hausmülls auch größere Mengen Di- und Trichlorbenzole gemessen, wobei hier wiederum jeweils der Schwerpunkt auf den 1,2- und 1,4-chlorsubstituierten Isomeren lag. Diese gelten als Hauptmetabolite des Lindans.

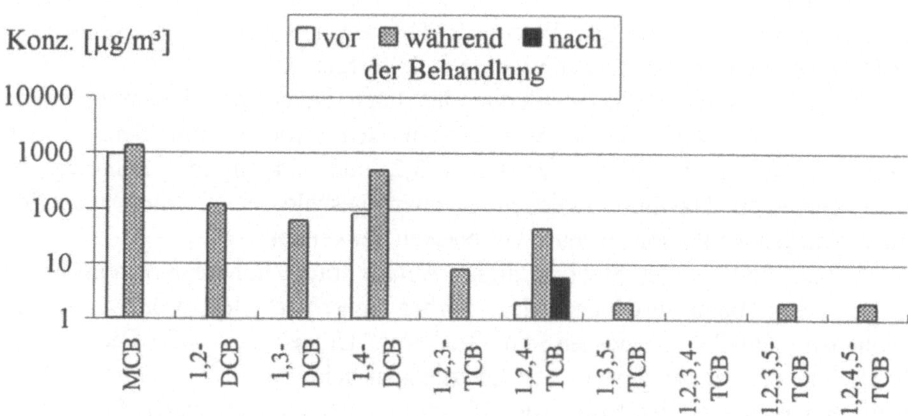

Abb. III.2.1: Chlorbenzolgehalte der Gasphasen des hochbelasteten Hausmülls (logarithmische Darstellung)

In den Behandlungsbehältern waren außerdem z.T. erhöhte Tri- und Tetrachlorethenkonzentrationen zu beobachten. Es ist in diesem Zusammenhang darauf hinzuweisen, daß die leichtflüchtigen Bestandteile wahrscheinlich in überwiegendem Maße durch die Bearbeitungs- und Belüftungsmaßnahmen an die Umgebungsluft abgegeben wurden. Die Analysenergebnisse lagen zumeist an der Untergrenze der für Deponiegase i.a. ermittelten Konzentrationen (DEIPSER und STEGMANN, 1993, JANSON, 1989, RIPPEN, 1994). Ähnliches gilt für den Vergleich mit anderen Deponierückbauprojekten (HECKENKAMP und SAURE, 1994a, RETTENBERGER und SCHNEIDER, 1995). Die dort ermittelten

Konzentrationen werden noch am ehesten durch die hochbelasteten Hausmüll enthaltende Versuchsdeponie repräsentiert.

III.2.2 Luftbelastung bei Aufnahme, Behandlung und erneuter Ablagerung

Die Konzentration an BTEX-Aromaten und LCKW in Lee (ca. 5 m Abstand) waren bei den Ausbauarbeiten mit Ausnahme der hoch belasteten Hausmüllablagerungen nicht wesentlich höher als die Hintergrundluftbelastung auf dem Deponiegelände. Lediglich direkt an den Oberflächen der Versuchsdeponien wurden höhere Konzentrationen festgestellt, die jedoch deutlich unter den MAK-Werten lagen (DFG, 1992). Durch die personenbezogenen Passivprobenahmen wurden keine LCKW oder BTEX-Aromaten detektiert. Belastungen an PID-detektierbaren Substanzen wurden nicht festgestellt.
Bei den Siebanalysen der 1 m^3-Probe des hoch belasteten Hausmülls in der Siebmaschine (Abschn. I.1.2.3) wurden vor den Arbeiten mit dem mobilen Photoionisationsdetektor Werte zwischen 3,2 und 6,4 mg/m^3, kalibriert mit Benzol, gemessen. Da diese Arbeiten in einem geschlossenen Raum ausgeführt wurden, wurden als Personenschutz Gasmasken verwendet.
Beim Ausbau und bei der Siebung dieses Abfalls traten höhere Konzentrationen nur kurzzeitig beim Freilegen des vorher innerhalb der Versuchsdeponie befindlichen Abfalls in dessen unmittelbarer Umgebung auf. Dies zeigen insbesondere die Messungen an den Oberflächen beim Ausbau, wo die höchsten Werte beim Freilegen der Mitte (bis 35 mg/m^3) gemessen wurden. Kommt der Abfall mit der Außenluft in Berührung, verteilen sich die Substanzen außerordentlich schnell, und die Meßwerte sinken unter die Nachweisgrenze (3,2 mg/m^3 bezogen auf Benzol). Dennoch sind Arbeitsschutzmaßnahmen sowohl beim Ausbau als auch bei der mechanischen Behandlung des Abfalls angezeigt, da der Detektor nur für ungesättigte Kohlenwasserstoffe, Aromaten und einige anorganische Gase mit geringem Ionisationspotential empfindlich ist.
Die während der Ausbau- und Bearbeitungsphasen des hochbelasteten Hausmülls mit Aktivkohleröhrchen gemessenen Schadstoffkonzentrationen lagen im Bereich von Stadtluft bzw. Umgebungskonzentrationen von Hausmülldeponien und waren somit deutlich unterhalb der von MAK/TRK-Werten (DFG, 1992). Der Vergleich der während der Arbeiten am hoch belasteten Hausmüll gemessenen Konzentrationen (Abb. III.2.2) zeigt etwas geringere Werte für die Siebung als für den Ausbau. Ursache hierfür ist die Tatsache, daß die Siebarbeiten oben auf dem Altkörper der Deponie stattfanden, wo naturgemäß andere Windverhältnisse als am unteren Rand der Deponie (Standort der Versuchsdeponien) herrschten. Beim

Ausbau aus der Behandlung wurden deutlich geringere Gehalte, beim Abbau der Versuchsanlage schließlich fast keine leichtflüchtigen Verbindungen mehr nachgewiesen. Die LCKW und BTEX-Aromaten betreffend, war das nach den o.a. Ergebnissen der Proben aus den Versuchsdeponien auch zu erwarten, wo die Werte ebenfalls gesunken waren.

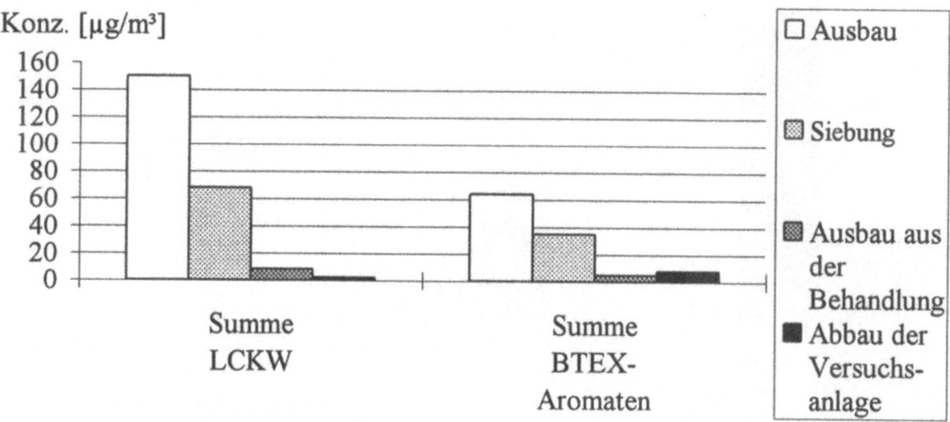

Abb. III.2.2: Gasmessungen während der Ausbau- und Siebungsphasen von hochbelastetem Hausmüll

Gasproben von der Oberfläche der Versuchsdeponien wurden mit TD/GC-ITD (Abschn. III.1.3) untersucht. Die Ergebnisse bestätigen das bereits aufgrund der PID-Messungen beim ersten Ausbau vermutete Auftreten höherer Substanzkonzentrationen lediglich nahe der Oberflächen der Versuchsdeponien. Deutlich wird dies bei dem in Abb. III.2.3 beispielhaft dargestellten direkten Vergleich der mit den Langzeitmessungen aus ca. 5 m Entfernung und der direkt an der Oberfläche von gering belastetem Hausmüll erhaltenen Werte. Besonders ausgeprägt ist dabei der Unterschied bei den im Vergleich zu den LCKW weniger flüchtigen BTEX-Aromaten, welche hier in 5 m Entfernung nicht mehr nachgewiesen wurden.

Eine Extrapolation auf Gaskonzentrationen, die bei der Umlagerung von realen Abfalldeponien emittiert werden könnten, ist aufgrund der vergleichsweise geringen Abfallmengen in den Versuchsdeponien problematisch. Außerdem hängen die Gasemissionen von der Art der jeweils eingelagerten Abfälle ab. Auch können die entstehenden Konzentrationen zeitlich und örtlich stark schwanken. Eine individuelle Überwachung der Gasemissionen erscheint daher auch im Sinne des Arbeitsschutzes unerläßlich. Maßnahmen zur Gasabfuhr sind standortbedingt individuell durchzuführen.

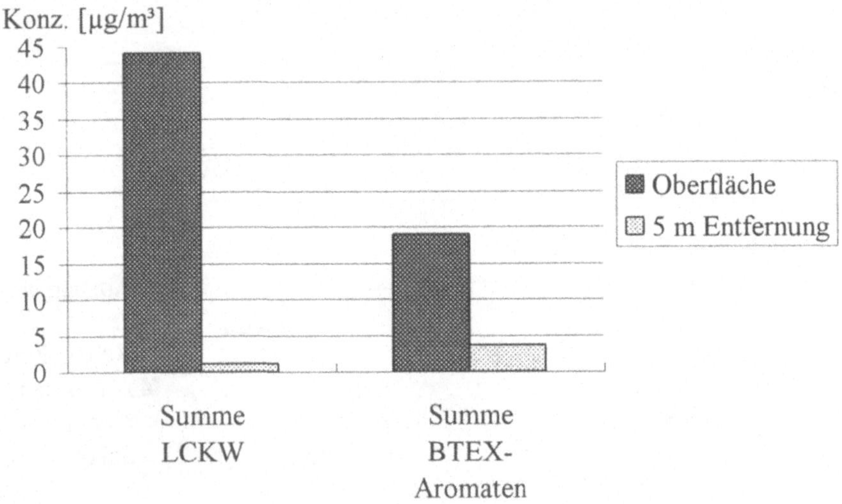

Abb. III.2.3: Vergleich der Gaskonzentration an der Oberfläche der Versuchsdeponie und in ca. 5 m Entfernung beim Ausbau des gering belasteten Hausmülls nach der biologischen Behandlung

III.3 Erfolg der Behandlung für die Sickerwasserbelastung

III.3.1 Summenparameter

Als Indikator für die Gesamtheit organischer Belastungen wird oft der gesamte organische Kohlenstoffgehalt (TOC) herangezogen. Als einfacher Summenparameter ermöglicht er eine gute Einschätzung möglicher Emissionen, läßt jedoch keine expliziten Rückschlüsse auf mögliche Umweltgefährdungen zu.
Eine verallgemeinernde Betrachtung der TOC-Gehalte der Hausmüllsickerwässer gestaltet sich jedoch als schwierig. Dies liegt zum einen daran, daß der Abfall z.T. vorbehandelt war (gerottetes HM/KS-Gemisch) und zum anderen in der teilweisen

Zugabe von Schadstoffen begründet. So lagen die TOC-Werte vor der Behandlung im Sickerwasser zwischen ca. 40 mg/L (Hausmüll mit Klärschlammlinsen) und 2.500 mg/L (hoch belasteter Hausmüll). Signifikant ist bei allen ein leichter TOC-Anstieg nach der Wiederaufnahme des Abfalls, der bis auf wenige Ausnahmen nicht mit einem Anstieg der sonstigen Schadstoffgehalte einher geht. Nach zwei Monaten der Behandlung sinken die TOC-Werte ebenso bei allen Versuchsdeponien ab, zum Teil auf das Ausgangsniveau (Hausmüll mit und ohne Klärschlamm), zum Teil erheblich unter die Ausgangswerte (hoch belasteter Hausmüll, Abb. III.3.1).

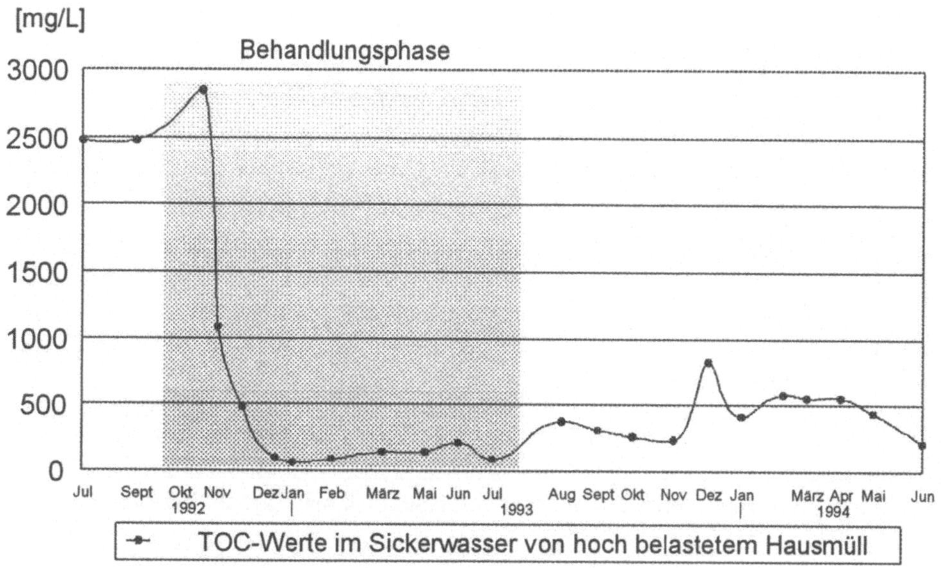

Abb. III.3.1: TOC-Gehalte von Sickerwasserproben, Projektphase, hoch belasteter Hausmüll

Im weiteren Verlauf der Behandlung und erneuten Deponierung unterscheiden sich die TOC-Verläufe jedoch stark voneinander. Das Sickerwasser des mit Klärschlamm versetzten Hausmülls weist gegen Ende der Behandlung ein zusätzliches Belastungsmaximum auf, das jedoch innerhalb weniger Monate wieder auf die Ursprungswerte absinkt (Abb. III.3.2). Auch die gerottete Hausmüll-Klärschlammischung und der gering belastete Hausmüll zeigen analoge Verläufe, die jedoch wesentlich geringer ausfallen. Die TOC-Werte für den hoch belasteten Hausmüll sinken hingegen deutlich ab und bleiben auch langfristig weit unterhalb der Ausgangswerte. Insgesamt ist daher festzustellen, daß die Wiederaufnahme und biologische Behandlung zu einer deutlichen Absenkung der TOC-Werte beim hoch belasteten Hausmüll führt, dies gilt auch für gering belasteten Hausmüll, wenn auch weniger deutlich. Normaler Hausmüll mit und ohne Klärschlamm zeigt keine solche ausgeprägte Tendenz, ist jedoch von vorneherein geringer belastet. Die teilweise auftretenden Belastungsmaxima konnten auch im langjährigen Trend der TOC-Werte festgestellt werden (jahreszeitlich bedingt).

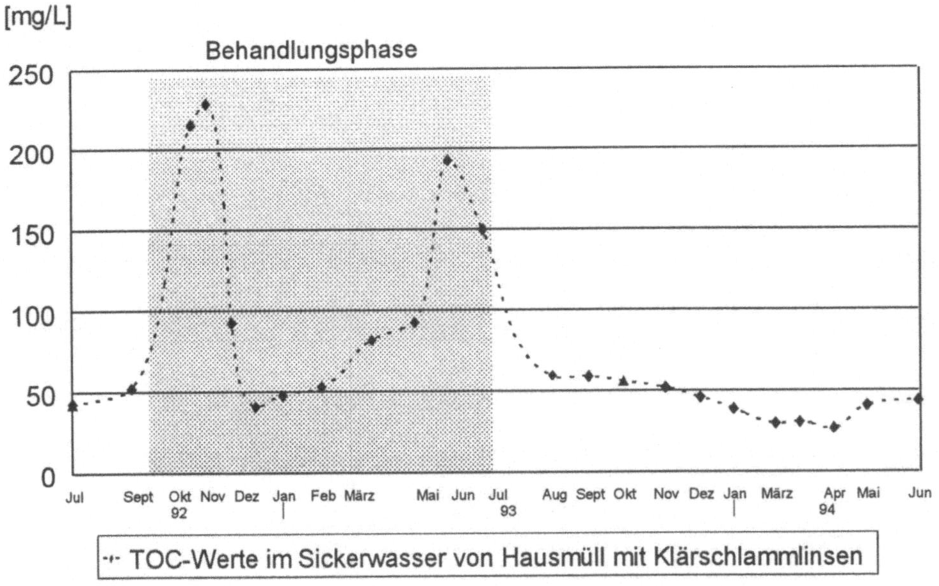

Abb. III.3.2: Zeitlicher Verlauf der TOC-Werte im Sickerwasser von Hausmüll mit Klärschlammlinsen

Für die AOX-Konzentration haben die meisten Bundesländer 0,5 mg/L als Grenzwert für die Einleitung in öffentliche Abwasseranlagen festgelegt (VGS-NW, 1986, VGS-HE, 1987). Dieser Wert wurde bei den nicht zusätzlich belasteten Abfällen während des gesamten Beobachtungszeitraums unterschritten. Im Sickerwasser des gering belasteten Hausmülls lagen die Werte zu Beginn der Behandlung und in einer Probe nach dem verdichteten Wiedereinbau (Dez. 1993) geringfügig darüber (bis 0,6 mg/L). Danach sanken die Werte in den Bereich der im direkt umgelagerten Hausmüll mit Klärschlammlinsen gemessenen Konzentrationen

(0,1-0,3 mg/L). Die Konzentrationsschwankungen waren beim ursprünglich unter dem gering belasteten Abfall gelagerten (unbelasteten) Hausmüll und beim hoch belasteten Abfall im Laufe der Behandlung und in den ersten 6 Monaten nach dem verdichteten Wiedereinbau deutlich stärker als bei den anderen Versuchsdeponien. Dabei wurden während der Behandlung Konzentrationen bis zu 1,3 mg/L (Hausmüll) bzw. 2,4 mg/L (hoch belasteter Abfall) gemessen. Anschließend waren die Konzentrationsverläufe regelmäßiger. Für den Hausmüll lagen die Werte dabei etwas unter, für den hoch belasteten Abfall dagegen etwas über dem Grenzwert.

III.3.2 Organische Einzelstoffe

III.3.2.1 BTEX-Aromaten und LCKW

BTEX-Aromaten oder LCKW wurden nur im Sickerwasser des hochbelasteten Hausmülls im IST-Zustand (vor Ausbau) nachgewiesen. Nach dem Einbau in das Behandlungslysimeter sanken die Werte wie bei den anderen Versuchsdeponien unter die Nachweisgrenzen. Aufgrund ihrer Flüchtigkeit werden diese Stoffe bei den technischen Aus- und Umbaumaßnahmen vollständig eliminiert, so daß sie anschließend im Sickerwasser nicht mehr auftauchen.

III.3.2.2 Ausgewählte mittel- und schwerflüchtige organische Verbindungen

Durch das Auftreten *Organischer Säuren und Phenole* als wesentliche anaerobe Abbauprodukte kann der aktuelle Zustand eines Abfallkörpers gut charakterisiert werden. Begründet durch deren hohe Wasserlöslichkeit ist der Sickerwasserpfad dabei der Hauptaustragweg. Tab. III.3.1 zeigt einen Überblick über die Rückstandsgehalte der Sickerwässer vor und nach der Behandlung.

Als Vergleich sind die Werte von realen Deponiesickerwässern angegeben. Deutlich wird hier vor allem, daß die Gehalte stark von der Art und Vorbehandlung des Abfalls abhängen und zum Teil deutlich unter den realen Sickerwassergehalten liegen. Das Sickerwasser der gerotteten Hausmüll-Klärschlamm-Mischung weist die geringsten, der hoch belastete Abfall die höchsten Sickerwasserwerte auf und ist damit den realen Sickerwässern am ehesten vergleichbar.

Tab. III.3.1: Phenol- und Organische Säuregehalte von Sickerwasser vor und nach der Behandlung

Probe	Phenolgehalte [µg/L] Sickerwasser (Min.-Max.)	Säuregehalte [µg/L] Sickerwasser (Min.-Max.)
gering belasteter Hausmüll vor Behandlung	7-8	120-160
gering belasteter Hausmüll nach Behandlung	< 0,5 -10	46-270
Hausmüll vor Behandlung	7-8	120-160
Hausmüll nach Behandlung	1-330	120-3.600
gerottete Hausmüll-Klärschlamm-Mischung vor Behandlung	< 0,5	50-140
gerottete Hausmüll-Klärschlamm-Mischung nach Behandlung	< 5	50
Hausmüll mit Klärschlammlinsen ohne Behandlung	< 5 -12	15-186
Hausmüll mit Klärschlammlinsen vor Behandlung	6	100-110
Hausmüll mit Klärschlammlinsen nach Behandlung	< 5-1.500	72-5.100
hoch belasteter Hausmüll vor Behandlung	350.000-460.000	310.000-350.000
hoch belasteter Hausmüll nach Behandlung	9-110	126-16.500
Schwichelt SiWa	2.127	82.557
Hannover-SiWa	3.060	354.445
Watenbüttel-SiWa	48	1.313

Aus der unterschiedlichen Vorbelastung resultierend ist auch der Einfluß der durchgeführten Behandlung unterschiedlich. Insbesondere für den hochbelasteten Hausmüll ist jedoch eine starke Abnahme der Rückstandsgehalte um mehrere Größenordnungen festzustellen (siehe Abb. III.3.3). Interessant ist in diesem Zusammenhang auch die starke Schwankungsbreite der Sickerwassergehalte bei gegebenem Abfall, woraus resultiert, daß sich aus einer abfallanalytischen Charakterisierung des Abfalls keine Rückschlüsse auf die zu erwartende Sickerwasserbelastung ziehen lassen, und vice versa.

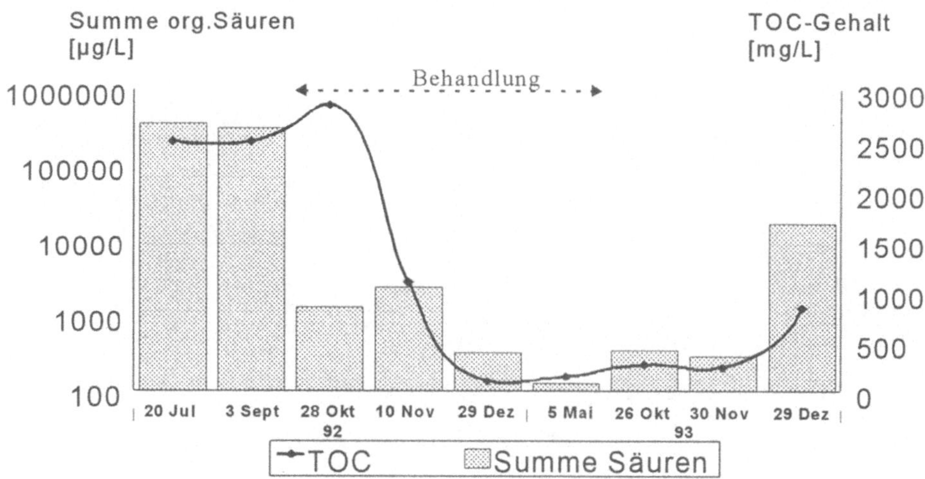

Abb. III.3.3: Vergleich TOC-Gehalt und Summe der organischen Säuren, Sickerwasser aus hochbelastetem Hausmüll

Die *PAK*-Gehalte in den Sickerwässern lagen durchweg unterhalb der Bestimmungsgrenze (< 8 µg/L), obwohl in den einzelnen Abfallproben durchaus signifikante Mengen gefunden wurden (siehe Abschn. III.4.2.).
Analog verhält es sich bei den *Phthalaten*. Trotz des hohen Kunststoffanteils im Gesamtabfall sind die Gehalte an Phthalaten im Sickerwasser mit < 10 bis 200 µg/L sehr gering und lassen auch keinen Unterschied bei den verschiedenen Abfallarten erkennen.
Ein etwas anderes Bild ergibt sich bei *Triazin-Gehalten* (Tab. III.3.2). Zum einen sind die Triazine gegenüber den PAK wesentlich wasserlöslicher (Simazin 5.000 µg/L dagegen Benzo[a]pyren 10 µg/L (KOCH, 1989)), und zum anderen wurde der gering und hochbelastete Hausmüll während der Aufbauphase (1979) der Versuchsdeponien mit erheblichen Mengen an Simazin dotiert. Trotz des hohen Gehaltes im Abfall (siehe Abschn. III.4.2.) sind die Sickerwassergehalte relativ gering (< 5 bis 2.300 µg/L). Offenbar spielt der Sickerwasserpfad nur eine geringe Rolle (Adsorptionseffekte im Abfallkörper). Die Sickerwasserbelastung des hochbelasteten Hausmülls stellt hier die scheinbare Ausnahme dar, da die Triazingehalte während der Behandlung trotz sinkenden TOC-Gehaltes ansteigen (Tab. III.3.2). Dies ist jedoch im Zusammenhang mit der anfangs sehr hohen Beladung des Sickerwassers mit sauren Verbindungen (Phenole, Säuren) zu sehen, die offenbar einen Austrag des Simazin blockierten.

Tab. III.3.2: Triazingehalte im Sickerwasser, hochbelasteter Hausmüll [µg/L]

Verbindung	Jul 92	Sep 92	Okt 92	Nov 92	Dez 92	Mai 93	Aug 93	Nov 93	Dez 93
Propazin	<1	<1	<1	<1	<1	<1	<1	<1	<1
Terbutylazin	<1	<1	<1	<1	<1	<1	<1	<1	<1
Atrazin	<1	<1	<1	1	<1	<1	<1	<1	<1
Simazin	<1	<1	30	2.280	500	1	45	2,5	205
Desmetryn	<1	<1	<1	<1	<1	<1	<1	<1	<1
Desethylatrazin	<1	<1	<1	<1	<1	<1	<1	<1	<1
Desethylsimazin	<1	<1	<1	<1	<1	<1	13	4	3
Triazin	<1	<1	<1	<1	<1	<1	<1	<1	<1
Simetryn	2	<1	6	20	14	8	17	6,5	12,5
Summe	**2**	**<2**	**36**	**2.301**	**514**	**9**	**75**	**13**	**221**

Die Konzentrationen der mittel- und schwerflüchtigen Chlorkohlenwasserstoffe in den Sickerwässern der nicht mit Schadstoffen dotierten Versuchsdeponien lagen unter 1 µg/L, während im Sickerwasser des gering belasteten Hausmülls etwas höhere Werte um 1 µg/L gemessen wurden. Am höchsten waren die Konzentrationen erwartungsgemäß im Sickerwasser des hochbelasteten Hausmülls (bis 40 µg/L). Hierbei handelte es sich um HCH-Isomere und, neben Chlorbenzolen, um γ-Pentachlorcyclohexen (γ-PCCH) als weiterer Lindanmetabolit. Die Konzentrationsverläufe zeigt Abb. III.3.4. DDT-Derivate sowie PCB-Konzentrationen lagen unter 1 µg/L.

Die Summenkonzentrationen für die HCH-Isomere ergaben sich zum überwiegenden Teil aus γ-HCH (Lindan). Die Konzentrationen sowohl von Lindan als auch seiner Metabolite stiegen jeweils zu Beginn der Behandlungsphase und direkt nach dem verdichteten Wiedereinbau an, um anschließend wieder auf das ursprüngliche Niveau abzusinken, wobei der zweite Konzentrationsanstieg deutlich geringer ausfiel. Um die Jahreswende 1993/94 stiegen die CKW-Konzentrationen wieder an. Diese Konzentrationsverläufe waren analog beim korrespondierenden Summenparameter AOX zu beobachten (Abb. III.3.5). In diesen Zeiträumen fand offensichtlich eine zeitlich begrenzte Mobilisierung von CKW statt. Gegen Ende der Beobachtungsphase war wiederum ein Anstieg der CKW-Konzentrationen festzustellen, wobei allerdings der AOX-Gehalt auf ca. 0,6 mg/L sank.

Bei allen Versuchsdeponien läßt sich somit eine nur geringe Mobilisierung von mittel- und schwerflüchtigen Chlorkohlenwasserstoffen in das Sickerwasser konstatieren. Auch die Verlagerung vom gering belasteten oberen Abschnitt in den nicht belasteten unteren Abschnitt der alten Versuchsdeponie war geringfügig. Als Vergleich sei hier das Verhalten von Lindan in Ackerböden herangezogen. Es wird aufgrund seiner starken Sorption an organische Materialien nur gering verlagert. Die Mobilität steigt jedoch mit sinkendem TOC-Gehalt (WHO, 1991).

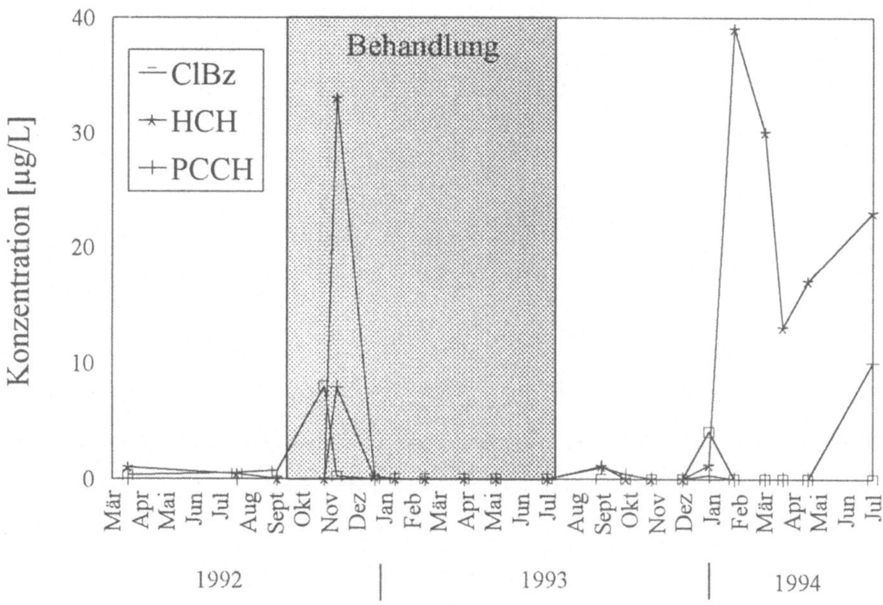

Abb. III.3.4: Konzentrationsverlauf für Chlorbenzole, γ-PCCH und HCH-Isomere im Sickerwasser von hochbelastetem Hausmüll

Somit erfolgt durch Huminstoffbildung eine Immobilisierung dieser Substanz. Mineralisierungsprozesse können allerdings zu einer geringfügigen Mobilisierung von Lindan in das Sickerwasser führen, wie sie am Ende der Beobachtungsphase beim hoch belasteten Hausmüll auch festgestellt wurde. Grenzwerte für einzelne Chlorkohlenwasserstoffe sind in den gesetzlichen Vorschriften des Landes Hessen festgelegt (VGS-HE, 1987). Diese wurden im gesamten Zeitraum bei allen Versuchsdeponien deutlich unterschritten. Die Summenwerte für PCB und Chlorbenzole lagen nach der "Holländischen Liste" für Sickerwässer im Bereich der Kategorie A (Referenzkategorie) (ANONYM, 1984).

III.3.3 Schwermetalle

Die Konzentrationen der Elemente Quecksilber (NWG mit CV-AAS: 0,001 mg/L),

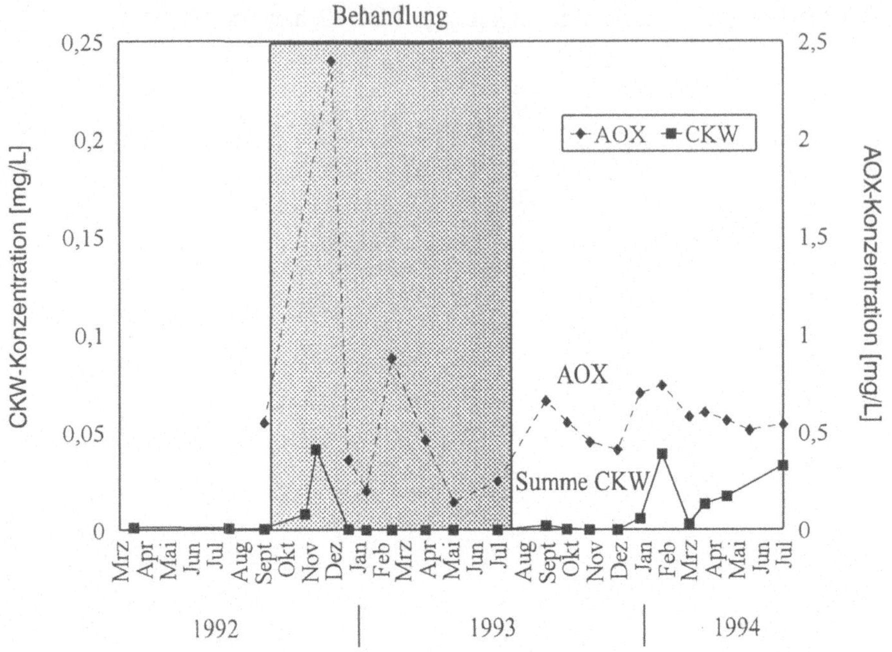

Abb. III.3.5: Vergleich der Konzentrationsverläufe für AOX mit der Summe der detektierten Chlorkohlenwasserstoffe

Zinn (ICP-AES: 0,025 mg/L), Blei (ICP-AES: 0,040 mg/L), Cadmium, Cobalt, Chrom, Titan, Vanadium und Yttrium (alle ICP-AES: 0,005 mg/L) lagen im Sickerwasser aller Abfallarten ständig an der Nachweisgrenze oder darunter, so daß eine Beurteilung des Einflusses der unterschiedlichen Behandlungen auf diese toxischen Elemente nicht möglich war. Abweichungen zeigten nur die gering und hoch belasteten Versuchsdeponien z.B. bei Cobalt und Chrom. Das Element Blei kam nur im Sickerwasser des gering und nicht belasteten Hausmülls in meßbaren Spuren vor, und das hauptsächlich nach erneuter Deponierung. Für den gering belasteten Abfall war ein leicht steigender, für den Hausmüll ein fallender Trend festzustellen. Die Elemente Zinn und Nickel waren nur im Sickerwasser des hoch belasteten Abfalls in höheren Konzentrationen zu finden.

Auffällige Unterschiede gab es beim Barium (siehe auch Abschn. III.4.3). Die Barium-Gehalte im Sickerwasser des gering und hochbelasteten Abfalls lagen deutlich höher als in den restlichen 4 Versuchsdeponien. Abb. III.3.6 zeigt die Konzentrationen im Sickerwasser. Es ist deutlich zu erkennen, daß die Sickerwassergehalte für den hoch belasteten Abfall ständig ansteigen und dabei höher liegen als im gering bzw. nicht belasteten Hausmüll. Der höhere Cadmium-Gehalt im gering belasteten Hausmüll fand sich nur minimal im Sickerwasser und überhaupt nicht im Elutionstest wieder. Das gleiche gilt für den Cobalt-Gehalt des Hausmülls mit Klärschlammlinsen. Dort wurden im Sickerwasser sogar geringere Gehalte als im gering und hochbelasteten Müll gefunden (vgl. Abschn. III.4.3). Dieser Effekt könnte mit der unterschiedlichen Zugabeform dieses Elementes zusammenhängen (Galvanikschlamm im gering und hoch belasteten Abfall, dagegen Klärschlamm im Hausmüll).

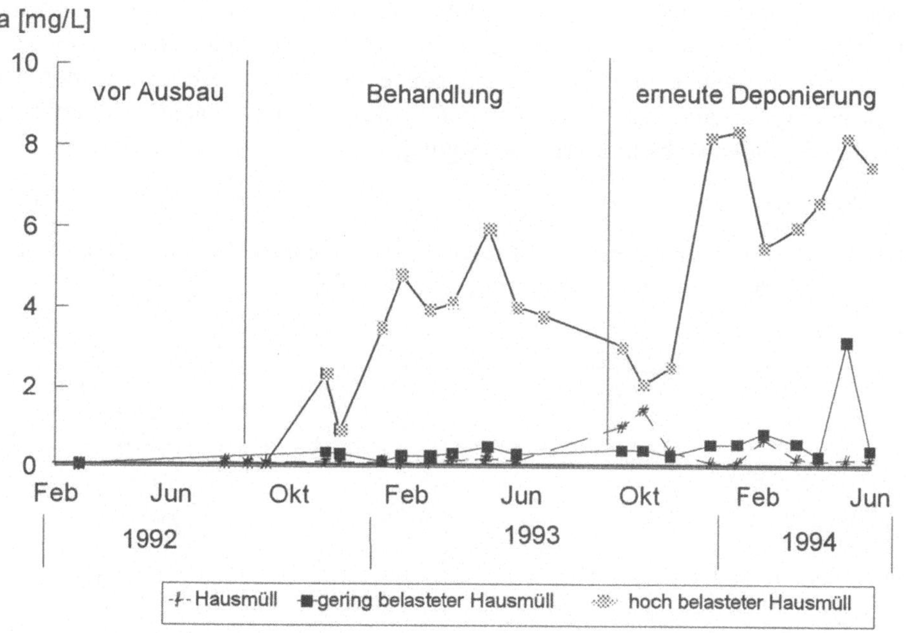

Abb. III.3.6: Barium-Konzentrationen im Sickerwasser in nicht, gering und hochbelastetem Hausmüll

III.4 Erfolg der Behandlung für feste Abfälle und deren Eluate

III.4.1 Summenparameter

Betrachtet man die TOC-Gehalte der Eluate der Abfallfraktionen, so ist analog zum Sickerwasser ein deutlicher Trend abzulesen (Tab. III.4.1). Die Gehalte nehmen während der Behandlung ab, steigen während der erneuten Deponierung wieder leicht an, ohne jedoch die ursprünglichen Werte zu erreichen. Dabei ist jedoch zu berücksichtigen, daß in den Eluaten lediglich die mit Wasser eluierbaren TOC-Anteile erfaßt werden. Feine Schwebstoffe werden zudem noch abfiltriert, komplexere Aggregate und Emulsionen sowie die damit verbundene mögliche Mobilisierung organischer Verbindungen, wie sie im realen Sickerwasser vorkommen, finden so kaum Berücksichtigung.

Tab. III.4.1: TOC-Gehalte von Eluaten der Abfallfraktionen < 8 mm und 8-40 mm der Versuchsdeponien [mg/L]

	vor der Behandlung		nach der Behandlung		nach Abbau der Versuchsanlage	
	< 8 mm	8 - 40 mm	< 8 mm	8 - 40 mm	< 8 mm	8 - 40 mm
gering belasteter Hausmüll	30	28	10	7	16	10
Hausmüll	63	64	8	23	16	11
gerottete Hausmüll-Klärschlamm-Mischung	51	n.b.	11	13	36	30
Hausmüll mit Klärschlammlinsen	25	30	10	6	12	14
Hausmüll mit Klärschlammlinsen ohne Behandlung	n.b.	n.b.	9	n.b.	10	10
hoch belasteter Hausmüll	182	63	101	62	37	36

n.b. = nicht bestimmt

Generell liegen die Eluatgehalte deutlich unter den realen Sickerwassergehalten, so daß TOC-Werte der Eluate wenig aussagekräftig sind. Folgerichtig sehen daher die Feststoff-TOC-Gehalte, die auch die nicht eluierbaren Anteile enthalten, in der Tendenz anders aus und korrelieren nicht eindeutig mit den Sickerwasser- oder gar

Eluatgehalten. Sie liegen in den Abfallproben zwischen 0,8 und 13,4 Gew.-% Feuchtabfall. Die Entwicklung während der Behandlung und der erneuten Deponierung verläuft analog den Sickerwässern stark unterschiedlich. So kommt es im Verlauf der Behandlung sowohl zu einer Zu- als auch Abnahme der TOC-Gehalte der Fraktionen, was mit entsprechenden Nachlieferungsprozessen aus gröberen Abfallfraktionen zusammenhängen könnte (> 40 mm). Im Verlauf der erneuten Deponierung treten ähnliche Entwicklungen auf. Betrachtet man den Zeitraum der Behandlung und der erneuten Deponierung als Gesamtheit, so ist für den gering und nicht belasteten Hausmüll, der vorgerotteten Hausmüll/Klärschlamm-Mischung und dem Hausmüll mit Klärschlamm eine Konstanz bzw. Abnahme des Gesamt-TOC-Gehaltes bezogen auf die Abfallfraktionen < 40 mm festzustellen (Abb. III.4.1).

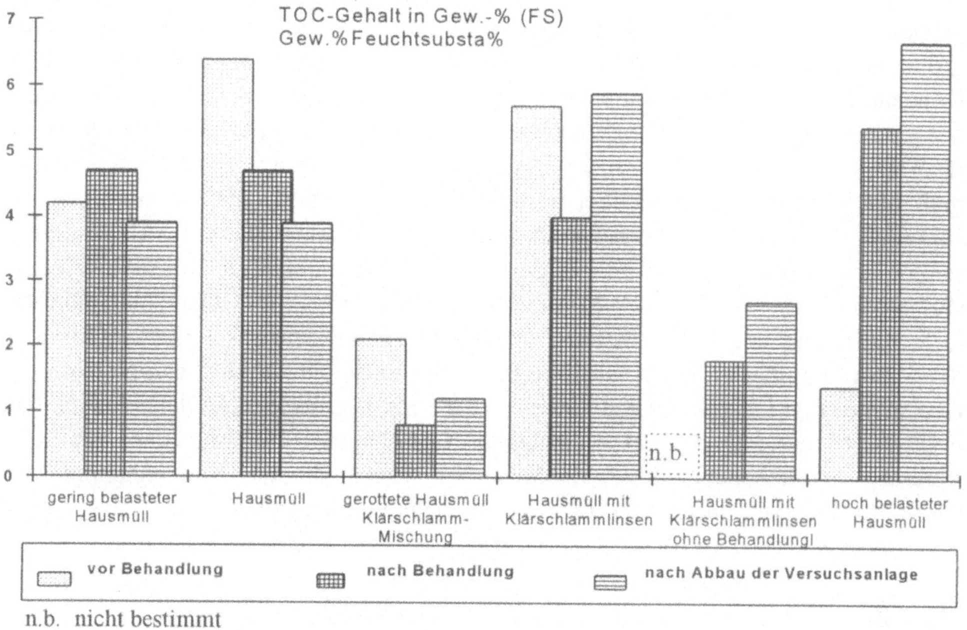

n.b. nicht bestimmt

Abb. III.4.1: Übersicht der Feststoff TOC-Gehalte verschiedener Abfälle vor und nach der Behandlung sowie nach einjähriger Deponierung, extrapolierter Gesamtgehalt nach den Fraktionen < 40 mm

Für den direkt umgelagerten Hausmüll mit Klärschlammlinsen, der keiner Behandlung unterzogen wurde, ist während der erneuten Deponierung eine leichte Zunahme zu verzeichnen. Lediglich für den hochbelasteten Hausmüll ist eine deutliche Zunahme der TOC-Werte der Abfallfraktionen < 40 mm festzustellen, obwohl hier die Sickerwasser- und Eluatgehalte sehr stark abnahmen. Offenbar wurden durch die Behandlung starke Zerfallsprozesse organischer Matrix in den Fraktionen > 40 mm initiiert, die jedoch keinen Einfluß auf die organischen Schadstoffgehalte haben.
Die Betrachtung der AOX-Gehalte der Eluate aus den Abfallfraktionen < 8 mm und 8-40 mm zeigt ein Absinken der Konzentrationen von der alten Versuchsdeponie über die Behandlung zur erneuten Deponierung. So lagen die AOX-Konzentrationen in den Eluaten aus der erneuten Deponierung im Bereich der Nachweisgrenze (0,1 mg/L), während im Eluat der Feinfraktion des hochbelasteten Hausmülls vor der Behandlung noch ein AOX-Wert von 10 mg/L gemessen wurde. Allerdings ist hier wieder die mögliche Inhomogenität der Abfallproben aus den Altlysimetern zu berücksichtigen. Dabei waren die Gehalte in den gröberen Fraktionen (8-40 mm) stets kleiner als die in den feineren (< 8 mm). Die Konzentrationen in den Abfalleluaten der Abfallfraktionen < 8 mm und 8-40 mm des gering und des hoch belasteten Hausmülls lagen dabei über dem Zuordnungswert der TA Siedlungsabfall für die Deponieklasse II (1,5 mg/L), die für den Hausmüll mit Klärschlammlinsen über dem Zuordnungswert für die Deponieklasse I (0,3 mg/L) und die für den Hausmüll geringfügig darunter. Nach der Behandlung sanken die Werte meist bereits in den Bereich bzw. unter die Nachweisgrenze (0,1 mg/L). Nur im Eluat der Feinfraktion des Hausmülls mit Klärschlammlinsen (2,5 mg/L) und des hochbelasteten Hausmülls (Feinfraktion 1,2 mg/L, Fraktion 8-40 mm 0,6 mg/L) lagen die Werte noch höher. Nach der ca. einjährigen Beobachtungsphase waren auch diese unter 0,3 mg/L gesunken. In den Eluaten der Fraktionen aus der gerotteten Hausmüll-Klärschlamm-Mischung und dem als Referenz verbliebenen, direkt umgelagerten Hausmüll mit Klärschlammlinsen wurden zu keinem Zeitpunkt AOX-Gehalte nachgewiesen (< 0,1 mg/L).

III.4.2 Mittel- und schwerflüchtige Verbindungen

Tab. III.4.2 zeigt einen Überblick über die Rückstandsgehalte von organischen *Säuren* in den festen Abfallproben sowie deren Eluate nach DEV S4 (1984a). Deutlich wird hier vor allem, daß die verschiedenen Abfälle stark differieren. Die einzelnen Abfallfraktionen und die extrapolierten Gesamtgehalte zeigen große Schwankungsbreiten auf.

Tab. III.4.2: Übersicht organischer Säuregehalte der Abfallfraktionen < 8 mm und 8-40 mm, dem extrapolierten Gesamtgehalt sowie der Eluate

Probe	**Abfall [µg/kg FS]**		**Eluat [µg/L]**	
	vor	nach	vor	nach
	Behandlung		Behandlung	
gering belasteter Hausmüll				
< 8 mm	13.000	8.000	50	15
8-40 mm	4.800	17.100	80	70
Gesamt	3.750	10.000	-	-
Hausmüll				
< 8 mm	24.900	26.000	110	40
8-40 mm	47.000	16.000	60	70
Gesamt	26.000	13.000	-	-
gerottete Hausmüll-Klärschlamm-Mischung				
< 8 mm	7.000	31.000	60	50
8-40 mm		7.000	n.b.	n.b.
Gesamt	2.800	9.700	-	-
Hausmüll mit Klärschlammlinsen ohne Behandlung				
< 8 mm	20.000	-	n.b.	-
8-40 mm	23.000	-	80	-
Gesamt	10.100	-	-	-
Hausmüll mit Klärschlammlinsen				
< 8 mm	40.000	82.000	50	40
8-40 mm	8.500	24.000	40	100
Gesamt	10.000	22.500	-	-
hoch belasteter Hausmüll				
< 8 mm	1.570.000	42.000	400	650
8-40 mm	218.000	118.000	140	160
Gesamt	272.500	76.000	-	-

n.b. nicht bestimmt

Die gerottete Hausmüll-Klärschlamm-Mischung weist hier die geringsten, der hochbelastete Hausmüll die höchsten Rückstandsgehalte auf, wobei die Differenz zwei Größenordnungen beträgt. Da sich die Zustände und Belastungen der einzelnen Abfälle stark unterscheiden, ist auch der Einfluß der angewendeten Behandlung sehr unterschiedlich. Zum einen finden offenbar innerhalb des Abfallkörpers starke Verschiebungen zwischen den Müllfraktionen statt (Grobfraktion → Fraktion < 40 mm → Fraktion < 8 mm), zum anderen ist der Trend der Veränderungen nicht immer so eindeutig und stark festzustellen, wie

beim hochbelasteten Hausmüll. Für den gering und mit Klärschlammlinsen belasteten Abfall ist sogar eine Zunahme des Säuregehaltes zu verzeichnen. Ob die Ursache hierfür in der Verschiebung innerhalb der Abfallfraktionen oder der in Gang gesetzten Abbauprozesse zu suchen ist, läßt sich jedoch nicht eindeutig feststellen. Bemerkenswert ist, daß bei gegebenem Abfall die entsprechenden Sickerwassergehalte starken Schwankungen unterliegen können (Abschn. III.3.2), so daß aus einer analytischen Charakterisierung des Abfalls nicht eindeutig auf die zu erwartende Sickerwasserbelastung geschlossen werden kann, und vice versa. Entsprechendes gilt für die analytischen Ergebnisse der Abfalleluate. Auch hier ist abzulesen, daß gefundene Säuregehalte in Eluaten offenbar in keinem eindeutigen Zusammenhang zur Sickerwasser- oder Abfallbelastung stehen.
Die Eluierbarkeit (bzw. die Löslichkeit) mittels verschiedener Medien spielt offenbar eine wesentliche Rolle. Die analysierten Rückstandsgehalte in den Abfallproben beruhen ja letztendlich auf der Elution mit organischen Lösemitteln, während die Eluate nach DEV S4 (1984a) nur die mit Wasser eluierbaren Inhaltsstoffe repräsentieren.
Bei der Betrachtung der *Phenol-Gehalte* der einzelnen Proben ergibt sich ein ähnliches Bild (Tab. III.4.3). Auch hier stellt der hochbelastete Hausmüll die Ausnahme mit sehr hohen Rückstandsgehalten dar, die nach der Behandlung jedoch ebenso deutlich auf das Niveau der anderen Abfälle absinken. Das Absinken fällt hier wesentlich stärker aus als bei den Säuregehalten, so daß der Sanierungserfolg durch eine Behandlung bezüglich der Phenole noch wesentlich deutlicher ist. Die Phenol-Gehalte der anderen Abfällen sind hingegen wesentlich gleichmäßiger und liegen bei den Eluaten oft unterhalb der Bestimmungsgrenze (1-5 µg/L). Bei der Bestimmung des Phenolindex lagen die Werte bis auf den hochbelasteten Hausmüll durchgängig unterhalb der Bestimmungsgrenze, so daß diese Messungen nicht weiter verfolgt wurden. Auch für den Bereich der Phenole läßt sich kein erkennbarer Zusammenhang zwischen den Gehalten in den einzelnen Matrizes feststellen, so daß einzelne Untersuchungen kaum Rückschlüsse auf die gesamte Belastung zulassen.
Die *PAK*-Gehalte im Sickerwasser und in den Eluaten sämtlicher Abfälle lagen durchweg unterhalb der Bestimmungsgrenze (< 8 µg/L), obwohl in den einzelnen Abfallproben durchaus signifikante Mengen von 450 µg/kg FS Abfall (gering belasteter Hausmüll) bis 22.840 µg/kg FS (Fraktion < 8 mm, Hausmüll mit Klärschlammlinsen nach der Behandlung) gefunden wurden. Nur der Hausmüll mit Klärschlammlinsen (Fraktion < 8 mm) zeigt nach der Behandlung höhere Werte, die sich aber im extrapolierten Gesamtgehalt nicht sehr stark niederschlagen. Insgesamt ist keine Konzentrationsänderung durch die Behandlung festzustellen, so daß davon ausgegangen werden kann, daß diese Schadstoffgruppe von aeroben oder anaeroben Verfahren unbeeinflußt bleibt. Interessant in diesem Zusammenhang ist auch, daß der hoch belastete Hausmüll, sonst durch extrem

hohe Rückstandsgehalte gekennzeichnet, hier keine herausragende Rolle spielt. Die geringen PAK-Gehalte der wäßrigen Medien zeigen zudem die Unzulänglichkeit von Elutionstests bezüglich schwer wasserlöslicher Verbindungen deutlich auf.

Tab. III.4.3: Vergleich zwischen Phenol-Gehalten (Summe der Einzelstoffe) der Abfallfraktionen < 8 mm, 8-40 mm und dem extrapolierten Gesamtgehalt sowie der Eluate nach DEV S4

Probe	**Abfall [µg/kg FS]**		**Eluat [µg/L]**	
	vor	nach	vor	nach
	Behandlung		Behandlung	
gering belasteter Hausmüll				
< 8 mm	400	500	10	<1
8-40 mm	1.100	400	6	<1
Gesamt	640	300	-	-
Hausmüll				
< 8 mm	1.350	500	4	7
8-40 mm	500	400	4	<1
Gesamt	300	350	-	-
gerottete Hausmüll-Klärschlamm-Mischung				
< 8 mm	300	500	10	<1
8-40 mm	-	200	-	n.b.
Gesamt	120	200	-	-
Hausmüll mit Klärschlammlinsen ohne Behandlung				
< 8 mm	900	-	n.b.	-
8-40 mm	300	-	<4	-
Gesamt	160	-	-	-
Hausmüll mit Klärschlammlinsen				
< 8 mm	300	1.700	<15	<1
8-40 mm	200	300	<15	<3
Gesamt	140	340	-	-
hoch belasteter Hausmüll				
< 8 mm	696.000	1.400	9.100	20
8-40 mm	42.000	1.000	60	40
Gesamt	103.000	800	-	-

n.b. nicht bestimmt

Ein etwas anderes Bild ergibt sich bei den *Triazin-Gehalten* (Tab. III.4.4) der Versuchsdeponien mit dem gering bzw. hoch belasteten Hausmüll während ihrer

Aufbauphase (1979): Diese wurden ursprünglich mit erheblichen Mengen an Simazin dotiert. In den Proben beider Abfälle wurden erhebliche Konzentrationen an Triazinen nachgewiesen. Aufgrund der Behandlung sanken die Gehalte in beiden Versuchsdeponien unterschiedlich stark ab. Auch in den nichtdotierten Abfällen konnten teilweise geringe Spuren Triazine nachgewiesen werden, deren Konzentration während der Behandlung abnahmen. Bemerkenswert sind die trotz des hohen Gehaltes im Abfall relativ geringen Sickerwassergehalte (s. Abschn. III.3.2).

Tab. III.4.4: Vergleich der Triazin-Gehalte (Summe) der Abfallfraktionen < 8 mm, 8-40 mm, des extrapolierten Gesamtgehaltes sowie der Eluate

Probe	**Abfall [µg/kg FS]**		**Eluat [µg/L]**	
	vor	nach	vor	nach
	Behandlung		Behandlung	
gering belasteter Hausmüll				
< 8 mm	408.000	130	120	1
8-40 mm	236.000	250	680	< 1
Gesamt	168.000	150	-	-
Hausmüll				
< 8 mm	400	< 10	20	3
8-40 mm	200	100	7	1
Gesamt	130	70	-	-
gerottete Hausmüll-Klärschlamm-Mischung				
< 8 mm	170	300	< 1	2
8-40 mm	n.b.	25		n.b.
Gesamt	70	70	-	-
Hausmüll mit Klärschlammlinsen ohne Behandlung				
< 8 mm	< 10	-	n.b.	-
8-40 mm	50	-	n.b.	-
Gesamt	30	-	-	-
Hausmüll mit Klärschlammlinsen				
< 8 mm	300	600	11	2
8-40 mm	400	40	13	< 1
Gesamt	230	90	-	-
hoch belasteter Hausmüll				
< 8 mm	195.000	231.000	590	5700
8-40 mm	31.000	600	800	4.300
Gesamt	35.000	30.000	-	-

n.b. nicht bestimmt

Auffällig ist weiterhin, daß die Rückstandsgehalte der Eluate bezüglich der Triazine gegenüber den Sickerwässern wesentlich höher sind. Hieran wird wiederum deutlich, daß der Elutionstest für wasserlösliche Verbindungen durchaus Rückschlüsse auf die Abfallbelastung zuläßt, während die Sickerwassergehalte kaum Rückschlüsse auf das vorhandene Schadstoffpotential ermöglicht.
Trotz des allgemein hohen Kunststoffanteils im Gesamtabfall sind die Gehalte an *Phthalaten* nicht hoch (< 10 bis 200 µg/L in Sickerwasser und Eluaten, 50 bis 48.000 µg/kg FS im Abfall). Lediglich die Gehalte im hoch belasteten Hausmüll liegen etwa eine Größenordnung höher als die der anderen Abfälle. Offenbar war hier der Abbauprozeß durch die hohe Schadstoffbelastung gestört. Da grobe Kunststoffteile vor der Aufarbeitung der Proben aussortiert wurden, lassen sich keine eindeutigen Rückschlüsse aus den Ergebnissen ziehen. Es sind aber durchaus Veränderungen während der Behandlungsphase festzustellen, wenn auch nicht mit eindeutiger Tendenz. Die extrapolierten Gesamtgehalte nehmen beim gering und hoch belasteten Hausmüll während der Behandlung zu, während für die nicht schadstoffdotierten Abfälle eine Konstanz oder sogar eine Abnahme zu konstatieren ist.
Im Falle der *chlororganischen Verbindungen* wurde eine Entwicklung wie beim korrespondierenden Summenparameter AOX beobachtet: Lindan und γ-PCCH wurden z.T. in Konzentrationen im mg/L-Bereich in Eluaten der Fraktionen des gering und des hoch belasteten Hausmülls vor der Behandlung sowie danach noch in Eluaten des hochbelasteten Hausmülls gemessen. Auch wurden Chlorbenzolkonzentrationen bis 0,5 mg/L festgestellt. Am Ende der Projektphase lagen die Werte dann alle unter 0,004 mg/L. DDT-Derivate und PCB wurden nicht nachgewiesen. Zusammenfassenend ist die Entwicklung der CKW-Gehalte (als Summe) in Abb. III.4.2 dargestellt.
Bei der Dehydrochlorierung von Lindan (γ-Hexachlorcyclohexan) zu γ-Pentachlorcyclohexen ist der erste Eliminierungsschritt von Chlorwasserstoff gegenüber den Folgeschritten bis zur Bildung der Chlorbenzole geschwindigkeitsbestimmend (HUGHES, 1953), während das hauptsächlich gebildete 1,2,4-Trichlorbenzol wiederum eine relativ stabile Stufe darstellt. Dies erklärt das zwischenzeitliche Ansteigen der entsprechenden Konzentrationen. Die in den Feststoffproben der nicht belasteten Abfälle gemessenen HCH-Konzentrationen lagen im gesamten Projektzeitraum unter 0,6 mg/kg TS (Tab. III.4.5). Mit Ausnahme der Proben des Hausmülls und des Hausmülls mit Klärschlammlinsen vor der Behandlung waren sie sogar kleiner als 0,2 mg/kg TS. Die Konzentrationen blieben dabei in der gerotteten Hausmüll-Klärschlamm-Mischung konstant, während sie im Falle des Hausmülls und des Hausmülls mit Klärschlammlinsen sanken. Eine nennenswerte Verlagerung von HCH-Isomeren vom belasteten in unbelasteten Hausmüll wurde nicht beobachtet.

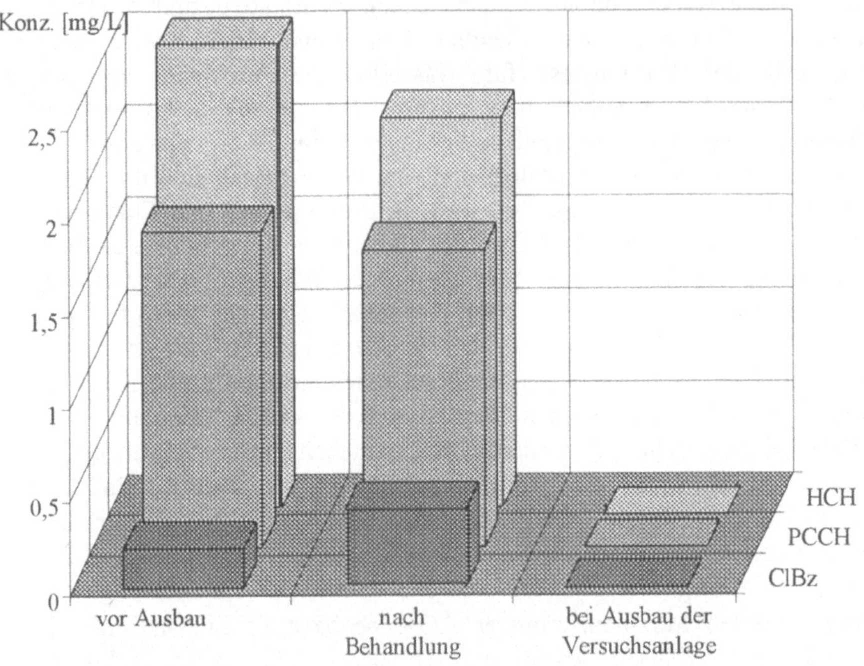

Abb. III.4.2: CKW-Gehalte in den Abfalleluaten des hochbelasteten Hausmülls (jeweils Fraktion < 8 mm)

Die Konzentrationen der HCH-Isomere und Chlorbenzole im gering belasteten wie auch im unbelasteten Hausmüll nahmen während des Projektverlaufes ab. Da bei der Errichtung der Versuchsdeponien die Abfälle nach der Dotierung nicht durchmischt wurden, ist gerade im Falle der dotierten Chemikalien eine extrem inhomogene Verteilung anzunehmen, welche eine repräsentative Probenahme erschwert. Der Abfall wurde jedoch vor dem Wiedereinbau in die Behandlungsbehälter homogenisiert. Daher sind die aus diesen sowie die beim Abbau der Versuchsanlage entnommenen Proben als relativ repräsentativ anzusehen. Dennoch soll im Folgenden eine Abschätzung der Lindanabbauraten vorgenommen werden. Hierbei wird eine Abbaukinetik erster Ordnung angenommen. Die mittlere Lindan-Konzentration direkt nach der Vollendung der 2. und 3. Baustufe der den gering belasteten Abfall repräsentierenden Versuchsdeponie betrug 140 mg/kg TS. Zum Zeitpunkt des Ausbaus wurde eine Lindan-Konzentration von 8,0 mg/kg TS ermittelt. Bei einer Standzeit von ca. 13 Jahren entspricht dies einer Halbwertszeit von ca. 3 Jahren. Die Halbwertszeit von Lindan wird in Ackerböden mit ca. einem

Jahr angegeben (WHO, 1991, HAIDER, 1983). Möglicherweise liegt eine Hemmung des Abbaus durch die im Vergleich zur Pflanzenschutzmittelanwendung relativ hohen Konzentrationen vor. Allerdings zeigen vergleichende Untersuchungen in Böden eine Abhängigkeit der Abbauraten auch vom Wasser- und Huminstoffgehalt (WHO, 1991), so daß der Unterschied der Halbwertszeiten auch durch geringere Bioverfügbarkeit begründet werden kann. Nach der Behandlung (275 d) betrug die HCH-Konzentration noch 0,18 mg/kg TS, was eine Halbwertszeit während der Behandlung von ca. 0,3 Jahren ergibt. Am Ende der Beobachtungsphase (342 d) schließlich war die Konzentration auf 0,08 mg/kg TS gesunken. Dies entspricht mit einer Halbwertszeit von ca. 1 Jahr der in der o.a. Literatur beschriebenen Halbwertszeit von Lindan in Ackerböden.

Tab. III.4.5: HCH-Konzentrationen in den Feststoffproben [mg/kg TS]

	bei Ausbau	nach Behandlung	erneute Deponierung
gering belasteter Hausmüll	8,0	0,18	0,08
Hausmüll	0,24	0,05	< 0,03
gerottete Hausmüll-Klärschlamm-Mischung[1)]	0,15	0,13	0,18
Hausmüll mit Klärschlammlinsen	0,58	0,26	0,03
Hausmüll mit Klärschlammlinsen ohne Behandlung	0,09	n.b.[3)]	< 0,03
hoch belasteter Hausmüll[2)]	1.900	9,2	48

1) ermittelt lediglich aus der Fraktion < 8 mm
2) Summe aus HCH-Isomeren und γ-PCCH
3) nicht bestimmt, da nicht behandelt wurde

γ-PCCH wurde aufgrund seiner geringen Persistenz in der Versuchsdeponie bis zu Konzentrationen unterhalb der Nachweisgrenze (< 0,03 mg/kg) abgebaut, während Trichlorbenzole nachgewiesen werden konnten. Da der Abbau von α-HCH langsamer erfolgt als der von γ-HCH (STRAUBE, 1991), reichert sich diese Substanz infolge der mikrobiellen Isomerisierung von γ-HCH an. Allerdings ist diese Art des Metabolismus im Vergleich zur Dehydrohalogenierung relativ unbedeutend, so daß die α-HCH-Konzentrationen vergleichsweise gering sind.

Außerdem sind nicht alle HCH abbauenden Mikroorganismen zur Isomerisierung in der Lage (NAGASAWA et al., 1993). Trichlorbenzole und α-HCH als Sekundärmetabolite wurden im Altlysimeter ebenso nachgewiesen wie Chlorbenzol in der Gasphase. Bereits im Behandlungsbehälter liegen die HCH-Konzentrationen dann im Bereich der im nicht belasteten Hausmüll gemessenen Werte und damit derart niedrig, daß die Metabolite nicht mehr nachgewiesen werden konnten. Die Entwicklung der Konzentrationen von Lindan und seinen Metaboliten im gering belasteten Hausmüll während des Projektes zeigt Abb. III.4.3.

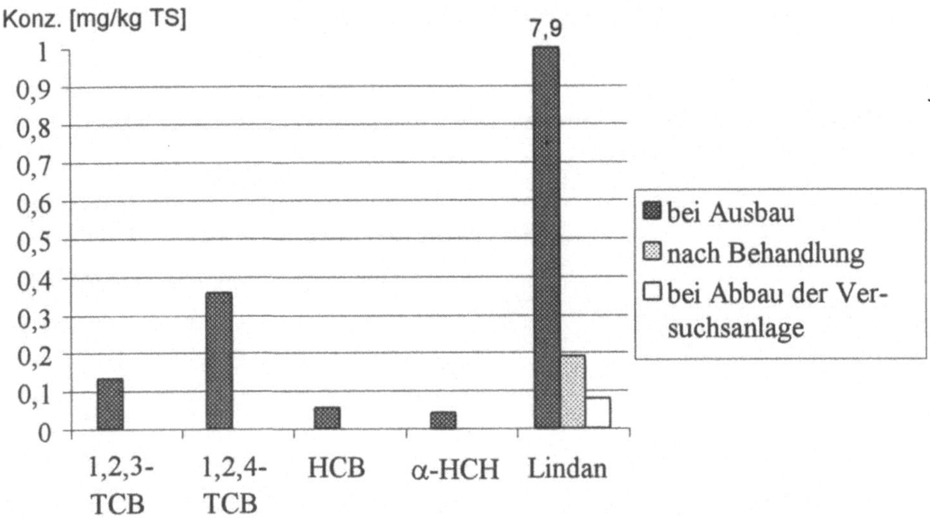

Abb. III.4.3: Entwicklung der Konzentrationen von Lindan und seinen Metaboliten im gering belasteten Hausmüll

Der hochbelastete Hausmüll wies naturgemäß die höchsten Lindan-Gehalte auf. Während im gering belasteten Hausmüll vor der Behandlung bereits ein Abbau von ca. 97 % der dotierten Lindanmenge stattgefunden hatte, lag die im hochbelasteten Hausmüll gefundene Konzentration mit 1.900 mg/kg TS im Bereich der mittleren Konzentration beim Einbau der Versuchsdeponie 1979 (590 mg/kg TS). Die Werte am Ende der Projektphase unterschieden sich im Falle des gering belasteten Hausmülls nicht mehr von denen der nicht belasteten Abfälle, während die HCH-Konzentration im hoch belasteten Hausmüll mit 48 mg/kg TS zwar deutlich unter der Konzentration in der alten Versuchsdeponie lag, aber immer noch erhöht war.

Hier scheint die Dauer der Behandlung für einen vollständigen Abbau zu kurz gewesen zu sein.
Chlorbenzole wurden lediglich in Fraktionen der mit Lindan versetzten Abfälle im Konzentrationsbereich von 0,4-0,8 mg/kg TS nachgewiesen. Daher dürfte es sich hierbei um die durch den Lindanabbau gebildeten Metabolite sowie Verunreinigungen des technischen Lindans handeln. Dabei war im hoch belasteten Hausmüll eine zeitlich begrenzte Anreicherung von 1,2,4-Trichlorbenzol im Laufe der Behandlung zu beobachten. Ein diffuser Eintrag mit dem ursprünglichen Hausmüll erscheint eher unwahrscheinlich, da in den nicht dotierten Abfällen keine Chlorbenzole nachgewiesen wurden. Durch den sehr hohen, punktuellen HCH-Eintrag im Einbaumaterial des hoch belasteten Hausmülls (SPILLMANN, 1986) war die Homogenisierung des Abfalls beim Mischvorgang im Gegensatz zum gering belasteten Hausmüll für eine repräsentative Feststoffprobenahme nicht ausreichend. Anders ist der beobachtete Anstieg der Lindan-Konzentration vom Behandlungsbehälter zur hochverdichteten Deponierung (von 7,4 auf 46 mg/kg TS) nicht erklärbar. Außerdem lag die gemessene Lindan-Konzentration im hoch belasteten Hausmüll vor der Behandlung mit 1.900 mg/kg TS deutlich über der mittleren aus den eingetragenen Mengen berechneten Konzentration von 590 mg/kg TS. Die Entwicklung der Konzentrationen von γ-HCH und Metaboliten in den festen Abfallproben des hochbelasteten Hausmülls zeigt Tab. III.4.6.

Tab. III.4.6: Konzentrationen von γ-HCH und Metaboliten in den festen Abfallproben des hochbelasteten Hausmülls

	Konz. (γ-HCH) [mg/kg TS]	**Konz. (γ-PCCH) [mg/kg TS]**	**Konz. (ClBz[1]) [mg/kg TS]**	**Konz. (α-HCH) [mg/kg TS]**
vor der Behandlung	1.900	4,4	0,05	0,26
nach der Behandlung	7,4	1,5	0,62	0,23
nach einjähriger Beobachtung	46	1,3	0,44	2,58

1) hauptsächlich 1,2,4-Trichlorbenzol

Vor dem Ausbau hat im hochbelasteten im Gegensatz zum gering belasteten Hausmüll offensichtlich kein Abbau von Lindan stattgefunden. Die gemessenen Konzentrationen der Lindan-Metabolite γ-PCCH, 1,2,4-Trichlorbenzol und α-HCH waren im Vergleich zur Lindan-Konzentration gering, während bis zum Ausbau keine Verringerung der Lindan-Gehalte festzustellen war. Vermutlich waren die eingebrachten Schadstoffmengen (Schwermetalle, Lindan, Simazin, Cyanid) derart

hoch, daß kein mikrobieller Abbau stattfinden konnte. Nach der Behandlung waren die Konzentrationen der Metabolite relativ zur Lindan-Konzentration deutlich höher. Offensichtlich stieg die mikrobielle Aktivität durch die Behandlung. Am Ende des Projektes (Abbau der Versuchsanlage) wurde die höchste Konzentration des durch Isomerisierung gebildeten Metaboliten (α-HCH) gemessen, während die Gehalte der durch HCl-Abspaltung entstandenen Abbauprodukte (γ-PCCH und 1,2,4-Trichlorbenzol) wieder geringer waren. Die Lindan-Konzentration war zwar deutlich niedriger als vor der Behandlung, lag aber immer noch erheblich über den im gering belasteten Hausmüll gemessenen Werten. Die Ergebnisse zeigen, daß beim hoch belasteten Hausmüll durch die Behandlung eine deutliche Verringerung der Lindan-Konzentration erreicht wurde. Für einen vollständigen Abbau war die Dauer der Behandlung allerdings nicht ausreichend. DDT-Derivate und PCB wurden in allen Abfällen in Konzentrationen bis 0,6 mg/kg TS (DDT-Derivate) bzw. bis 1,2 mg/kg TS (PCB) nachgewiesen.
Eine Auswahl von Proben des Hausmülls mit Klärschlammlinsen und des hoch belasteten Hausmülls wurde auf polychlorierte Dibenzo-p-dioxine und Dibenzofurane untersucht. Berücksichtigt wurden dabei die Abfallfraktionen < 8 mm, in denen mit den höchsten Konzentrationen zu rechnen wäre. Die ermittelten Werte lagen im Bereich von ubiquitär auftretenden Konzentrationen (UMWELTBUNDESAMT, 1994). Im Vergleich mit typischen Abfallproben liegen die Konzentrationen im unteren Bereich (WILKEN, 1992).
In der TA Siedlungsabfall (TA SiedlAbf, 1993) werden keine Grenz- oder Richtwerte für organische Einzelsubstanzen angegeben. Daher ist eine Bewertung der gemessenen Konzentrationen in den Feststoffen anhand gesetzlicher Vorschriften nicht möglich.

III.4.3 Schwermetalle

Da die Feststoffproben der Versuchsdeponien möglicherweise nicht repräsentativ waren, wird auf eine komplette Darstellung und Interpretation der Elementgehalte verzichtet. Betrachtet man nur die in Tab. III.4.7 dargestellten Analysenwerte der ersten Probennahme, so zeigt sich, daß die Werte für den gering und hoch belasteten Hausmüll sowie die gerottete Hausmüll-Klärschlamm-Mischung und Hausmüll mit Klärschlammlinsen miteinander korrespondieren. Bei den Schadstoffen liegen die Belastungen für Arsen und Quecksilber auf jeweils vergleichbarem Niveau, wobei eine etwas höhere Belastung im gering belasteten Hausmüll vorliegt. Die Abfälle ohne zusätzliche Schadstoffdotierung weisen vergleichbare Gehalte für Barium und Chrom auf. Der höchste Kupfer-Gehalt findet sich in der gerotteten Hausmüll-Klärschlamm-Mischung, der niedrigste im

Hausmüll. Für Cadmium zeigt der gering belastete Müll den höchsten Gehalt, während der unbelastete Hausmüll den niedrigsten zeigt. Der eingesetzte Klärschlamm der betreffenden Abfälle scheint unterschiedlicher Herkunft zu sein, da die Gehalte für Cadmium, Cobalt und Nickel im Hausmüll mit Klärschlammlinsen deutlich höher liegen, während Blei und Kupfer in der gerotteten Mischung in höherer Konzentration vorliegen.

Tab. III.4.7: Die Hauptbestandteile und Schadstoffe der Stichprobe der Abfälle

Elemente	gering belasteter Hausmüll	Hausmüll	gerottete Müll-Klärschlamm-Mischung	Hausmüll mit Klärschlamm-linsen	Hausmüll mit Klärschlamm-linsen	hoch belasteter Hausmüll
	% TS					
Ca	2,2	2,0	5,0	4,6	5,3	2,0
Fe	6,4	3,3	4,0	4,5	4,6	2,0
Al	1,2	0,9	1,5	1,3	1,5	1,1
P	0,21	0,3	0,5	0,6	0,8	0,3
S	0,13	0,13	0,22	0,43	0,43	0,19
Mg	0,26	0,18	0,25	0,39	0,39	0,18
K	0,14	0,19	0,20	0,18	0,18	0,11
Mn	0,09	0,04	0,11	0,18	0,19	0,05
Si	8,7	10,9	10,8	12,2	6,8	12,4
	mg/kg TS					
As	12,5	6,8	9,2	9,5	10,6	7,4
Ba	3000	500	400	450	550	3000
Cd	35	0,6	3,0	9,0	9,9	3,8
Co	7,9	4,9	7,3	206	228	7,4
Cr	498	93	94	79	94	1066
Cu	154	87	300	138	144	164
Hg	0,65	0,7	0,9	0,9	1,2	1,2
Ni	194	50	53	147	171	2100
Pb	245	130	350	264	183	120

Auffällige Unterschiede in den Eluaten gibt es beim Barium. Die Barium-Gehalte im gering und hoch belasteten Hausmüll liegen deutlich höher als in den restlichen Abfällen. Der höhere Cadmium-Gehalt im gering belasteten Hausmüll findet sich nur minimal im Sickerwasser und überhaupt nicht im Elutionstest wieder. Das gleiche gilt für den Cobalt-Gehalt im Hausmüll mit Klärschlammlinsen. Dort werden im Sickerwasser sogar geringere Gehalte als im gering und hoch belasteten Abfall gefunden. Dieser Effekt könnte mit der unterschiedlichen Zugabeform dieses

Elementes zu tun haben (Galvanikschlamm gegenüber Klärschlamm). Nickel verhält sich in allen drei Probenformen gleich, nur die Verhältnisse aus den Feststoffproben spiegeln sich nicht beim Sickerwasser und den Eluaten wieder. Dieses Element überschreitet außer beim gerotteten Hausmüll-Klärschlamm-Gemisch die Kriterien zur Zuordnung der TA Siedlungsabfall in die Deponieklasse I und II.
Die Konzentrationen der Elemente Quecksilber, Zinn, Blei, Cadmium, Cobalt, Chrom, Titan, Vanadium und Yttrium liegen im Sickerwasser und im Eluat aller Abfälle ständig an der Nachweisgrenze (s. Abschn. III.3.3) oder darunter, so daß eine Beurteilung des Einflusses der unterschiedlichen Behandlungen auf diese toxischen Elemente nicht möglich ist. Abweichungen zeigen nur die chemikalienbelasteten Abfallproben z.B. bei Cobalt und Chrom. Das Element Blei kommt nur im Sickerwasser des gering und nicht belasteten Abfalls in meßbaren Spuren vor und das hauptsächlich nach erneuter Deponierung. Die Elemente Zinn und Nickel sind nur im Sickerwasser und Eluat des hoch belasteten Abfalls in deutlich höheren Konzentrationen zu finden

III.5 Resümee und Ausblick

Im Rahmen dieses interdiziplinären Forschungsvorhabens zur Ermittlung der Chancen und Risiken der Wiederaufnahme von Abfall aus Deponien und zu dessen optimierten Einbau nach dem Stand der Technik wurde das Verhalten und der Verbleib von Schadstoffen im Deponiekörper, in den Deponiegasen und in den Sickerwässern vor, während und nach den Rückbaumaßnahmen untersucht. Die Hauptziele dieses Teilprojektes lagen in den umweltchemischen Aspekten einer derartigen Umlagerungsmaßnahme. Für die Untersuchungen wurden Versuchsdeponien eingesetzt, die aus Hausmüll und Klärschlamm bestanden. Ein Teil des Abfalls war zusätzlich mit anorganischen und organischen Schadstoffen kontaminiert. Die abfallanalytische Charakterisierung der Gas-, Sickerwasser- und Abfallproben erfolgte mit Hilfe summenparametrischer und rückstandsanalytischer Verfahren. Es wurden leichtflüchtige organische Verbindungen (LCKW und BTEX-Aromaten), chlorierte organische Substanzen (Chlorbenzole, PCB, HCH-Isomere, DDT-Derivate, polychlorierte Dibenzo-p-dioxine und -furane), nicht chlorierte organische Substanzen (Pestizide, PAK, Kunststoffadditive, Triazine) sowie anorganische Schadstoffe (toxische Schwermetalle) untersucht. Die Bestimmung typischer Summenparameter (AOX, TC, TOC und Phenolindex) vervollständigte die analytische Bestandsaufnahme.
Die chemisch-analytische Untersuchung der gasförmigen Emissionen der Versuchsdeponien zeigte bei insgesamt vergleichsweise niedrigen Konzentrationen

an leichtflüchtigen chlorierten Kohlenwasserstoffen und BTEX-Aromaten, daß lediglich beim Freilegen des Abfalls eine kurzeitige höhere Schadstoffbelastung der Luft in der unmittelbaren Umgebung der Umlagerungsarbeiten nachweisbar war. Die gemessenen Stoffkonzentrationen verteilten sich in der Außenluft und sanken rasch mit zunehmendem Abstand. Bei Umlagerungsarbeiten von realen Deponien muß mit höheren Luftkonzentrationen an leichtflüchtigen organischen Verbindungen gerechnet werden (Abschn. III.2.2).

Der Erfolg der Behandlung zeigte sich besonders deutlich an den Konzentrationsverläufen von organischen Säuren, Phenolen und dem TOC im Sickerwasser des hoch belasteten Hausmülls. Schon kurz nach der Wiederaufnahme und dem Beginn der Behandlung sanken die Gehalte aller drei Parameter im Sickerwasser deutlich. Die Endkonzentrationen lagen um 1-2 Größenordnungen unter den Anfangswerten.

Daten zum Verhalten von Umweltchemikalien konnten insbesondere anhand der in die Lysimeter dotierten pestiziden Wirkstoffe Lindan (γ-HCH) und Simazin (Triazin) gewonnen werden. Auffällig waren die relativ hohen Lindan-Gehalte im Sickerwasser des hoch belasteten Abfalls am Projektende. Trotz eines signifikanten biologischen Abbaus von Lindan in der Versuchsdeponie durch die Erhöhung der Bioverfügbarkeit scheint im Falle dieses sehr hoch belasteten Abfallkörpers die Behandlungsphase zu kurz oder nicht effektiv genug gewesen zu sein. Die Untersuchungsergebnisse des gering belasteten Hausmülls, der ebenfalls mit Lindan dotiert war, belegen einen beginnenden Abbau dieses Wirkstoffs schon im Ausgangsabfall. Durch die Behandlungsstufen verstärkt, vollzog sich dieser Abbau bis auf etwa 1% des Ursprungsinventars an Lindan. Auch der Simazin-Gehalt des gering und hoch belasteten Abfalls ging in den Sickerwasser- und Feststoffproben stark zurück.

Im Gegensatz zu den organischen Parametern zeigten sich bei den toxischen Schwermetallen keine signifikanten Konzentrationsänderungen während und nach den einzelnen Behandlungsstufen der Versuchsdeponien. Die relativ geringen Konzentrationen im Sickerwasser des mit schwermetallhaltigen Abfällen belasteten Abfalls folgten im wesentlichen den jahreszeitlich bedingten Schwankungen.

Im Rahmen dieser Arbeit wurde an vielfältigen Beispielen gezeigt, daß die Art und Auswahl der Kriterien zur Gefährdungsabschätzung von Abfällen nur sehr unzureichend ist. Insbesondere sind die Eluatkriterien wenig aussagekräftig. Die Herstellung der Eluate nach DEV S4 berücksichtigt vor allem wasserlösliche Substanzen. Feine Schwebstoffe, wichtig für partikelgebundenen Schadstofftransport, werden nicht nach einer exakt vorgegebenen Arbeitsvorschrift erfaßt. Komplexere Aggregate, Emulsionen oder die Mobilisierung organischer Schadstoffe durch Verunreinigungen im Sickerwasser (z.B. Öle) werden dadurch einer realistischen Einschätzung vorenthalten. So konnten beispielsweise im Rahmen dieser Arbeit kaum PAK in Sickerwasser oder Eluaten nachgewiesen werden, wohl aber in den festen Abfallproben. Das wasserlöslichere Simazin hingegen konnte wohl in diversen Eluaten und Abfallproben nachgewiesen werden, aber in den meisten Sickerwasserproben nicht. Hieran wird deutlich, daß Schadstoffgehalte in unterschiedlichen Matrizes nicht notwendigerweise miteinander korrelieren, die Abwesenheit in einzelnen Proben daher ein Umweltgefährdungspotential nicht ausschließen. Diese Aussage läßt sich auch für allgemeine Summenparameter erweitern. Abb. III.5.1 zeigt anhand einiger ausgewählter Proben den Vergleich zwischen dem TOC-Gehalt des Abfalls und der Eluate sowie die lipophil extrahierbaren Anteile, alles Kriterien nach der TA Siedlungsabfall. Von links nach rechts nimmt dabei der Feststoff TOC-Gehalt ab (logarithmische Darstellung !). Es ist deutlich zu sehen, daß die beiden anderen Parameter sich nicht gleichsinnig verhalten, sie also in keiner Abhängigkeit zueinander stehen. Eine Beurteilung von Abfall aufgrund der eingangs erwähnten Kriterien kann daher nur sehr unzureichend sein und zu folgenschweren Fehleinschätzungen führen.

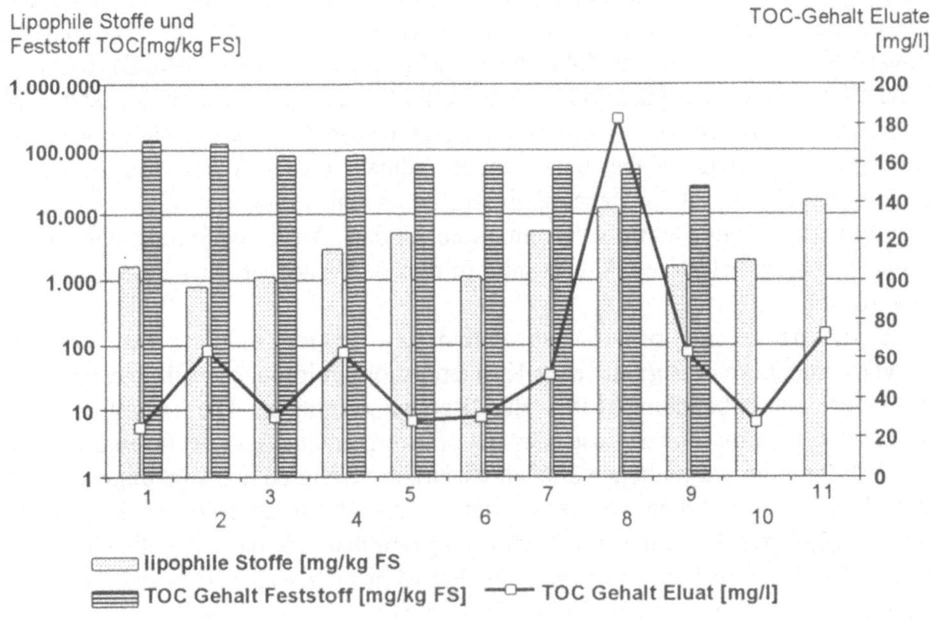

Abb. III .5.1: Vergleich zwischen TOC-Gehalt von Eluat und Feststoff sowie den lipophilen Anteilen verschiedener Abfallproben (Nr.1-11)

Um in Zukunft bei der Untersuchung von Eluatproben von Abfällen zu interpretierbaren analytischen Daten zu gelangen, müssen von der DEV S4 abweichende Arbeitsvorschriften der Eluatherstellung erarbeitet und angewandt werden. Ein wichtiger Parameter ist hierbei der Einfluß von Tensid- oder Lösungsmittelzusätzen zum Eluenten auf die eluierten Inhaltsstoffe einer Abfallprobe, um deutlich mehr unpolare und partikelgebundene organische Abfallinhaltsstoffe als durch reines Wasser erfasssen zu können. Insbesondere auch die genauen Randbedingungen der Abtrennung der festen von der flüssigen Phase (Filtration/ Zentrifugation) sind entscheidend für das Ergebnis der Summenparameter- wie auch der Einzelstoffanalytik. Die von Standortbedingungen abhängigen natürlichen Elutionsbedingungen eines Abfallkörpers sollten durch geeignetere Labor-Elutionsverfahren simuliert werden. Dies ist ein wichtiger Gegenstand chemisch-abfallanalytischer Forschung.

IV Juristische Untersuchungen

Eckart Koch, Christoph Harms-Krekeler

IV.1 Deponierückbau und Abfallbegriff

IV.1.1 Problematik des Abfallbegriffs

Beim Rückbau alter Deponien wird alter Abfall aufgenommen, behandelt, zwischengelagert, transportiert, verwertet und Restabfälle in komprimierter Form wieder eingebaut. Der durch die Komprimierung gewonnene Raum soll der Ablagerung neuen Abfalls dienen.
Dabei stellt sich die Frage, ob und inwieweit man mit diesen Tätigkeiten den normativen Anforderungen des geltenden Abfallrechts unterliegt und welche Normen konkret Geltung beanspruchen oder ob gar der einmal zulässig deponierte Abfall mehr oder weniger den gesetzlichen Vorschriften entzogen ist und wie sich das Verhältnis zur Altlastensanierung darstellt.
Diese Frage verlangt, der Entwicklung des Abfallbegriffs nachzugehen und ihn in seiner gegenwärtigen Bedeutung auszuloten. Jedem Leser, der diese Entwicklung verfolgt hat, drängt sich der Eindruck einer unverständlichen Begrifflichkeit auf. Zu gleich gelagerten oder ähnlichen Sachverhalten gibt es die unterschiedlichsten gerichtlichen Entscheidungen und Meinungen in der Literatur. Dabei ist eine klare Definition des Begriffes von außerordentlicher Wichtigkeit, weil er die Geltung des Abfallregimes begründet, Eingriffsermächtigungen für die Behörden auslöst, Ordnungswidrigkeiten formuliert und generell normative Regelungen trifft, die immer weiter in marktwirtschaftliche Produktionsvorgänge eindringen. Allerdings ist die anfängliche Abgrenzungsproblematik zwischen Abfall und Wirtschaftsgut mit dem Kreislaufwirtschaftsgesetz[1], das mit seinem endgültigen Inkrafttreten im Oktober 1996 das Abfallgesetz (AbfG) abgelöst hat, zu einer Andockungsproblematik geworden.
Noch bis in die jüngste Zeit werden die Bemühungen um die Klärung des Abfallbegriffs als Elend des (Bundes-)Abfallgesetzes bezeichnet;[2] eine Bezeichnung, die Seibert dahin verwendet, daß das "Elend" des europäischen Abfallbegriffs das des

---

[1]Gesetz zur Förderung der Kreislaufwirtschaft und Sicherung der umweltverträglichen Beseitigung von Abfällen v. 27.09.94 (BGBl. I, S. 2705), im Text als KrWG benannt, geändert durch das Genehmigungsverfahrensbeschleunigungsgesetz (GenBeschlG) v. 12.9.1996 (BGBl. I, S. 1354).
[2]So FRANßEN, 1993, S. 457 ff.

deutschen Rechts bei weitem übersteige.[3] Dabei ist richtig, daß die Abfallgesetzgebung von einer begrifflichen Intransparenz und mangelnden Systematik ist, was sich um so belastender auswirkt, als die Intention des Kreislaufwirtschaftsgesetzes Verhaltenssteuerung von Wirtschaftssubjekten ist.

IV.1.2 Die Entwicklung des Abfallrechts und der Bedeutungswandel des Abfallbegriffs

IV.1.2.1 Gesetzgebung des Bundes und europäisches Recht

Das Abfallbeseitigungsgesetz von 1972[4] befaßte sich mit der geordneten Beseitigung von Abfällen. Sein Grundverständnis war, daß es getrennt ein marktwirtschaftliches und privatrechtliches Kreislaufsystem von produzierenden und dienstleistenden Unternehmen und konsumierenden Haushaltungen gibt und daß es Abfall gibt, den keiner haben will und der nur durch öffentliches Recht und gesetzliche Regeln ordnungsgemäß beseitigt werden kann und muß. Behörden und Gerichte hatten sich schwergewichtig mit Verstößen gegen Beseitigungspflichten zu befassen, wobei die Besitzer vorgaben, daß es sich um Wirtschaftsgüter handele, mit denen sie im privatwirtschaftlichen System und unbehelligt vom Abfallrecht umgehen dürften und die sie verwerten wollten. Kristallisationspunkte der Begrifflichkeit waren daher Entledigungsabsicht und Wirtschaftsgut.
Im Jahre 1975 erließ die EG eine Richtlinie über Abfälle.[5] Schon diese Richtlinie enthielt in der Begründung und im Zusammenhang mit der Definition des Abfalls (Art. 1 Lit.B) sowie in Art. 3 Abs. 1 Verwertungsgebote, welche mit der Novellierung 1991 intensiviert wurden (nunmehr Art. 1 Lit. D, Art. 3 Abs. Lit. B, Art. 4). Obwohl die Verwertung in der umweltpolitischen Diskussion eine zentrale Rolle einnahm, blieb die rechtliche Umsetzung - allerdings auch ein schwieriges Unternehmen - unbedeutend. In der deutschen Rechtspraxis erfuhr die Europäische Richtlinie kaum Beachtung.
Mit der Novelle des Abfallgesetzes von 1986[6] hielt die Verwertung ins Recht Einzug, allerdings unvollständig und an unübersichtlichen Stellen. Nach § 1 Abs. 2 wurde die Abfallverwertung auch als ein Fall der Abfallentsorgung definiert und bei einer Verwertung durch die entsorgungspflichtige Körperschaft blieben die nun in

---

[3] SEIBERT, UPR 1994, S. 415.
[4] BGBl I, S. 873.
[5] Richtlinie des Rates 75/442 v. 15. Juli 1975, geändert durch die Richtlinie 91/156 v. 18.03.91 ABL 78, 26.03.91, S. 31.
[6] BGBl I, S. 1410.

den Verwertungsvorgang übergeleiteten Stoffe Abfälle (§ 1 Abs. 1 S. 2). An § 3 Abs. 2 S. 2 wurde im Zusammenhang mit der Entsorgungspflicht der Körperschaften des öffentlichen Rechts der mahnende Satz angeschlossen, daß die Abfallverwertung Vorrang vor der Entsorgung habe und in § 3 Abs. 4 wurde für diejenigen Abfallbesitzer, welche nicht über die öffentlichen Körperschaften entsorgungspflichtig waren, also insbesondere die gewerblichen Unternehmen, eingefügt, daß Abs. 2 S. 2 vom Vorrang der Verwertung entsprechend gelte. Allerdings werden anders als bei den entsorgungspflichtigen Körperschaften die von den entsorgungspflichtigen Besitzern in den Verwertungsvorgang übergeleiteten Stoffe nicht (weiterhin) zu Abfällen deklariert, so daß diese Verwertung außerhalb des Abfallgesetzes geschah. In § 1a Abs. 2 wurde wiederholt, daß Abfälle nach Maßgabe des § 3 Abs. 2 S. 3 zu verwerten seien (sind es denn noch solche?), im übrigen wird auf die Verordnungskompetenz verwiesen.
In der Rechtsprechung zum Abfallbegriff schlug sich das Verwertungsgebot nicht nieder. Ein teleologischer, auf den Gesetzeszweck bezogener Abfallbegriff muß natürlich dann, wenn dem Besitzer die Verwertung normativ auferlegt wird, auch für den Verwertungsvorgang bis zu dessen Beendigung gelten. Wenn nicht ordnungsgemäß verwertet wird, bleiben die normativen Anforderungen gegenüber jedem Abfallbesitzer bestehen.
Im Jahre 1983 unter Geltung des Abfallbeseitigungsgesetzes formulierte das Bundesverwaltungsgericht[7], daß das zur Wiederverwertung gefahrene Glas in Sammelcontainern kein Abfall sei, weil es sonst zur Vermeidung einer Ordnungswidrigkeit nur in zugelassenen (planfestgestellten) Beseitigungsanlagen hätte behandelt werden dürfen. Seit 1986 dagegen mußte man formulieren, daß das Glas in Händen beseitigungspflichtiger Körperschaften Abfall ist und gerade deshalb zur Wiederverwendung gefahren werden muß (§ 1 Abs. 1 S. 2, § 3 Abs. 2 S. 2 AbfG), während private Haushalte und Gewerbebetriebe frei entscheiden konnten, ob sie sich entledigen wollten (dann Abfall), oder ob sie wiederverwerten wollten (dann Wirtschaftsgut). Dies kennzeichnete den Kumulationspunkt unsinniger Differenzierungen im Abfallrecht.
Der Sachverständigenrat für Umweltfragen hat in seinem Gutachten von 1990 den verhängnisvollen und oft zitierten Satz geprägt, daß der objektive Abfallbegriff keine abfallrechtliche Präventivkontrolle der privaten Verwertung rechtfertige.[8] Wenn das Abfallrecht Verwertung gebietet, geschieht diese auch unter der normativen Kontrolle des Rechts bzw. ist der Abfallbegriff in diesem Sinne zweckbezogen auszulegen. Welche präventiven oder repressiven behördlichen Kontrollen damit verknüpft werden können, ist davon abhängig, welche Befugnisse und Handlungsermächtigungen das Gesetz der zuständigen Behörde gibt.

---

[7]Beschluß v. 18.03.83, DÖV 1983, S. 600.
[8]Bundestagsdrucksache 11/8493, S. 46, Rn. 109.

Unzweifelhaft aber ist, daß der Gesetzgeber in Verbindung mit einem Verwertungsgebot Kontrollinstrumente etablieren kann und, wenn es wirksam sein soll, auch muß. Dabei war es sicherlich nicht förderlich, insbesondere nicht für die Beachtung des Verwertungsgebotes, daß der Gesetzgeber selbst anläßlich der Novelle des Abfallgesetzes von 1986 keine Eingriffs-, Ermächtigungs- und Handlungsbefugnisse der zuständigen Behörden etablierte.[9] Die normierten Handlungsgebote privater und öffentlicher Abfallerzeuger und Besitzer schlugen sich nur als Belange nieder, die eine Rolle spielen konnten, wenn sich eine Behörde auf der Grundlage anderer Ermächtigungsnormen auch mit abfallrechtlichen Problemen zu befassen hatte, was nicht sehr häufig vorkam. Das führte nicht nur zu einem Defizit in der unmittelbaren Durchsetzung des Gesetzes, sondern auch zu defizitären Bewußtseinslagen bei Behörden, Unternehmern und Haushalten. Dieses Defizit hat der Gesetzgeber mit § 21 KrWG abgebaut, wonach nunmehr die zuständige Behörde im Einzelfall die erforderlichen Anordnungen zur Durchführung des Gesetzes erlassen kann. Demjenigen, der gegen die Produktverantwortung (Herstellung abfallarmer und wiederverwendbarer Produkte), die Abfallvermeidung, das Gebot der Verwertung oder der gefahrlosen Beseitigung verstößt, drohen demgemäß jederzeit behördliche Verfügungen. Es ist zu hoffen, daß dieses in Zukunft auch zu Lasten der am häufigsten gegen das Gesetz verstoßenden beseitigungspflichtigen Körperschaften, öffentlich - rechtlichen Verbänden und landesrechtlich monopolisierten Verwertungs- und Beseitigungsgesellschaften gilt.
Die Relevanz des Verwertungsgebotes für den Abfallbegriff rückte in den Vordergrund, als der Europäische Gerichtshof mit den ihm eigenen knappen und deutlichen Formulierungen darauf hinwies, daß nationales Abfallrecht, daß wiederverwendbare Stoffe und deren Wiederverwendung nicht in seinen Begriffs- und Regelungsgehalt aufnimmt, gegen die Richtlinie 75/442 und 78/319 EWG verstößt.[10]

IV.1.2.2 Der subjektive Abfallbegriff

Der subjektive Abfallbegriff entspricht dem allgemeinen Sprachgebrauch und Sprachempfinden. Er korrespondiert mit einem marktwirtschaftlichem Wirtschaftssystem. In einer marktwirtschaftlichen Ordnung orientieren sich Produktion und Dienstleistung an der Nachfrage, an dem, was gewollt ist. Die gesamtwirt-

---

[9]Vgl. dazu PAETOW, NVwZ 1990, S. 510, 513.

[10]EUGH Urteile v. 28.03.1990, Rechtssachen C 359, 26 u. 27/88, NVwZ 1991, S. 660 u. 661; mit Urteil v. 10.05.1995 - RsC - 422, 92 - NVwZ 1995, S. 885 hat er § 1 Abs. 3 Nr. 7 AbfG für europarechtswidrig erklärt.

schaftliche Steuerung von Produktion und Dienstleistung erfolgt über den Preis. Je dringlicher Nachfrage sich artikuliert, um so höher der in den Einzelverträgen durchsetzbare Preis, der dann im marktwirtschaftlichen Gesamtkontext vermehrte Investitionen und Angebote nach sich zieht. Die Nachfrage ist also der Steuerungsmechanismus für die von gewinnorientierten Unternehmen erbrachte Produktion und Dienstleistung.

Daran anknüpfend liegt Abfall dann vor, wenn jemand im Besitz der Sache keinen Nutzen mehr sieht und sich der Sache entledigen will. Das ist ganz unabhängig von einem objektiven Wert der Sache (den es marktwirtschaftlich nicht gibt), jedoch abhängig davon, ob es für die Sachen Nachfrage gibt oder ob die Entledigung Geld und wieviel Geld sie kostet. Gibt es Nachfrage, wird der Besitzer Verträge über die Sache abschließen, die ihm eine Gegenleistung sichern. Er entledigt sich nicht, sondern überträgt Zug um Zug. Die Sachen bewegen sich im Wirtschaftssystem nach subjektiven Nutzenpräferenzen.

Kostet die Entsorgung Geld, wird der Abfallbesitzer möglicherweise die Sachen im Gewahrsamsbereich behalten. Denn man entledigt sich der Sache erst, wenn, wiederum nach subjektiver Einschätzung, das Leid des Besitzens höher ist als die Kosten der Entsorgung. Allerdings ist die kommunale Entsorgung regelmäßig so organisiert, daß ein Fixkostenbetrag zu leisten ist (monatliche Gebühr). Dann wird der Besitzer nicht einen Raum in Haus, Hof, Betrieb, Garten oder Grundstück verschwenden, sondern die Sachen zur Entsorgung geben. Sie werden Abfall.

Den subjektiven Abfallbegriff enthielt das AbfG in § 1 Abs. 1 Satz 1 als erste Alternative in Abgrenzung zu dem dann folgenden objektiven Abfallbegriff. Die Europäische Richtlinie formuliert in Art. 1 Lit.A dahin, daß Abfall alle Stoffe oder Gegenstände sind, die unter die in Anhang I aufgeführten Gruppen fallen und deren sich ihr Besitzer entledigt oder entledigen will.

Das KrWG formuliert weitgehend wortgleich mit der Europäischen Abfallrichtlinie in § 3, daß Abfälle alle beweglichen Sachen sind, die unter die im Anhang I aufgeführten Gruppen fallen und deren sich ihr Besitzer entledigt oder entledigen will.

Hinsichtlich des Entledigungswillens wird objektive Erkennbarkeit gefordert.[11] Dies ist nicht richtig, schon deswegen nicht, weil Entledigung zum Inhalt hat, die Sache auf beliebige Art und Weise loszuwerden und somit aus dem objektiven Verhalten nicht immer auf eine Entledigungsabsicht geschlossen werden kann. Wichtiger aber ist, daß schon mit der Entledigungsabsicht das Abfallrecht zu greifen beginnt und eine geordnete Entsorgung postuliert, der sich der Abfallbesitzer in den meisten Fällen auch fügen wird. Zu einer objektiven Entledigungshandlung im Sinne eigener Beliebigkeit kommt es somit gar nicht, allenfalls bei gesetzeswidrigem Verhalten. Die Europäische Richtlinie und das diese umsetzende

[11]RABANUS, 1993, S. 37.

Kreislaufwirtschaftsgesetz haben diese Widersprüchlichkeit gesehen und begrifflich aufgelöst, indem die Befolgung von Verwertungsverfahren im Sinne des Anhangs II B oder Beseitigungsverfahren im Sinne des Anhangs II A zum Kreislaufwirtschaftsgesetz (die Beschreibung dieser Verfahren ist wortgleich aus der europäischen Abfallrichtlinie übernommen) schlicht als Entledigung definiert wird (§ 3 Abs. 2).

Bei einem (zumeist unerwünschten) Anfall von beweglichen Sachen sowie dem endgültigen Wegfall oder der endgültigen Aufgabe einer Zweckbestimmung der beweglichen Sachen fingiert das Gesetz die Entledigungsabsicht (§ 3 Abs. 3) und setzt somit seine Anwendung in Kraft, so daß es unter dem Regime des Kreislaufwirtschaftsgesetzes nicht mehr richtig ist, eine objektive Erkennbarkeit des Entledigungswillens zu fordern.

Das Kreislaufwirtschaftsgesetz enthält neben den Grundsätzen der Kreislaufwirtschaft (§ 4 KrWG) und Abfallbeseitigung (§10 KrWG) ein Konglomerat von Verordnungsermächtigungen, so daß die Realisierung dieses Gesetzes vom Erlaß von Verordnungen abhängig ist.[12] In § 7 KrWG sind Verordnungsermächtigungen etabliert, welche die vorbereitende Teilnahme zur Verwertung regeln können. Bislang ist das im Bereich der privaten Haushaltungen mehr durch kommunale Satzungen geschehen, welche die Müllabfuhr regelten. § 12 des KrWG enthält Verordnungsermächtigungen, die zu einer vorbereitenden Mitwirkung bei der umweltverträglichen Abfallbeseitigung genutzt werden können.

Der subjektive Abfallbegriff, der in all diesen Fällen erfüllt sein muß, sonst könnte das Gesetz nicht eingreifen, ist also ausgehend von einem hypothetischen Entledigungswillen dahingehend zu analysieren, daß Abfall vorliegt, wenn sich der Besitzer entledigen will bzw. entledigen würde, wenn er nicht durch die Vorschriften des Abfallgesetzes zu einer bestimmten Art der Entsorgung oder Mitwirkung bei der Entsorgung verpflichtet würde. Dabei definiert das KrWG Entsorgungsverfahren als Entledigungsverfahren (§ 3 Abs. 2) und fingiert unter bestimmten Voraussetzungen einen Entledigungswillen (§ 3 Abs. 3).

---

[12] Bis zum Abschluß des Manuskripts sind erlassen worden: die VO zur Bestimmung von besonders überwachungsbedingten Abfällen, die VO zur Bestimmung von überwachungsbedürftigen Abfällen zur Verwertung, die Nachweisverordnung, die Transportgenehmigungsverordnung, die Entsorgungsfachbetriebeverordnung, alle vom 10.9.96 (BGBl I, S. 1366, 1377, 1382, 1411 und 1421), die EAK - VO und die VO über Abfallwirtschaftskonzepte und Abfallbilanzen vom 13.9.96 (BGBl. I, S. 1428 und 1447).

IV.1.2.3 Der objektive Abfallbegriff

Die Beliebigkeit des Besitzers, sich einer Sache zu entledigen (was ihn natürlich verpflichtet, die vorgeschriebenen Entsorgungspfade zu betreten und insbesondere die Verwertungsgebote zu beachten), muß eine Grenze haben, wenn es sich um Abfälle handelt, welche aus Gründen des öffentlichen Wohls zu entsorgen sind. Demgemäß sind Abfälle auch dann gegeben, wenn die geordnete Entsorgung zur Wahrung des Wohls der Allgemeinheit, insbesondere des Schutzes der Umwelt geboten ist.
Diesen Abfallbegriff enthielt § 1 Abs. 1 Satz 1 2. Alternative des AbfG, wobei er sich weitgehend mit Art. 1 Abs. 1 Lit. A der Abfallrichtlinie deckt, daß sich der Besitzer "entledigen muß". Das Kreislaufwirtschaftsgesetz übernimmt diese Formulierung und deutet sie in § 3 Abs. 4 dahin aus, daß sich der Besitzer beweglicher Sachen entledigen muß, wenn diese entsprechend ihrer ursprünglichen Zweckbestimmung nicht mehr verwendet werden und aufgrund ihres konkreten Zustands geeignet sind, gegenwärtig oder künftig das Wohl der Allgemeinheit, insbesondere die Umwelt zu gefährden und deren Gefährdungspotential nur durch eine ordnungsgemäße und schadlose Verwertung oder gemeinwohlverträgliche Beseitigung nach den Vorschriften dieses Gesetzes oder der aufgrund dieses Gesetzes erlassenen Rechtsverordnungen ausgeschlossen werden kann.
Die Frage, ob eine Beeinträchtigung des Wohles der Allgemeinheit im Sinne des Abfallrechts in Betracht kommt, orientiert die Rechtsprechung des BVerwG zu Recht an der präventiven, vorsorgeorientierten Zielsetzung des Abfallrechts als eines Grundsatzes, der für die Interpretation des KrWG und des Europäischen Rechts gleichermaßen und durchgängig gilt. Das Abfallregime mit seinen Kontroll- und Genehmigunsanforderungen soll nicht erst dann repressiv eingreifen dürfen, wenn sich im Einzelfall eine Gefahr herausstellt oder eine Störung schon eingetreten ist. Ausreichend aber auch erforderlich sei vielmehr, daß die gegenwärtige Aufbewahrung der Sache und ihre künftige Verwendung oder Verwertung nach Art oder Verfahren aufgrund allgemeiner Erfahrungen und wissenschaftlicher Kenntnisse typischerweise (nicht: infolge konkreten Nachweises) zu einer Gemeinwohlgefährdung, insbesondere zu Umweltgefahren führen.[13]
Auch für Abfall im objektiven Sinne gilt das Verwertungsgebot (§§ 3 Abs. 1 Satz 2, 4 Abs. 1 Nr. 2, 3 u. 4, 5 Abs. 2, 3, 4 u. 5 KrWG, Art. 4 EG-Richtlinie). Dies aber verlangt, daß der Besitzer solche Abfälle wieder in den Wirtschaftskreislauf zurückführen darf, ja zurückführen muß, wobei Bedeutung und Regelungstiefe des Verwertungsgebotes im Kreislaufwirtschaftsgesetz erheblich ausgedehnt worden sind. Wie bei Abfällen im subjektiven Sinne gilt auch bei

---

[13]BVerwG, Urteil v. 24.06.1993, NVwZ 1993, S. 988, 990.

Abfällen im objektiven Sinne das Verwertungsgebot auch dann, wenn bis zur Grenze der Zumutbarkeit die Verwertung teurer als eine Beseitigung ist (§ 5 Abs. 4 KrWG). Zusätzlich aber etabliert das Gesetz bei der Verwertung von Abfällen im objektiven Sinn wegen der damit einhergehenden Gefährdung eine um so deutlichere Kontrolle. § 3 Abs. 4 des KrWG formuliert ausdrücklich, daß es um eine schadlose Verwertung nach den Vorschriften des Gesetzes oder der aufgrund des Gesetzes erlassenen Rechtsverordnungen geht.

Das BVerwG[14] bestimmt die objektive Abfalleigenschaft durch zwei Merkmale, nämlich den gegenwärtigen, typischerweise umweltgefährdenden Zustand der Sache und die gebotene, gemeinwohlverträgliche Entsorgung, wobei das Bundesverwaltungsgericht darauf hinweist, daß die Entsorgung auch durch Verwertung geschehen könne. Zum ersten Mal scheint durch, daß das gesetzliche Ziel der Verwertung auch auf die Definition des Abfalls zurückschlägt und Abfall nicht deswegen begrifflich ausscheidet, weil die Sachen verwertet werden. Im übrigen bleibt das BVerwG bei diesen Entscheidungen aber noch Vorstellungen einer verwaltungswirtschaftlich geregelten Entsorgung verhaftet. Es macht Ausführungen darüber, wann der Stoff ein Wirtschaftsgut wird. Könnten derartige Stoffe an verwendungs- oder verwertungsbereite Dritte gegen Entgelt veräußert werden, handele es sich also um ein Wirtschaftsgut, sei dies im allgemeinen ein wesentliches Indiz dafür, daß eine Entsorgung als Abfall nicht geboten sei. Denn in derartigen Fällen könne regelmäßig davon ausgegangen werden, daß - wie auch sonst im Wirtschaftsverkehr mit potentiell gefährlichen Gütern - die einschlägigen Fachgesetze zur Wahrung des Wohls der Allgemeinheit ausreichten. Könnten Altstoffe dagegen mangels Nachfrage nicht verkauft werden, so sei dies ein Hinweis darauf, daß die Weitergabe solcher Stoffe an Dritte typischerweise mit Gefahren verbunden sei, die eine Entsorgung als Abfall gebieten.

Aus der gewinn- oder entgeltorientierten Verkaufs- und Verwertungsmöglichkeit leitet das BVerwG nunmehr im Rückschluß ab, daß kein Abfall gegeben sei, auch nicht in bezug auf den anfänglichen Befund des umweltbedenklichen Zustands der Sachen am gegenwärtigen Aufenthaltsort. Die Entsorgungspflicht ist aber eine Rechtsfolge objektiver Abfalleigenschaft als Zustand und mindestens seit dem Kreislaufwirtschaftsgesetz besteht die optimale Entsorgung in der Rückführung in die Kreislaufbewegung, womit also die Geltung des Abfallgesetzes nicht entfallen kann. Die Verwertung ist somit eine an den Abfallbegriff anknüpfende Rechtsfolge, geschehe sie nun unternehmerisch autonom oder unter den Zwängen des Gesetzes und seiner Verordnungen und nicht (negatives) Tatbestandmerkmal des Abfallbegriffs. Nach dem Kreislaufwirtschaftsgesetz tritt die private Verwertung

---

[14]BVerwG, Urteil v. 24.06.1993, a.a.O.

durch den Abfallbesitzer selbst oder auch durch Dritte in den Mittelpunkt des Gesetzes und kann somit nicht die Abfalleigenschaft ausschließen. Abgesehen davon, daß die Abgrenzung Wirtschaftsgut/Abfall keine Rolle mehr spielt, ist es problematisch, eine solche Abgrenzung davon abhängig zu machen, ob der Abfallbesitzer dem Abnehmer für die Abnahme etwas bezahlt oder der Verwerter dem Abfallbesitzer für die Lieferung. Die Konstellationen wechseln laufend aus den verschiedensten Gründen (neue Verwertungstechniken, Nachfrage wegen hoher Fixkosten, Deckungsbeitragsrechnung mit der Maßgabe, daß Abfall auch eingekauft wird, wenn die Verwertung nicht die gesamten Kosten, aber ein Teil der Fixkosten deckt, Subventionen usw.). Das Kreislaufwirtschaftsrecht erzwingt die Verwertung bis zur Grenze der Zumutbarkeit, gilt aber auch für die (erfreulicheren) Fälle, daß ein Markt (zeitweise) entsteht oder geschaffen werden kann und beobachtet alle Verwertungsvorgänge auf ihre Umweltunbedenklichkeit hin. Es ist ein ubiquitäres Wirtschaftsgesetz, daß die umweltorientierte Vermeidung, Verwertung und Beseitigung von Reststoffen verlangt und mit Sanktionen reagiert, wenn die diesbezüglichen Regeln nicht beachtet werden. Insofern besteht keine Ausschließlichkeit mehr zwischen Abfallwirtschaft und Kreislaufwirtschaft, vielmehr verbindet sich das eine mit dem anderen.

Abfall im objektiven Sinne ist also allein dadurch gekennzeichnet und gegeben, daß der gegenwärtige Zustand der Sachen am gegenwärtigen Aufbewahrungsort nach Art oder Verfahren aufgrund allgemeiner Erfahrungen und wissenschaftlicher Kenntnisse zu einer Gemeinwohlgefährdung, insbesondere zu Umweltgefahren führen kann. Dann findet das Abfallregime über den objektiven Abfallbegriff seinen Anwendungsbereich, wobei es mit Geltung des Kreislaufwirtschaftsgesetzes auch neben § 5 Abs. 1 Nr. 3 BImSchG und neben den einschlägigen Fachgesetzen zur Wahrung des Wohls der Allgemeinheit im Wirtschaftsverkehr gilt. Allerdings tritt es als allgemeineres Gesetz zurück, wenn speziellere Gesetze den Umgang mit gerade diesen Sachen und Produkten regeln.

IV.2 Die zeitliche Dimension der Geltung des Abfallrechts

IV.2.1 Verwertungsgebot

IV.2.1.1 Abfälle im subjektiven Sinne

Bei Abfällen im Sinne des subjektiven Abfallbegriffs beginnt das Abfallregime, sobald sich ein nicht verwertungspflichtiger Besitzer der Abfälle entledigt, wobei das Abfallrecht den Vorgang der Entledigung erfaßt und kanalisiert. Beim verwertungspflichtigen Besitzer setzt die Geltung des Abfallrechts bereits ein, wenn er sich ohne Verwertungsgebot entledigen würde, wegen des Verwertungsgebots aber Verwertungsmöglichkeiten in Angriff nimmt. Probleme können sich ergeben und behördliche Zugriffe erforderlich werden, wenn der Besitzer die Verwertung hinauszögert und die Abfälle sich stauen. [15]

Verwertet der Besitzer gesetzeskonform, vollzieht sich das Abfallrecht lautlos und unauffällig. Beseitigt ein verwertungspflichtiger Besitzer, sei es eine öffentliche Körperschaft oder ein öffentliches oder privates Entsorgungsunternehmen, obwohl die Abfälle unter Geltung des § 5 Abs. 4 KrWG verwertbar wären, liegt ein Gesetzesverstoß vor. Die Verwertungspflicht dauert fort, solange sie noch möglich ist. Verbrennt der Besitzer verwertbare Abfälle ohne energetische Ausbeute, verstößt er gegen das Gesetz, die weitere Verwertungspflicht erlischt aber, weil sie unmöglich geworden ist. Lagert der Besitzer ab, bleibt das Verwertungsgebot, solange eine Verwertung möglich ist, auch gegenüber deponierten Abfällen bestehen und wendet sich an den jeweiligen Abfallbesitzer.

Irrelevant ist die Frage, ob die verwertbaren Abfälle bereits vor Geltung des Verwertungsgebots angefallen sind. Es erfaßt auch vor seinem Inkrafttreten (AbfG 1986, KrWG 06.10.96) gelagerte und abgelagerte Abfälle mit dem Verwertungsgebot. Die Verwertung von Abfällen steht im Mittelpunkt des Gesetzes und es machte keinen Sinn, wenn rückliegende Abfälle davon ausgenommen würden. Gerade die Versäumnisse der Vergangenheit sollen aufgearbeitet werden.

Die Geltung des Abfallrechts mit Bezug auf die betrachteten Abfälle dauert dann fort, bis sie durch Verwertung zu einem umweltverträglichen Wirtschaftsgut geworden sind oder durch thermische Verwertung ihre stoffliche Existenz verloren haben.

IV.2.1.2 Abfälle im objektiven Sinne

Beim Abfall, der durch den objektiven Abfallbegriff gekennzeichnet ist, beginnt das Regime des Kreislaufwirtschafts- und Abfallgesetzes, sobald diese Stoffe wegen

---

[15] SEIBERT (UPR 1994, S. 415, 419) meint daher, die alte Problematik Abfall/ Wirtschaftsgut sei auf die Problematik Abfall/Produkt verschoben, indem der Besitzer Verwendungszwecke nur vorgaukele, da dem Erfindungsreichtum verwertungs- und beseitigungsunwilliger Abfallbesitzer keine Grenzen gesetzt seien. Mögen sich doch die Abfälle im subjektiven Sinne beim Besitzer stauen, der Verwertungsabsichten vorgaukelt, das Abfallrecht hat keinen Grund, einzugreifen. Anders wird es, wenn die Quantität der gelagerten Abfälle umschlägt in ein umweltunverträgliches Gefährdungspotential und nunmehr Abfall im objektiven Sinn gegeben ist. Dann muß der Besitzer verwerten oder beseitigen und das Abfallrecht kann zugreifen.

ihrer typischen Umweltgefährlichkeit als entsorgungspflichtig definiert werden können. Für sie gilt ebenfalls das Verwertungsgebot, wenn sie sich in Händen von verwertungspflichtigen Abfallbesitzern befinden. Während aber der nur subjektiv definierte Abfall erst zu einem solchen wird, wenn der Besitzer die Sachen "loswerden will", insofern also das Entstehen des Abfalls vom Willen des Besitzers abgängig ist, faßt das Regime beim Abfall im objektiven Sinne wegen der Umweltgefährdung ohne Zeitverzögerung zu. Zwar greift das Verwertungsgebot nicht in dem Sinne, daß die Verwertung von jetzt auf gleich geschehen muß. Das lassen die Vorschriften erkennen, die darauf abzielen, daß sich der Besitzer um die Verwertung bemühen muß.[16] Er kann aber nicht beliebig lange mit der Verwertung oder Entsorgung warten. Die tolerable Zeitdauer bestimmt sich aus dem Verhältnis von der Zumutbarkeit der alsbaldigen Entsorgung zu dem Maß der vom Abfall ausgehenden Umweltgefährdung.

Der Besitzer steht auch wieder bis zur Vollendung der Verwertung unter den normativen Anforderungen des Gesetzes, die erst dann ihr Ende finden, wenn durch stoffliche Verwertung ein umweltverträgliches Wirtschaftsgut entstanden ist oder durch zulässige energetische Verwertung die stoffliche Existenz des Abfalls ihr Ende gefunden hat.

Lagert der Besitzer oder lagert er gar ab, ohne daß die Verwertungspotentiale ausgeschöpft sind oder wurden, dauert die Geltung des Gesetzes fort. Das gilt auch wiederum ganz unabhängig davon, wann der Abfall als solcher entstanden ist, gelagert oder abgelagert wurde. Die auf dem Gelände des Unternehmens seit 1960, 1970, 1980 oder 1990 lagernden, objektiv als Abfall zu definierenden und verwertbaren Stoffe sind nach Abfallrecht zu verwerten. Das Verwertungsgebot betrifft Uralt- und Altabfälle (die es gerade aufzuarbeiten gilt) ebenso wie Neuabfälle. Und das gilt auch für abgelagerte Abfälle, sofern die Verwertung noch möglich ist. Der Abfallbegriff bleibt erfüllt und das Verwertungsgebot bleibt in Kraft, wenn verwertbarer und weiterhin verwertbar bleibender Abfall abgelagert wird oder abgelagert wurde.

IV.2.2 Beseitigungsgebot

Nicht verwertbare Abfälle sind umweltverträglich zu beseitigen, wobei nur den Besitzer von Abfällen im objektiven Sinn eine unmittelbare Beseitigungspflicht trifft, während der Besitzer von Abfällen im nur subjektiven Sinn mit der Entledigung/Beseitigung abwarten kann. Werden die Abfälle unter Verstoß gegen

---

[16] § 5 Abs. 4 KrWG: "ein Markt ... geschaffen werden kann"; richtig an der vom BVerwG sonst im Ergebnis verunglückten begrifflichen Analyse ist der Hinweis, daß die Verwertung "alsbald" erfolgen müsse, BVerwG Urteil v. 24.06.1993, NVwZ 1993, S. 990.

die vorgeschriebenen Beseitigungspfade entsorgt, bleibt das Beseitigungsgebot bestehen. Das gilt im übrigen auch, wenn Abfälle, die beseitigt werden mußten, unzulässigerweise in den Wirtschaftskreislauf (z. B. durch Beimengung, Vermischung u. a.) zurückgeschleust werden.
Die begriffliche Einordnung von Stoffen als Abfall bleibt erhalten oder lebt auch wieder auf, wenn zwar auf gesetzlich vorgeschriebenen oder nicht verbotenen Pfaden entsorgt wurde (vor 1972 auf Kippen, nach 1972 und den Übergangsfristen auf planfestgestellten Deponien), die Entsorgung nach gegenwärtiger und vielleicht im Verhältnis zur damaligen Zeit hinzugewonnener Erkenntnis aber nicht (mehr) dem vom Gesetz geforderten Wohl der Allgemeinheit entspricht. Die Geschichte des Umweltrechts und insbesondere die Geschichte des Abfallrechts wird einerseits durch den dramatischen Verbrauch der Umwelt wie andererseits durch die zunehmende Erkenntnis dessen, was angerichtet wurde und angerichtet wird, geschrieben, letztere verbunden mit der Entwicklung von Analysen, Techniken und Regeln, welche Verbesserungen einzuleiten versuchen, sowohl was die Aufarbeitung der Vergangenheit als auch die Bewältigung der Gegenwart betrifft. Damit wird der Stand der Entsorgungstechnik auch zum Maßstab der Definition zulänglicher und unzulänglicher Beseitigung. Was nunmehr als unzulänglich beseitigt erkannt wird, ist, auch auf Müllkippen und Deponien, Abfall, wobei es eine akademische Frage ist, ob es Abfall erst mit dem Zeitpunkt dieser Erkenntnis wurde oder stets Abfall war und die richtige rechtliche Einschätzung erst deklaratorisch mit der verbesserten Erkenntnis gewonnen wurde. Entsprechend dieser grundsätzlichen Erkenntnis machten und machen die Abfallbegriffe aller gesetzlicher Regeln, des Abfallbeseitigungsgesetzes von 1972, des Abfallgesetzes von 1986 und des Kreislaufwirtschaftsgesetz von 1994/1996 ihre Anwendung nicht davon abhängig, wann die beweglichen Sachen entstanden sind oder wie lange sie schon wo liegen oder lagern, auch nicht insoweit, als die Geburtszeit der betrachteten Sachen vor 1972 lag und sie ohne damaligen Gesetzesverstoß an den Ort gekommen sind, an dem sie nunmehr als unzulänglich entsorgt erkundet werden.

IV.2.3 Altablagerungen als Abfall

IV.2.3.1 Irrelevanz des Ablagerungszeitpunkts

Im abfallrechtlichen Schrifttum wird bislang nahezu einhellig die Meinung vertreten, daß das Abfallrecht keine Rechtsgrundlage enthalte, "aufgrund derer gegen von (echten) Altablagerungen ausgehende Umweltbeeinträchtigungen eingeschritten werde könne"[17]. Man nimmt daher an, daß es eine spezifische Altlastenproblematik gäbe, die im Bundesabfallrecht nicht geregelt sei. Demgemäß haben sich die meisten Landesabfallgesetze wegen bundesrechtlicher Regelungsfreiheit der Altlastenproblematik intensiver angenommen.[18] Im übrigen wurde die Altlastenproblematik als eine Materie des Allgemeinen Polizei- und Ordnungsrechts angesehen und das tradierte Verständnis einer Gefahr für die öffentliche Sicherheit und Ordnung als Voraussetzung des Einschreitens verlangt, ja sogar von einer Renaissance des Polizeireichts im Altlastenbereich gesprochen.[19] Dies verwundert um so mehr, als eigentlich niemand daran zweifelt, daß derjenige, der eine Altlast aufgräbt, Abfall in Händen hat (zum Problem der beweglichen Sache später). Soll dieser erst jetzt entstanden sein?

Das Abfallrecht fragt die als Abfall zu beurteilenden Stoffe nicht nach ihrem Alter oder ihrer Lagerungsdauer am letzten Standort. Ein solches Element ist dem Abfallbegriff völlig unbekannt.[20] Die Frage nach dem Zeitpunkt der Ablagerung stellt sich allenfalls erst im Zusammenhang mit der Entscheidung, wen die Behörde als Störer in Anspruch nehmen kann, den gegebenen Zustand zu ändern. Zu seinem Schutz mag bedeutsam sein, daß seinerzeit rechtmäßig abgelagert wurde, nicht aber zum Schutz der Umwelt.

Das herrschende Verständnis ist in einer fortwirkenden Tradition des Abfallbeseitigungsgesetzes von 1972 dadurch entstanden, daß es ein Organisationsgesetz für die Einrichtung und Durchführung von Abfallbeseitigung war und zudem keine eigenen Eingriffsnormen der Behörden bei Verstößen vorsah. Das Abfallgesetz etablierte schwergewichtig eine geordnete Entsorgung in abgesicherten Beseitigungsanlagen, so daß ihre Einrichtung und ihr Betrieb samt der Erfassung der dahin laufendenden Pfade für Frischabfälle im Zentrum der Regelung stand, verbunden mit Übergangslösungen für noch betriebene Altanlagen. Da die Etablierung und der Betrieb von Beseitigungsanlagen für stetig steigenden Müllanfall im Mittelpunkt der Betrachtung stand, lag (auch für den Gesetzgeber) die Vorstellung fern, Altablagerungen, insbesondere solche, die seinerzeit

---

[17]Kunig, in: KUNIG/SCHWERMER/VERSTEYL, 1992, Anhang zu den §§ 10, 10a Rn. 4, wobei als echte Altlasten Ablagerungen vor dem 11.06.72 bezeichnet werden; KLOEPFER, NuR 1987, S. 7; HOPPE/BECKMANN, 1989, § 15 Rn. 45; PAPIER, DVBl. 1985, S. 873.

[18]Vgl. zu den landesrechtlichen Regelungen POHL, NJW 1995, S. 1645.

[19]BREUER, JuS 1986, S. 359, 360.

[20]Wie hier PAETOW, NVwZ 1990, S. 510 u. SCHINK, DVBl. 1985, S. 1149. Kunig, a.a.O., wirft Paetow vor, daß er den Regelungswillen des Gesetzgebers wie auch die Rückwirkungsproblematik zu wenig berücksichtige. Es ist aber zwischen dem materiellen Regelungsbereich und den Grenzen behördlicher Eingriffs- und Anordnungsbefugnisse zu unterscheiden.

legal erfolgt waren und auf denen kein Betrieb mehr stattfand, seien in die Beseitigungsregeln einbezogen.

Mit der geordneten Entsorgung entwickelte sich dann, was heute der geordneten Verwertung (Recycling, Downcycling) vorgeworfen wird: Abfall wird nicht vermieden, sondern vermehrt, da für seine Entsorgung (Verwertung) gesorgt ist. Die Erkenntnis unbewältigter Gefahrenpotentiale und das Bewußtsein für das Mengen- und Raumproblem entwickelte sich erst später. Sowohl die ungeordnete Entsorgung von Vorgestern als auch die geordnete Entsorgung von Gestern haben die Abfallprobleme von Heute geschaffen.

Die Horizonte des Kreislaufwirtschaftsgesetzes sind weitergesteckt. Vermeidung und Verwertung sollen die Mengenprobleme der Gegenwart und Zukunft lösen; Verwertung gilt aber auch für das in der Vergangenheit bis zur Gegenwart aufgetürmte Müllproblem. Mag sein, daß der Gesetzgeber den zurückliegenden Zeithorizont weniger im Auge hatte. Gesetze sind aber nicht allein nach dem subjektiven Willen des Gesetzgebers, sondern nach ihrem normativen Sinn auszulegen.[21] Die regelungsrelevante Dimension der Abfallproblematik erfaßt durchgehend eine aus der Vergangenheit resultierende und sich in die Zukunft erstreckende Zeitspanne. Es besteht daher kein Anlaß, die Altablagerungen abfallrechtlich nicht zu erfassen, wenn sie den Abfallbegriff erfüllen. Fragen des Vertrauensschutzes stellen sich erst, wenn es darum geht, Maßnahmen gegen den Abfallbesitzer zu ergreifen. Denn das Kreislaufwirtschaftsgesetz hat nunmehr mit § 21 den Behörden Eingriffsbefugnisse zur Durchführung des Gesetzes gegeben.

Da die Abfälle nach der Bewußtseinslage des Besitzers der Deponie abgelagert sind, handelt es sich nicht um Abfälle im subjektiven Sinne, deren sich der Besitzer entledigen will. Aber es können die Merkmale des Abfallbegriffs im objektiven Sinne in Betracht kommen, nämlich wenn die Abfälle nicht so entsorgt sind, daß das Wohl der Allgemeinheit nicht beeinträchtigt wird (§ 2 Abs. 1 AbfG, § 10 Abs. 4 KrWG). Die normativen Anforderungen an die Entsorgung sind erst dann erfüllt, wenn die Abfälle auch gesetzeskonform entsorgt wurden und der Abfallbegriff greift erneut bzw. weiterhin, wenn seine Voraussetzungen wiederum oder weiterhin erfüllt sind, weil zum Beispiel noch oder wieder Umweltgefahren auftreten. Dabei ist gleichgültig, ob die Erkenntnis der Umweltbeeinträchtigung zur Zeit der Ablagerung schon bestand oder später erst gewonnen wurde oder ob sie durch ein nach der Ablagerung in Kraft getretenes Gesetz als solche definiert wurden.

Abgesehen von Emmissionen liegt eine den Boden schädlich beeinflussende Beeinträchtigung schon dann vor, wenn mehr Ablagerungsfläche- und Volumen in Anspruch genommen wird als nach dem Stand der Technik erforderlich ist und die Ablagerungen nicht eine Konsistenz haben, die eine gleiche Nutzung des Bodens

---

[21] LARENZ, 1975, S. 305.

wie im Umgebungsbereich ermöglicht (im letzeren Fall läge kein Abfall im objektiven Sinne vor). Die Bedeutung des § 2 Abs. 1 Satz 2 Nr. 3 AbfG (§ 10 Abs. 4 Nr. 3 KrWG) ist als Gebot aufzufassen, die Bodenbelastung und den Bodenverbrauch soweit wie möglich zu vermeiden.[22] Dieses kann natürlich nicht absolut gesehen werden, sondern der Bodenverbrauch ist in Relation zum Volumen der endgültig abgelagerten Abfälle zu sehen. Ist diese Relation technisch verbesserbar, ist Boden, da über das notwendige Maß hinaus verbraucht, schädlich beeinflußt und die Ablagerungen sind oder werden zu Abfall im objektiven Sinn. Ab Geltung der Verwertungsgebote von 1986 und vermehrt mit Inkrafttreten des Kreislaufwirtschaftsgesetzes 1996 gilt dies auch für Ablagerungen mit verwertbaren Bestandteilen. Sie sind, wenn eine Verwertbarkeit von Bestandteilen der Ablagerungen nach den Kriterien des § 3 Abs. 2 AbfG, § 5 Abs. 4 KrWG möglich ist, gesetzwidrig lagernde Abfälle, die unzulänglich entsorgt wurden und denen gegenüber das Entsorgungsgebot weiter (wieder) gilt.

Dies bedeutet, daß eine historische Abfallentsorgung, die nicht einem gegenwärtigen Standard entspricht, dazu führt, daß die Sachen weiterhin den objektiven Abfallbegriff erfüllen und gegebenenfalls ein erneuter Entsorgungsdurchlauf erforderlich ist. Durch Behandlung mit modernen Methoden verwertbarer, komprimierbarer und reduzierbarer Abfall ist somit unzulänglich entsorgter Abfall und wird nicht aus dem objektiven Abfallbegriff entlassen.[23]

Dabei spielt grundsätzlich keine Rolle, ob die Ablagerung von Abfällen vor Geltung des Abfallbeseitigungsgesetzes 1972 geschah oder danach in Abfallentsorgungsanlagen, die nach heutiger Erkenntnis nicht dem vom Wohl der Allgemeinheit gefordertem Entsorgungsstandard entsprechen. Man kann es auch dahin formulieren: es gibt im Abfallrecht wie generell im Recht des Umweltschutzes keinen Bestandsschutz in dem Sinne, daß in Vergangenheit und Gegenwart zugelassene Umweltbelastungen nicht eingeschränkt werden könnten oder nachgebessert werden müßten.[24] Dies ist im Recht des Umweltschutzes eine unabweisbare Konsequenz, die sich rechtlich in Ansätzen wiederspiegelt. So können nach § 35 KrWG für Deponien, die bereits vor Inkrafttreten des 1. Abfallbeseitigungsgesetzes betrieben wurden, Befristungen, Bedingungen und Auflagen angeordnet werden und es kann auch der Betrieb untersagt werden.[25] Gleiches gilt für Anlagen in den neuen Bundesländern bezogen auf den Zeitpunkt des 1. Juli 1990. Die Überwachung nach § 40 KrWG kann auf stillgelegte Abfallentsorgungsanlagen ausgedehnt werden. Im Immissionsschutzrecht sind

---

[22]Kunig, in: KUNIG/SCHWERMER/VERSTEYL, 1992, Rn. 31 zu § 2.

[23]So auch schon PAETOW, NVwZ 1990, S. 510, 513, allerdings weniger unter dem Gesichtspunkt des Bodenverbrauches.

[24]Vgl. JARASS DVBl. 1986, S. 314; PAETOW, a.a.O., S. 513.

[25]Zum AbfG vgl. BVerwG, Urteil v. 24.06.93, NVwZ 1993, S. 990.

gemäß § 17 BImSchG nachträgliche Anordnungen zulässig, wenn nach Erteilung der Genehmigung festgestellt wird, daß die Allgemeinheit oder die Nachbarschaft nicht ausreichend vor schädlichen Umwelteinwirkungen oder sonstigen Gefahren, erheblichen Nachteilen oder erheblichen Belästigungen geschützt ist. Dies kann gerade auch auf neuen Techniken des Immissionsschutzes oder neuen Analysen der Gefährdung beruhen. Erlaubnisse und Bewilligungen zur Benutzung von Gewässern, insbesondere Einleitungen in oberirdische Gewässer stehen unter dem Vorbehalt nachträglicher zusätzlicher Anforderungen an die Beschaffenheit der einzubringenden oder einzuleitenden Stoffe (§ 5 Wasserhaushaltsgesetz). Allerdings steht die nachträgliche Anordnung unter dem Gesichtspunkt der Verhältnismäßigkeit, wofür das Interesse spricht, wirtschaftlich produzierende Anlagen zu haben oder zu behalten. Für die Erhaltung einer Deponie, auf der Abfälle unzulänglich entsorgt wurden, spricht kein allgemeines Interesse.
Mit dem objektiven Abfallbegriff gibt somit die Abfallgesetzgebung eine stete Anforderung an die Überprüfung der abgelagerten Abfälle mit der Maßgabe, daß die Verpflichtung zur erneuten Entsorgung erwachsen kann, wenn die gegebene nicht mehr den Entsorgungsgrundsätzen entspricht. Eine Dualität zwischen Abfallentsorgung und Altlastensanierung gibt es somit nicht: unzulänglich abgelagerte Altlasten sind zu entsorgende Abfälle im objektiven Sinne nach geltendem Abfallrecht.

IV.2.3.2 Altablagerungen als bewegliche Sachen

Sehr umstritten ist, ob Ablagerungen auf einem Grundstück bewegliche Sachen im Sinne des § 1 AbfG und des § 3 KrWG sind. Die wohl überwiegende Meinung verneint dies in bezug auf Ablagerungen, die nicht mehr klar von den sonstigen Bodenbestandteilen des Grundstücks abgegrenzt seien, mit diesen vielmehr verwachsen seien. Sie seien dann wesentliche Bestandteile des Grundstücks im Sinne des § 94 BGB und somit keine beweglichen Sachen, sondern Grundstück.[26]
Nach der Nomenklatur des Bürgerlichen Rechts sind Sachen körperliche Gegenstände (§ 90 BGB). Die Körperlichkeit verlangt eine Konturierung, die nicht nur bei festen Agregatzuständen gegeben ist, sondern auch dann, wenn Flüssigkeiten oder Gase gefaßt sind. Treten Gase aus ihrem Behältnis aus oder laufen Flüssigkeiten aus, sind es keine beweglichen Sachen mehr.

---

[26]VON KÖLLER, 1996, S. 107; Schwermer, in: KUNIG/SCHWERMER/VERSTEYL, 1992, Rn. 5 zu § 1; BECKMANN; NVwZ 1993, S. 305, 306; PAETOW, NVwZ 1990, S. 510; SCHWACHHEIM, NVwZ 1989, S. 128; SCHINK, DVBL. 1985, S. 1149, 1151; ALTENMÜLLER, DÖV 1978, S. 27, 29; unklar RABANUS, 1993, S. 25.

Nach dem BGB werden Sachen in Grundstücke und bewegliche Sachen unterteilt, wobei der Gesetzgeber weder für das eine noch für das andere eine legislatorische Definition bereithält. Grundstücke sind nach einhelliger Meinung Teile der Erdoberfläche, die als solche im Grundbuch eingetragen sind. Dabei ist nach §905 BGB der Grundstücksbegriff ein Raumbegriff: er betrifft nicht nur die Fläche zwischen Boden und Luft, sondern den Raum über der Oberfläche und unter der Oberfläche.

Die Grenzen eines Grundstücks werden nicht durch Charakteristika der Körperlichkeit (Gestalt) ausgemacht, sondern durch die historisch gewachsenen und rechtsgeschäftlich bestimmten Eigentumsgrenzen. Und innerhalb derselben gibt es keinen Körper, sondern einen mit den verschiedensten Stoffen angefüllten Raum.

Die Grenzen einer beweglichen Sache als Körper werden dagegen durch das Fehlen einer konstruktiven Verbindung im Sinne des § 93 BGB ausgemacht. Zur Erhaltung solcher konstruktiver Verbindungen, die nicht durch unterschiedliche Rechtszuständigkeiten auseinandergerissen werden sollen, formuliert der Gesetzgeber, daß Bestandteile einer Sache, die voneinander nicht getrennt werden können, ohne daß der eine oder andere zerstört oder in seinem Wesen verändert wird, nicht Gegenstand besonderer Rechte sein können. Dabei ist zu beachten, daß es nicht auf die Zerstörung oder Wesensveränderung der zusammengesetzen Sache ankommt, sondern darauf, ob die Teile ohne Zerstörung oder Wesensveränderung voneinander gelöst werden können.

Die Verbindung führt nach § 947 dazu, daß die bisherigen Eigentümer Miteigentümer der Sache werden (Miteigentum ist nach den Regeln der §§ 741 ff. BGB auseinanderzusetzen) oder es entsteht Alleineigentum des Eigentümers eines Bestandteils, der als Hauptsache anzusehen ist (§ 947 Abs. 2 BGB). Diese Regel über wesentliche Bestandteilseigenschaft haben also Bezug zum Eigentumsrecht. In kaum einer Regelung des Abfallrechts aber spielt Eigentum eine Rolle.

Das auf die Verwertung und Trennung von Bestandteilen, nicht auf ihre Erhaltung angelegte Abfallrecht kann mit diesen Rechtsfolgen nichts anfangen. Das gilt im besonderen Maße für die Wiederverwertung, für die Einhaltung getrennter Entsorgungspfade, für die Separierung gefährlicher Inhaltsstoffe usw.. Produktionswirtschaft besteht darin, daß wertschöpfend gestaltet und zusammengefügt wird. Sie ist marktwirtschaftlich geregelt und bedient sich des Zivilrechts, insbesondere des Sachenrechts zur Eigentumszuordnung. Abfallwirtschaft besteht darin, daß Rückstände vermieden, auch teilweise vermieden werden, daß getrennt und verwertet wird und für die Reste verschiedene Entsorgungspfade beschritten werden. Die zivilrechtlichen Begriffe sind auf die öffentliche Abfallwirtschaft wie die private Kreislaufwirtschaft daher nicht übertragbar.

Zu den wesentlichen Bestandteilen eines Grundstücks gehört nicht alles, was in den Raum dieses Grundstücks eintritt, sondern gemäß § 94 BGB die mit dem Grund

und Boden fest verbundenen Sachen, insbesondere Gebäude sowie Erzeugnisse des Grundstücks. Für die Nutzungsmöglichkeiten des Eigentümers ist das Grundstück deswegen bedeutsam, weil er einerseits unter Ausnutzung der Schwerkraft auf dem Grundstück bauen kann und weil er andererseits die Fruchtbarkeit des Bodens nutzen kann. Verbinden im Sinne von § 94 BGB bedeutet daher traditionell, daß Bauwerke standfest gemacht werden oder Pflanzen sich verwurzeln. Vermischen spielt traditionell keine Rolle, denn der Boden ist ohnehin eine vielfältige Misch-Struktur. Demgemäß ist es nicht systemwidrig, daß Inhaltsstoffe des Grundstücks wie bestimmte Mineralien oder Bodenschätze durchaus einem Sonderrecht unterliegen, wie es z. B. das Bergrecht darstellt. Gleichermaßen ist das dominant dem öffentlichen Recht unterstellte Wasserrecht dafür bedeutsam, daß auf dem Grundstück fließendes Grundwasser nicht dem Eigentümer gehört.[27] Die Ansicht, welche davon ausgeht, daß Abfall mit dem Grundstück verwachsen könne, hat offenbar die Vorstellung, daß das Grundstück als Körper durch bestimmte Bodenkonsistenzen ausgemacht wird, was deswegen nicht richtig ist, weil das Grundstück ein Raum ist. Wie will diese Ansicht entscheiden, wenn das Grundstück zwischen seinen Eigentumsgrenzen mit Müll beladen wurde? Dieser kann nicht mit dem Grundstück verwachsen, da er bis an seine Grenzen reicht. Was ist, wenn der Eigentümer die unbelasteten Nachbargrundstücke hinzuerwirbt? Den rechtlichen Tatbestand, daß Inhaltsstoffe mit einem Grundstück als einem abstrakten Raumbegriff verwachsen, kann es nicht geben.

Paetow[28] weist darauf hin, daß durch das gesetzwidrige Abkippen von Abfällen auf Grundstücken ein abfallrechtlicher Tatbestand realisiert sein kann ganz unabhängig davon, ob nach der Realisierung des Tatbestands noch Abfall gegeben ist, und daß zumindest im Augenblick der Wiederaufnahme Abfall vorliegt, so daß die Problematik vom Begriff des Abfalls als beweglicher Sache sekundär sei. Dies ist richtig, jedoch wollen wir vorliegend umweltgefährdende Bodenbestandteile auch unabhängig von damit verbundenen Handlungen dann, wenn sie umweltgefährdend sind, als Abfall im objektiven Sinne definieren, was behördliches Handeln oder Verhaltenspflichten des Abfallbesitzers auslösen kann. Dabei ist in der Rechtsprechung anerkannt, daß das Abfallrecht einen eigenen, vom Zivilrecht partiell unterschiedlichen Besitzerbegriff hat (öffentlich-rechtlicher Besitzerbegriff), der insbesondere vom Besitzbegründungs- und Behaltenswillen absieht.[29] Dies ist systemgerecht, weil der Abfallbesitzer sich nicht ohne weiteres willentlich seinen Überlassungs- und Beseitigungspflichten entziehen kann. Der Besitz hat, wie im

---

[27]BVerfG, Beschluß v. 15.7.1981, BVerfGE 58, S. 300.

[28]PAETOW, NVwZ 1990, S. 510, 513.

[29]BVerwG, Urteil v. 11.02.1983, BVerwGE 67, S. 8, 11 = NVwZ 1984, S. 40; BVerwG, Urteil v. 2.9.1983, NJW 1984, S. 817; BGH, Urteil v. 14.3.1985, UPR 1985, S. 240; BVerwG, Urteil v. 19.01.1989, NJW 1989, S. 1295.

Zivilrecht, keine Schutzfunktionen, sondern ist Anknüpfung für öffentlich-rechtliche Verpflichtungen.
Demgemäß können die im Hinblick auf die eigentumsrechtlichen Folgen definierten Begriffe von beweglichen Sachen, Grundstücken und deren wesentliche Bestandteile im Abfallrecht keine Bedeutung haben. Im Abfallrecht geht es um die Bewältigung von Umweltgefahren durch Vermeidung, Verwertung und Entsorgung von Stoffen, so daß das Ausblenden eines abfallrechtlichen Tatbestandes nur deswegen, weil es sich nicht um körperlich bewegliche Sachen im Sinne des Zivilrechts handelt, wenig funktionsgerecht wäre. Soweit die Auffassung besteht, für den Begriff der beweglichen Sache sei zwar nicht das Zivilrecht maßgebend, aber bei "verwachsenen" Stoffen könne man wohl auch bei eigener Begrifflichkeit des öffentlichen Rechts nicht von beweglichen Sachen reden,[30] ist dem um so weniger zu folgen. Abfallrechtliche Anordnungen und Verfügungen, verseuchtes Erdreich auf einem Grundstück zu entsorgen, bereiten keine Probleme unter dem Aspekt, daß die Grenzen der Verseuchung nicht trennscharf seien: es ist so viel Erdreich zu entsorgen, daß kein verseuchtes Erdreich zurückbleibt. Daß der Eigentümer und Besitzer nur bis zur Grenze seines Eigentums und Besitzes in Anspruch genommen werden kann, hat nichts mit Bestandteileigenschaft, sondern mit Störereigenschaft zu tun. Der Nachbar ist ebenso in Anspruch zu nehmen.
Ein am deutschen Zivilrecht orientierter Begriff der beweglichen Sache, die allein Abfall sein könne, würde auch den europarechtlichen Vorgaben nicht entsprechen. Die europarechtlichen Richtlinien und Verordnungen sprechen generell im Zusammenhang mit Abfällen von "Stoffen oder Gegenständen". In dem Abfallverzeichnis der Kommission gemäß Artikel 1 Buchstabe A der Richtlinie 75/442 wird zum Beispiel verschüttetes Öl (050105) als Abfall genannt, wobei gerade durch den Verschüttungsvorgang die Abfalleigenschaft entsteht. Im übrigen tauchen Schlämme, Brühen, wäßrige und flüssige Rückstände, Laugen u.ä. immer wieder als Abfälle auf, ohne daß Einschränkungen in der Hinsicht gemacht werden, daß sie gefaßt sein müßten. §2 Abs. 2 Nr. 5 u. 6 KrWG nennen nicht in Behältern gefaßte gasförmige Stoffe oder Stoffe, die in Gewässer oder Abwasseranlagen eingeleitet oder eingebracht werden als Fälle, für die das Abfallrecht nicht gilt (hier greift systematisch Immissionsschutz- oder Wasserrecht ein). Würde man sich am Begriff der beweglichen Sache orientieren, wären diese Stoffe ohnehin schon vom Abfallbegriff ausgenommen.
Somit fragt sich, welcher Sinn denn dem Begriff von der beweglichen Sache in der deutschen Abfallgesetzgebung zukommen soll. Neben der sprachlichen Gängigkeit mag ein Sinn darin liegen, daß Grundstücke als solche nie Abfall sein können, auch

---

[30]So wohl RANANUS, 1993, S. 25 mit weiteren Hinweisen.

wenn möglicherweise das Grundstück als solches überwiegend mit Abfallstoffen aufgefüllt ist. Dies bedeutet, daß ein Grundstück nicht Gegenstand abfallrechtlicher Verfügungen sein kann wie etwa des Inhalts, daß der Besitzer das Grundstück zu räumen oder als solches zu entsorgen habe; es kann ihm nur aufgegeben werden, Inhaltsstoffe des Grundstücks zu behandeln, verwerten oder entfernen.
Im übrigen sind aber Abfallstoffe, die dem objektiven Abfallbegriff unterfallen, auch dann Abfälle, wenn sie auf dem Grundstück lagern und ihre Konturen zu anderen Inhaltsstoffen unklar oder verwachsen sind.

IV.3 Zulassungsbedürftigkeit des Rückbaus von gegenwärtig betriebenen Deponien

IV.3.1 Rückbau als Änderung des Betriebs und der Anlage einer Deponie

Seit der Änderung des Abfallgesetzes durch das Investitionserleichterungs- und Wohnbaulandgesetz (InvWoBauLG) werden nunmehr nach § 31 Abs. 1 KrWG die Errichtung und der Betrieb von ortsfesten Abfallentsorgungsanlagen zur Lagerung oder Behandlung von Abfällen zur Beseitigung sowie die wesentliche Änderung einer solchen Anlage oder ihres Betriebs der Genehmigung nach den Vorschriften des Bundesimmissionsschutzgesetzes unterworfen.
Nach Absatz 2 bedürfen nur noch die Errichtung und der Betrieb von Deponien sowie die wesentliche Änderung einer solchen Anlage oder ihres Betriebes der abfallrechtlichen Planfeststellung durch die zuständige Behörde.
Es stellt sich daher die Frage, ob der Rückbau durch Aufgraben, Behandeln und Wiedereinbau des Abfalls einer immissionsschutzrechtlichen Genehmigung unterliegt oder eine wesentliche Änderung einer Deponie darstellt oder beides zugleich ist mit der Maßgabe, daß zugleich die Verfahren nach Bundesimmissionsschutzgesetz wie nach Abfallgesetz ausgelöst werden.
In beiden Fällen sind Errichtung und Betrieb von Anlagen wie ihre wesentliche Änderung einer Zulassungspflicht unterstellt. Systematisch besser wäre es gewesen, die abfallrechtliche Deponiezulassung im Absatz 1 zu regeln und die sonstige Abfallentsorgungsanlagen im Absatz 2 in das mehr produktionswirtschaftlich orientierte Immissionsschutzverfahren zu übertragen.[31]
Der abfallrechtliche Anlagenbegriff, der nunmehr nur noch auf Deponien bezogen ist, und der Anlagenbegriff des Immissionsschutzrechts unterscheiden sich. Übereinstimmend wird in Rechtsprechung und Literatur ein weit auszulegender

[31]So auch HÖSEL/VON LERSNER, 1996, Kz. 1170, Rn. 6.

und zweckgerichtet verstandener abfallrechtlicher Anlagenbegriff vertreten, der umfassender sein soll als der verfahrenstechnisch ausgerichtete Anlagenbegriff des § 3 Abs. 5 BImSchG. Letzterer faßt mehr technisch orientiert nach Betriebsabläufen zusammen, wobei die Aufteilung einer Anlagengesamtheit in mehrere, gesondert zu genehmigende Einzelanlagen erforderlich werden kann, während der Anlagenbegriff des Abfallrechts als unteilbar gilt. Unteilbarkeit des Anlagenbegriffs soll heißen, daß alles, was dem Zweck der Abfallentsorgung dient, zu der jeweiligen einheitlichen Anlage gehört.[32] Die Anlage als solche wird dabei mehr von den statischen Baulichkeiten und ihren für den Betrieb erforderlichen Maschinen ausgemacht, während der Betrieb mehr auf die Abläufe zielt. Der Begriff des Betriebes ist anders als im Immissionsschutzgesetz nicht geeignet, den Umfang der Anlage zu bestimmen, sondern umgekehrt bestimmt die Anlage mit ihrer Funktion und Zielsetzung, Abfälle abzulagern, auch den Betrieb.

Der Umgang mit dem Abfall auf der Deponie gehört typischerweise zu den mit der Deponie im Zusammenhang stehenden Betriebsabläufen. Der Abfall ist zwar nicht selbst Teil der Anlage, aber für seine umweltgerechte Behandlung und Ablagerung ist die Anlage geschaffen worden. Werden im Zusammenhang mit dem Rückbau auch Verbesserungen an der Basisabdichtung vorgenommen, handelt es sich gleichzeitig auch um eine Anlagenänderung. Das gleiche würde für die Ausweitung des Deponiegeländes gelten, wenn sie für die Abfallbehandlung erforderlich wird, insbesondere für Zwischenlager zur biologischen Behandlung, für Siebanlagen oder für Verbrennungsanlagen. Alle diese Anlagen stehen im funktionellen Zusammenhang mit der Ablagerung des Abfalls bzw. der Verbesserung der Ablagerungsbedingungen und gehören daher zum Betrieb oder zur Anlage der Deponie.

Diese Bewertung führt dazu, daß etwa für die Errichtung einer Verwertungsanlage auf einer Deponie ein anderes Zulassungsverfahren durchgeführt werden müßte als bei einer Verwertungsanlage, die nicht auf einer Deponie errichtet wird. Denn nach dem weiter verstandenen Anlagenbegriff würde die Errichtung einer Anlage z.B. zur energetischen Verwertung eines im Rückbauverfahren aussortierten Überkorns im räumlichen Zusammenhang mit der Deponie eine Änderung dieser Deponie darstellen und deshalb eine Zulassung nach § 31 Abs. 2 oder 3 KrWG erfordern. Dagegen würde die Errichtung einer nicht im räumlichen Zusammenhang mit einer Deponie stehenden gleichartigen Verwertungsanlage gem. § 31 Abs. 1 KrWG nur der Genehmigung nach dem BImSchG bedürfen. Das ist auch sachgerecht, denn der weite Anlagenbegriff korrespondiert mit dem von der Standortproblematik bestimmten Zweck des Planfeststellungsverfahrens, der sich von dem der bloßen Kontrollgenehmigung des BImSchG unterscheidet. Der Gesetzgeber hat zwar für

[32] HÖSEL/VON LERSNER, 1996, Kz. 1170, Rn. 30; KRETZ, UPR 1994, S. 44, 46; VGH MANNHEIM, Beschluß v. 12.3.1984, DÖV 1984, S. 727 f.

die Zulassung anderer Abfallentsorgungsanlagen mit dem InvWoBauLG eine Genehmigung nach dem BImSchG vorgesehen, ist aber hinsichtlich der Deponiezulassung bei seiner ursprünglichen Entscheidung für den Vorrang des Planfeststellungsverfahrens nach dem KrWG geblieben. Der besondere Zweck dieses Verfahrens gegenüber dem immissionsschutzrechtlichen Genehmigungsverfahren ist es, mit Hilfe der Gestaltungsfreiheit der Behörde unter Abwägung aller erheblicher Belange der betroffenen Dritten eine Entscheidung zu treffen, die eine besondere (Planfeststellungs-) Reife besitzt.[33] Dies erfordert, daß zum Zeitpunkt der Entscheidung die Entscheidungsgrundlage nicht nur richtig sondern auch vollständig sein muß[34], und schließt eine Verfahrensstufung grundsätzlich aus.[35] Würden nunmehr die Deponie nachträglich ergänzende Einrichtungen, die das Plangebiet betreffen, nicht als Änderung der Deponie sondern als eigenständige Anlagen behandelt, deren Genehmigung sich gem. § 31 Abs.1 KrWG nach dem BImSchG richtete, so würde der Zweck der Planungsentscheidung für die Deponie in Frage gestellt. Denn zumindest faktisch würde diese Entscheidung nachträglich durch eine solche Genehmigung geändert werden können, bzw. geändert werden müssen, wenn die Genehmigungsvoraussetzungen vorlägen. Für den gesamten Anlagenkomplex ergäbe sich letztlich ein vertikal gestuftes Zulassungsverfahren, durch das die planerische Gestaltungsfreiheit der Behörde ausgehölt werden könnte und das deshalb mit den Merkmalen der Planfeststellung nicht vereinbar ist.[36] Es widerspricht deshalb nicht der abfallrechtlichen Systematik der Anlagengenehmigungen, daß eine Abfallentsorgungsanlage, die grundsätzlich nach dem BImSchG zu genehmigen wäre, ausnahmsweise ein Zulassungsverfahren für Deponien durchläuft, wenn die betreffende Anlage im räumlich funktionellen Zusammenhang mit der Deponie errichtet wird. Vielmehr ist zu berücksichtigen, daß die Errichtung einer solchen Anlage durch die räumliche Verbindung zu der ursprünglichen Anlage regelmäßig in die Zulassungsentscheidung über eine Deponie eingreift, für welche die zuständige Behörde grundsätzlich planerische Gestaltungsfreiheit besitzt.

Alle Anlagen zur Lagerung oder Behandlung von Abfällen, die im räumlich funktionellen Zusammenhang mit der Deponie stehen, wobei der funktionelle Zusammenhang insbesondere durch die Verbesserung der Ablagerungsbedingungen ausgemacht wird und zusätzlich durch die Gewinnung

---

[33] Vgl. KLEINSCHNITTGER, 1992, S. 240; ERBGUTH, 1987, S. 159; BENDER/SPARWASSER/ENGEL, 1995, Teil 2, Rn. 2; Badura in: ERICHSEN, 1995, § 39, Rn. 32.

[34] Vgl. Badura in: ERICHSEN, 1995, § 39, Rn. 37.

[35] ERBGUTH, 1987, S. 220.

[36] Grundlegend hierzu ERBGUTH, 1987, S. 220.

neuen Deponieraums, unterfallen daher allein dem Änderungsverfahren nach § 31 Abs. 2 KrWG.

IV.3.2 Deponierückbau als Betriebsänderung oder Neubetrieb

Wird eine Deponie nicht mehr betrieben und bedeutet der Rückbau die Aufnahme eines Betriebs, dann handelt es sich um eine Neuzulassung, die der Planfeststellung unterliegt. Ist der Betrieb noch nicht beendet, kann nach § 31 Abs. 3 Nr. 2 KrWG ein Genehmigungsverfahren anstelle des Planfeststellungsverfahrens durchgeführt werden. Deswegen ist zu bestimmen, wann die Betriebsphase einer Deponie beendet ist.

Wenngleich eine Definition des Betriebs oder der Betriebsänderung im AbfG und KrWG fehlt, ergeben sich aus dem Gesetz hinsichtlich des Zeitpunktes der Betriebsbeendigung mehrere Ansatzpunkte. Neben dem Zeitpunkt der Stillegung und dessen Anzeige[37] ist insbesondere zu nennen der Abschluß der Rekultivierungs- und Sicherungsmaßnahmen gem. §§ 36 Abs.2 und 32 Abs.2 KrWG. In der TA Abfall und der TA SiedlAbf[38] werden darüber hinaus die Schlußabnahme[39] und die Entlassung aus der Nachsorgepflicht[40] erwähnt, die ebenfalls als Zeitpunkt der Betriebsbeendigung in Frage kommen können.

In der Literatur wird ohne nähere Begründung auf den Zeitpunkt der Stillegung abgestellt.[41] Zuzustimmen ist dieser Auffassung insofern, als die Stillegung der Deponierung mit dem Ende der Anlieferung von Abfällen einhergeht. So wird in der Literatur darauf hingewiesen, daß die Stillegung im Sinne von §§ 10, u. 8 Abs.2 AbfG, die den §§ 36 und 32 KrWG weitgehend entsprechen, die dauerhafte Aufgabe des Betriebes durch den Betreiber bedeutet.[42] Damit ist aber noch nicht bewiesen, daß die Betriebseinstellung zum Zwecke der Stillegung gleichbedeutend mit der Einstellung des Deponiebetriebs im Sinne von § 31 Abs.2 KrWG ist. Im Gegenteil liegt es nahe, unter der Stillegung nur die

---

[37] Vgl. §§ 10 Abs.1 und 8 Abs.2 AbfG i.V.m. Nr. 9.7.1 TA Abfall bzw. 10.7.1. TA SiedlAbf.

[38] Zweite (TA Abfall) und dritte (TA SiedlAbf) allgemeine Verwaltungsvorschrift zum Abfallgesetz vom 12.3.1991 (GMBl. S. 139, berichtigt S. 469) bzw. 14.5.1993 (BAnz. Nr. 99a). Beide aufgrund des § 4 Abs.5 AbfG erlassene Anleitungen gelten bis zu ihrer Anpassung an das KrWG unverändert weiter (VON KÖLLER, 1996, S. 161).

[39] Vgl. Nr. 9.7.1 und 9.7.2 TA Abfall bzw. Nr. 10.7.1 und 10.7.2 TA SiedlAbf.

[40] Vgl. Nr. 9.7.2 TA Abfall bzw. 10.7.2 TA SiedlAbf.

[41] Vgl. Schwermer in: KUNIG/SCHWERMER/VERSTEYL, 1992, Rn.11 zu § 7; KIM, 1994, S. 75; BRAUNER, 1994, S. 110.

[42] Vgl. POHL, 1993, S. 77.

Einstellung der weiteren Verbringung und Aufnahme von Abfällen zu verstehen und die Einstellung des Deponiebetriebes im Sinne von § 31 Abs.2 KrWG dementsprechend weitergehend zu begreifen.
Durch die Stillegung ändert sich der Deponiebetrieb insofern, als daß die Abfallentsorgungsanlage außer Dienst gestellt wird und für die Entsorgung weiterer Abfälle nicht mehr zur Verfügung stehen soll. § 36 KrWG stellt in diesem Zusammenhang sicher, daß der Inhaber die Deponie nach Stillegung nicht ihrem Schicksal überläßt, sondern gemäß seiner Verantwortung im Rahmen des Vorsorgegrundsatzes auch weiterhin Maßnahmen ergreift, um nachteilige Auswirkungen der Anlage auf das Wohl der Allgemeinheit zu verhindern.[43] Demgemäß schließt § 36 KrWG den Deponiebetrieb nach einer Stillegung nicht aus, sondern fordert im Gegenteil die Fortsetzung des Deponiebetriebs in entsprechend eingeschränkter Form.
Die TA Abfall sowie die TA Siedlungsabfall sehen für die Zeit nach der Stillegung noch zahlreiche Tätigkeiten vor, die dem Wortsinn nach ohne weiteres als Deponiebetrieb betrachtet werden können. Denn unter diesen Begriff können im Grunde alle dem Deponiezweck dienenden und im räumlichen Zusammenhang mit der Deponie verrichteten Tätigkeiten gefaßt werden. Hierzu gehören auch die Installation der Deponieoberflächenabdichtung und der Überwachungseinrichtungen sowie die Langzeitsicherungs- und Kontrollmaßnahmen nach Nr. 10.6.6 der TA SiedlAbf sowie Nr. 9.6.6 und Anhang G der TA Abfall, die noch nach der "Stillegung" bis zur Entlassung aus der "Nachsorgephase" durchzuführen sind.[44] Zum Betrieb einer Deponie können auch Tätigkeiten zur Fassung und Verwertung von Deponiegas gehören und zwar auch dann, wenn die Deponie zwischenzeitlich stillgelegt wird. Derartige Maßnahmen gewährleisten eine Abfallablagerung nach dem Stand der Technik und dienen auch als nachträgliche dann dem Deponiezweck. Die gegenteilige Ansicht[45] trägt zu einer Reduzierung des Deponiebegriffs auf den Ablagerungsvorgang bei und wird dem modernen Stand der Deponietechnik, wie er z.B. in der TA SiedlAbf und der TA Abfall zum Ausdruck kommt[46], nicht mehr gerecht.
Deponiebetrieb findet unabhängig davon statt, ob eine Deponie im Sinne von §§ 36, 32 Abs.2 KrWG stillgelegt wurde oder nicht. Ob eine Deponie noch betrieben wird, ist vielmehr danach zu beurteilen, ob im Einzelfall tatsächlich noch betriebliche Tätigkeiten auf der Deponie verrichtet werden (müssen). Diese Betriebstätigkeiten können wegen ihrer eventuellen Unwesentlichkeit bei isolierter Betrachtung nach § 31 Abs.2 KrWG auch zulassungsfrei sein. Daß nur ein zulas-

---

[43] Im einzelnen zu § 10 AbfG siehe POHL, 1993, S. 40 u. 120.
[44] Siehe Nr. 9.7 TA Abfall und 10.7 TA SiedlAbf.
[45] HÖSEL/VON LERSNER, 1996, Kz. 1200, Rn. 4.
[46] Vgl. insbesondere Anhang C TA SiedlAbf.

sungsbedürftiger Betrieb geändert werden kann, läßt sich dem § 31 Abs.2 KrWG jedenfalls nicht entnehmen. Es kommt vielmehr darauf an, welche Qualität der geänderte Betrieb hat.
Solange eine Deponie in diesem weit verstandenen Sinne betrieben wird, muß die Durchführung einer Rückbaumaßnahme die Änderung dieses Betriebes darstellen, so daß es nicht einer Neuzulassung des Deponiebetriebes im Sinne von § 31 Abs.2 KrWG sondern einer Zulassung der Änderung bedarf, die unter den Voraussetzungen des § 31 Abs.3 KrWG im Genehmigungsverfahren erteilt werden kann. Erst die dauerhafte Aufgabe jeglicher dem Deponiezweck dienender Betriebstätigkeit schließt eine spätere Betriebsänderung im Sinne von § 31 Abs.2 KrWG aus.

IV.3.3 Deponierückbau als Anlagenänderung oder Neuerrichtung

Es kann in Betracht kommen, daß die Umgestaltung der bislang vorhandenen Deponie wie ihres Betriebes so umfassend ist, daß sie keine Änderung mehr darstellt, sondern als Neuzulassung einzustufen ist. Das Bundesverwaltungsgericht ist in einer Entscheidung davon ausgegangen, daß die alte Anlage ihre Identität verliert, wenn die neue Fläche mehr als doppelt so groß ist wie die alte Fläche und die Betriebsweise und die Einzelheiten der Ablagerungstechnik völlig neu und insgesamt von der Altanlage unabhängig gestaltet worden seien.[47]
Diese Voraussetzungen werden bei einem Rückbau regelmäßig nicht gegeben sein. Denkbar ist aber, daß für die Rotte wie auch für thermische Anlagen Flächenerweiterungen vorgenommen werden. Im systematischen Zusammenhang der ersten beiden Absätze des § 31 KrWG wurde bereits dargestellt, daß alles, was dem Zweck der Abfallentsorgung dient und im funktionellen Zusammenhang mit der Deponierung steht, zu der jeweilig als einheitlich definierten Anlage "Deponie" und ihres Betriebes gehört. Demgemäß sind Installationen von Einrichtungen zur Behandlung des auf der Deponie abgelagerten Abfalls und des Wiedereinbaus, auch zur Separierung oder thermischen Entsorgung, Änderungen der Deponie oder ihres Betriebes. Im Zusammenhang mit dem Deponierückbau handelt es sich deshalb um Anlagenänderungen, wenn auf der Deponie z.B. Vorrichtungen zur Entgasung der aufzunehmenden Ablagerungen installiert sowie Rottefelder oder andere Behandlungsanlagen eingerichtet werden. Ebenso würde die Bereitstellung zusätzlicher Flächen zur Zwischenlagerung oder eine bauliche Umgestaltung von Lager- und Ablagerungsbereichen eine Änderung der ursprünglichen Deponie darstellen. Auch eine Verbrennungsanlage oder ein Kompostwerk können mit einer

---

[47]BVerwG, Beschluß v. 24.10.1991, NVwZ 1992, S. 789.

Deponie, wenn sie mit ihr räumlich verbunden sind, eine Anlage bilden[48], so daß sie dann einer Zulassung nach § 31 Abs.2 und 3 KrWG bedürfen. Wenn im Zusammenhang mit einer Deponie-Rückbaumaßnahme zusätzliche Deponieflächen in Anspruch genommen werden, so ändert das allein an dem ursprünglichen Anlagenzweck nichts. Die hinzugekommenen Flächen können deshalb nach dem zweckgerichteten Anlagenbegriff des Abfallrechts die Identität der Deponie nicht beeinflussen.

IV.3.4 Wesentliche und unwesentliche Änderung

Änderungen einer Deponie oder ihres Betriebes bedürfen einer Zulassung nach § 31 Abs.2 KrWG nur, wenn sie wesentlich sind. Die Abgrenzung zwischen wesentlicher und unwesentlicher Änderung machen Rechtsprechung und Literatur im Einzelfall davon abhängig, ob sich die Änderung in rechtserheblicher Weise auf die Schutzgüter des § 2 Abs. 1 S. 2 AbfG (jetzt § 10 Abs. 4 KrWG) auswirken kann.[49] Umgekehrt soll eine Änderung dann unwesentlich sein, wenn eine Beeinträchtigung der genannten Schutzgüter von vornherein ausgeschlossen werden kann.[50] Dem ist auch unter der Geltung des KrWG zuzustimmen, weil bereits die mögliche Beeinträchtigung der Schutzgüter des § 10 Abs. 4 KrWG dazu Anlaß gibt, die Zulassungsfrage erneut zu prüfen.[51] Welche Auswirkungen die beabsichtigte Änderung tatsächlich haben wird, ist eine Frage, die erst im Zulassungsverfahren zu klären ist.[52]

Dabei wird die Wesentlichkeit der Änderung einer im Planfeststellungsverfahren zugelassenen Anlage nur dann anzunehmen sein, wenn der ursprüngliche Plan derart berührt wird, daß sich die Abwägungsfrage für die Gesamtplanung erneut stellt und deshalb eine neue, allseitige Erörterung angezeigt ist. Dies ist nach einer Entscheidung des BVerwG z.B. dann nicht der Fall, wenn eine Änderung die

---

[48] HÖSEL/VON LERSNER, 1996, Kz. 1170, Rn. 30.

[49] HÖSEL/VON LERSNER, 1996, Kz. 1170, Rn. 10; VGH München, NJW 1983, S. 1442, 1443; vgl. auch KIM, 1994, S. 75 f.; BRAUNER, 1994, S. 112; Schwermer in: KUNIG/SCHWERMER/VERSTEYL, 1992, Rn. 12 zu § 7 und VGH München, Urteil v. 11.12.1990, NVwZ-RR 1992, S. 124, 125, die Auswirkungen in einer mehr als nur unerheblichen Weise fordern.

[50] HOPPE/BECKMANN, 1990, S. 112 m.w.N.; VGH München, Urteil v. 11.12.1990, a.a.O.

[51] Vgl. VGH Mannheim, Urteil v. 15.10.1985, NVwZ 1986, S. 663, 664 zu § 2 Abs. 1 S. 2 AbfG.

[52] BRAUNER, 1994, S. 112; KIM, 1994, S. 76; Schwermer in: KUNIG/SCHWERMER/VERSTEYL, 1992, Rn. 12 zu § 7.

Zielsetzung des Vorhabens unverändert läßt und die für die Änderung erheblichen Belange nicht erst in einem erneuten Anhörungsverfahren ermittelt werden müssen, weil sie "auf der Hand" liegen.[53] Bei der Änderung einer Abfalldeponie ist das z.B. der Fall, wenn die geplante Änderung eine bloße Schutzmaßnahme mit geringen und voraussehbaren Auswirkungen darstellt oder eine Erweiterung der zur Ablagerung zugelassenen Abfallarten um solche Stoffe vorgenommen werden soll, die mit den bisher abgelagerten Abfällen vergleichbar sind.[54]

Die Änderung einer Deponie, der bisher kein Planfeststellungsbeschluß zugrunde liegt, braucht dagegen nicht die Struktur eines alle erheblichen Belange umfassenden Abwägungsvorganges zu berühren, um als wesentlich betrachtet werden zu können. Eine solche Änderung ist schon dann wesentlich, wenn nur ein schutzwürdiger Belang berührt werden kann, der im Rahmen einer nunmehr erstmals vorzunehmenden gesamtplanerischen Abwägung berücksichtigt werden muß.

Indiz für die Wesentlichkeit einer Anlagenänderung kann auch die Genehmigungspflicht der isoliert betrachteten Maßnahme nach anderen Gesetzen sein.[55] In der Regel werden dann nämlich auch Belange berührt sein, die in die planerische Abwägung einzubeziehen sind. Insoweit wird man von unwesentlichen Änderungen dann ausgehen können, wenn die Behandlungsanlagen, die als isolierte dem immissionsschutzrechtlichen Genehmigungsverfahren prinzipiell unterworfen sind, nach den dortigen Kriterien genehmigungsfrei gestellt wurden.

So sind nicht ortsfeste Abfallentsorgungsanlagen zur Lagerung oder Behandlung von Abfällen nach § 4 Satz 1 von der Genehmigungspflicht ausgenommen. Die Ortsfestigkeit ist in § 1 Abs. 1 der 4. Verordnung zum BImSchG nicht durch physikalische Bindung an den Ort oder das Maß der Beweglichkeit definiert, sondern dadurch, daß die Anlage länger als während 12 Monate, die auf die Betriebnahme folgten, an demselben Ort betrieben wird. Für den Anlagenbegriff müßte man, da es um die Analogie zum BImSchG geht, auch den betrieblich orientierten Anlagenbegriff dieses Gesetzes übernehmen. Danach kann das Aufnehmen zur Rotte und der Rottevorgang eine Anlage im Sinne des § 3 Abs. 5 des BImSchG sein, ebenso eine Siebung mit Separierung. Wenn diese geplanten Rückbautechniken betrieblich isolierbar sind und innerhalb eines Jahres erledigt werden können, würde dies keine Genehmigungspflicht nach dem

---

[53] BVerwG, Urteil v. 20.10.1989, DVBl. 1990, S. 419, 420 zur wesentlichen Änderung eines fernstraßenrechtlichen Planfeststellungsbeschlusses nach § 18c FStrG a.F.; eine erneute "Planfeststellungsbedürftigkeit" setzt für die Wesentlichkeit einer Änderung auch VGH München, Beschluß v. 15.7.1981, NJW 1983, S. 1442, 1443 voraus, ohne allerdings eine Abgrenzung zur erneuten "Genehmigungsbedürftigkeit" vorzunehmen.

[54] Hierzu auch VGH München, Urteil v. 11.12.1990, NVwZ-RR 1992, S. 124, 125.

[55] Vgl. HÖSEL/VON LERSNER, 1996, Kz. 1170, Rn.30.

BImSchG auslösen und kann als unwesentliche Änderung im Sinne des Abfallrechts gelten. Dabei ist für die Dauer der erwartete Betrieb ausschlaggebend, so daß die Dauer der Errichtung der Anlage bis zum Betrieb und ein möglicher späterer Abbau nach Einstellung des Betriebes keine Rolle spielen.

Spalte 2 der Anlage zur 4. Verordnung zum BImSchG enthält für die Genehmigungsbedürftigkeit im vereinfachten Verfahren teilweise Mindestmengen. Daraus ergibt sich, daß Betriebsdurchläufe im Rahmen dieser Mindestmengen genehmigungsfrei sind. So unterliegen Anlagen zur thermischen Behandlung edelmetallhaltiger Rückstände der Genehmigungspflicht nur bei mehr als 10 kg Ausgangsstoff am Tag; Aufbereitungsanlagen nur mit mehr als 1 t/Std. aufbereitetes Material; Sortieranlagen für Hausmüll und ähnlichem Müll nur bei einer Leistung von mehr als 1 t/Std; Kompostierungsanlagen (wobei Kompostierung unter 2.2.1 der TA Siedlabf als biologischer Abbau bzw. Umbau biologisch abbaubarer organischer Abfälle unter aeroben Bedingungen definiert ist, nicht als Herstellung von Kompost) mit einem Durchsatz unter 0,75 t/Std.

Nr. 8.11 der Anlage zur 4. Verordnung zum BImSchG kennt noch den Auffangtatbestand der Genehmigungspflicht von Abfallentsorgungsanlagen zur Lagerung oder Behandlung von Abfällen ohne Mindestangabe. Dieser Auffangtatbestand kann sich aber nicht auf die speziell freigestellten Anlagen des geschilderten unbedeutenden Mengendurchsatzes beziehen. Es wäre methodisch widersprüchlich, expressis verbis quantitative Freistellungen für bestimmte Abfälle oder bestimmte Verfahren zu gewähren, die anschließend wieder einer Genehmigungspflicht unterworfen werden. Der Auffangtatbestand bezieht sich nur auf sonstige Entsorgungsanlagen. Alles, was zur Aufbereitung, Sortierung oder Kompostierung im Sinne der Ziffer 8.3 - 8.5 betriebsnotwendig dazugehört, ist genehmigungsfrei, wenn die Mindestmengen betriebsplanerisch nicht erreicht werden.

Die Errichtung dieser Anlagen in funktionaler Verbindung mit dem Deponiebetrieb wäre demgemäß auch keine wesentliche Änderung des Deponiebetriebes, also genehmigungsfrei möglich. Selbst wenn für sie Genehmigungen nach anderen Gesetzen vorgesehen wären, wären diese nicht erforderlich. Denn die Konzentrationswirkung des Planfeststellungsverfahrens hat auch eine negative Komponente. Wenn der Gesetzgeber ein Planänderungsverfahren erst bei einer wesentlichen Änderung vorschreibt, dann sind unwesentliche Änderungen von der ursprünglichen Planfeststellung konzentrativ abgedeckt.

Erkundungen auf der Deponie um die Entscheidung eines Rückbaus treffen zu können, zielen überhaupt nicht auf Betriebsänderungen ab und sind jederzeit genehmigungsfrei möglich.

In der Literatur ist die Frage aufgeworfen worden, ob auch solche Änderungen wesentlich sind, die die abfallrechtlichen Schutzgüter nur deshalb berühren können, weil sie sich auf diese Schutzgüter vorteilhaft auswirken sollen.[56] Die Frage ist zu verneinen, weil derartige Maßnahmen keinen Anlaß dazu geben, die Zulassungsfrage erneut zu prüfen. Dementsprechend sieht das Gesetz auch nicht vor, die Zulassung durch eine neue zu ersetzen, wenn ausschließlich umweltverbessernde Maßnahmen zur Wahrung des Allgemeinwohls erforderlich werden. § 32 Abs. 4 S. 2 KrWG gibt der Behörde dann vielmehr die Möglichkeit, dem Planfeststellungsbeschluß nachträglich entsprechende Auflagen hinzuzufügen. Anders verhält es sich allerdings, wenn ein Bündel von einzelnen Änderungsmaßnahmen im bilanziellen Ergebnis zu einer günstigen Beeinflussung der genannten Schutzgüter führen soll. In diesen Fällen kann die Wesentlichkeit der Änderung nicht von vornherein ausgeschlossen werden.[57] Es muß vielmehr neben der Gesamtschau der Änderung berücksichtigt werden, daß jede einzelne Änderungsmaßnahme (auch) ungünstige Auswirkungen auf die Schutzgüter des § 10 Abs. 4 KrWG haben kann und daher ein erneutes Zulassungsbedürfnis begründen kann.[58] Hat die geplante Maßnahme insgesamt einen die Umweltverträglichkeit verbessernden Effekt, so ist dies relevant im Hinblick auf die Wahl zwischen dem Planfeststellungs- oder Genehmigungsverfahren gem. § 31 Abs.3 KrWG.[59]

Der Rückbau einer Deponie mag sich in einer Gesamtbetrachtung als eine die Umweltverträglichkeit verbessernde Maßnahme darstellen. Allein wegen der zu erwartenden Schadstoffbelastung der Luft beim Aufnehmen der Altablagerungen können nachteilige Auswirkungen auf die Schutzgüter des § 10 Abs. 4 KrWG jedoch nicht ausgeschlossen werden. Auch die angestrebte Erhöhung der Ablagerungskapazität durch eine Volumenreduktion des Abfalls könnte sich auf die genannten Schutzgüter auswirken, weil sich hierdurch zumindest die Dauer der Umweltbelastungen verlängern könnte, die von der Anlieferung der Abfälle zur Deponie und deren Einbau sowie gegebenenfalls Behandlung auf die Nachbarschaft ausgehen. Schließlich können zu erwartende neue Umweltbelastungen durch die Installation zusätzlicher Einrichtungen (Sortieranlagen, Rottefelder) dafür sprechen, daß es sich bei der jeweiligen Rückbaumaßnahme um eine wesentliche Änderung des Deponiebetriebes handelt.

---

[56] Siehe einerseits BRAUNER, 1994, S. 112; andererseits JUNG, 1988, S. 217.

[57] Vgl. KIM, 1994, S. 76; Schwermer in: KUNIG/SCHWERMER/VERSTEYL, 1992, Rn. 12 zu § 7; a.A. wohl HOPPE/ BECKMANN, 1990, S. 113.

[58] In diesem Sinne auch KLEINSCHNITTGER, 1992, S. 55 f..

[59] Vgl. unten, 4.2 sowie KIM, 1994, S. 76; Schwermer in: KUNIG/ SCHWERMER/VERSTEYL, 1992, Rn. 12 zu § 7.

IV.4 Zulassung des Deponierückbaus durch Planfeststellungs- oder Plangenehmigungsverfahren

IV.4.1 Die Verfahrensalternativen

Handelt es sich bei der Rückbaumaßnahme um eine wesentliche Änderung des Deponiebetriebes oder der Deponie selbst, so kommen im Hinblick auf das Zulassungserfordernis ein Planfeststellungsverfahren gem. § 31 Abs. 2 KrWG oder die Plangenehmigung gem. § 31 Abs. 3 KrWG in Betracht. Das Genehmigungsverfahren bietet gegenüber dem Planfeststellungsverfahren einige Beschleunigungsmöglichkeiten, deren Effizienz allgemein zwar skeptisch beurteilt wird[60], die jedoch im Hinblick auf den hier vorliegenden Untersuchungsgegenstand des Deponierückbaus nicht unterschätzt werden sollten. Insbesondere der Kritikpunkt der mangelnden Konzentrationswirkung[61] des Genehmigungsverfahrens ist durch die mit dem GenBeschlG[62] erfolgte Einfügung des § 74 Abs. 6 VwVfG und der Verweisung auf diese Vorschrift in § 31 Abs. 3 S.1 KrWG entfallen. Die beschleunigenden Merkmale des Genehmigungsverfahrens liegen in der Entbehrlichkeit von Umweltverträglichkeitsprüfung (UVP)[63], Öffentlichkeitsbeteiligung[64] und Raumordnungsverfahren.[65]

IV.4.2 Voraussetzungen für die Durchführung des Genehmigungsverfahrens gem. § 31 Abs. 3 Nr. 2 KrWG

§ 31 Abs. 3 KrWG erlaubt die Durchführung des Genehmigungsverfahrens in drei Ausnahmefällen,[66] von denen zwei im hier erörterten Zusammenhang außer Betracht bleiben sollen, weil sie entweder nur unbedeutende Deponien erfassen (Nr.1) oder sich auf Anlagen beziehen, die zu Forschungszwecken betrieben werden (Nr. 3), und deshalb für den Deponierückbau nur am Rande von Bedeutung sein werden (siehe Abb. IV.1).

---

60 HÖSEL/VON LERSNER, 1996, Kz. 1170, Rn. 36; EBLING, 1993, S. 240 f.; Schwermer in: KUNIG/SCHWERMER/VERSTEYL, 1992, Rn. 53 zu § 7.

61 HÖSEL/VON LERSNER, 1996, a.a.O.; BRAUNER, 1994, S. 109 m.w.N.; EBLING, 1993, a.a.O.

62 S. o. FN 1.

63 Vgl. Nr. 4 der Anlage zu § 3 UVPG.

64 KIM, 1994, S. 77; BRAUNER, 1994, S. 106.

65 § 1 Nr. 4 VO zu § 6a Abs. 2 des Raumordnungsgesetzes, BGBl. 1990 Teil I, S. 2766.

66 Vgl. Satz 1 Nr. 1 - 3 der Vorschrift.

Als Rechtsgrundlage für eine Plangenehmigung, der eine betriebs- oder anlagenändernde Rückbaumaßnahme zugrunde liegt, bleibt danach allein § 31 Abs. 3 Nr. 2 KrWG. Diese Vorschrift erlaubt den "Verzicht auf ein Planfeststellungsverfahren"[67] ausdrücklich nur für bestimmte Änderungsmaßnahmen. Die Neuzulassung einer Anlage oder des Betriebes einer Anlage werden dagegen nicht umfaßt. Tatbestandlich ausgeschlossen von der Genehmigungsmöglichkeit des § 31 Abs. 3 Nr. 2 KrWG ist damit der Deponierückbau für solche Anlagen, die nicht mehr betrieben werden.[68] Die Änderung einer Altanlage, ohne daß damit die Aufnahme eines Betriebes verbunden wäre, macht keinen Sinn.

§ 31 Abs. 3 Nr. 2 KrWG setzt neben der wesentlichen Betriebs- oder Anlagenänderung voraus, daß "die Änderung keine erheblichen nachteiligen Auswirkungen auf ein in § 2 Abs.1 S.2 des Gesetzes über die Umweltverträglichkeitsprüfung" (UVPG) genanntes Schutzgut haben kann. Diese Voraussetzung war mit dem InvWoBauLG vom 22.4.1993 bereits in das Abfallgesetz aufgenommen worden. Damit trägt das Gesetz dem Umstand Rechnung, daß im Genehmigungsverfahren eine UVP nicht vorgesehen ist. Gleichzeitig nimmt es Rücksicht auf die Richtlinie 85/337/EWG (UVP-Richtlinie) der Europäischen Gemeinschaft, die eine Ausnahme von der UVP bei der Änderung von Deponien nicht generell zuläßt.[69]

Die in § 2 Abs.1 S.2 UVPG genannten Schutzgüter, mit Ausnahme der "Kultur- und sonstigen Sachgüter", decken sich im wesentlichen mit den Schutzgütern des § 10 Abs. 4 KrWG. Aus der Formulierung "erhebliche nachteilige Auswirkungen" ist zu schließen, daß genehmigungsfähige Maßnahmen auch nachteilige Auswirkungen auf die Schutzgüter des § 2 Abs.1 S.2 UVPG erwarten lassen dürfen, wenn diese Auswirkungen von nur unerheblicher Bedeutung sind. Entscheidend für die Beantwortung der Frage, welche Änderungsmaßnahmen das Genehmigungsverfahren durchlaufen können und für welche es bei der Durchführung eines Planfeststellungsverfahrens bleiben muß, ist danach die Abgrenzung der erheblichen von den unerheblichen Auswirkungen auf Schutzgüter des § 2 Abs.1 S.2 UVPG.

Eine solche Abgrenzung wird letztlich nur im Wege der Einzelfallabwägung vorgenommen werden können. Dabei ist im Hinblick auf den Ausnahmecharakter der Plangenehmigung danach zu fragen, ob die abzuwägenden Umstände es zulassen, auf ein Planfeststellungsverfahren trotz der möglichen Auswirkungen

---

[67]Zum begrifflichen Verständnis vom "Verzicht auf Planfeststellung" vgl. RONELLENFITSCH, Die Verwaltung 1990, S. 323, 325.

[68] Zur Abgrenzung von den stillgelegten Deponien s.o. 3.2.

[69] Vgl. insb. Nr. 11 Lit.c) und Nr. 12 des Anhangs II i.V.m. Nr. 9 des Anhangs I zur UVP-Richtlinie sowie MÜLLMANN, DVBl. 1993, S. 637, 643 m.w.N.; für eine richtlinienkonforme Auslegung des § 7 Abs.2 Nr.1 AbfG a.F. deshalb auch SCHINK, NVwZ 1991 S. 935, 937.

einer Änderungsmaßnahme auf gewisse Umweltschutzgüter zu verzichten. Ist nach dem Ergebnis der Abwägung die Grenze der Erheblichkeit überschritten, so muß ein Planfeststellungsverfahren durchgeführt werden.
Eine besondere Rolle im Hinblick auf die Erheblichkeit spielt darüber hinaus die Gesamtschau der Umweltauswirkungen einer Änderungsmaßnahme. Würden nur einzelne Auswirkungen betrachtet, so würde für § 31 Abs. 3 Nr.2 KrWG kaum mehr ein Anwendungsbereich verbleiben. Denn die Umweltauswirkungen müßten so schwerwiegend sein, daß es sich überhaupt um wesentliche Änderungen i. S.v. § 31 Abs. 3 Nr. 2 KrWG handelte. Zugleich sind im Hinblick auf Deponieänderungen kaum einzelne nachteilige Umweltauswirkungen denkbar, die diese Schwelle überschreiten und nicht auch besonders schwerwiegende Auswirkungen auf ein Schutzgut des § 2 Abs.1 S.2. UVPG haben können. Das liegt an den spezifischen Umweltgefahren, die von einer Deponie ausgehen können. Diese Gefahren hängen in erster Linie mit den Eigenschaften einer Deponie als Bio-Reaktor zusammen.[70] Sie ergeben sich aus der Bildung von Sickerwasser und Deponiegas als Reaktionsprodukte der biologischen Umsetzung des Abfalls. Sickerwasser und Deponiegas können über die Luft und den Boden bzw. das Grundwasser die Umwelt schädigen, wobei der Grad einer möglichen Schädigung auch vom räumlichen Wirkungsbereich des Grundwassers und der Luft abhängt. Dieser Wirkungsbereich ist naturgemäß nur schwer eingrenzbar, was dazu führt, daß die Möglichkeit einer erheblichen nachteiligen Auswirkung von wesentlichen Änderungen auf ein Schutzgut des § 2 Abs.1 S.2 UVPG im Einzelfall nicht ausgeschlossen werden kann.
Sollen wesentliche Betriebs- oder Anlagenänderungen auf einer Deponie, die mit nachteiligen Auswirkungen auf ein Schutzgut des § 2 Abs.1 S.2 UVPG verbunden sind, einem Genehmigungsverfahren gem. § 31 Abs. 3 Nr. 2 KrWG zugänglich sein, und würde dies voraussetzen, daß jede einzelne nachteilige Auswirkung die Schwelle der Erheblichkeit nicht überschreiten dürfte, so müßten zumindest nachteilige Auswirkungen auf die Deponiegasentwicklung und die Sickerwasserbildung ausgeschlossen werden können. Für solche Änderungen lassen sich in Rechtsprechung und Literatur kaum Beispiele finden, da sich wesentliche Deponieänderungen mit einzelnen nachteiligen Umweltauswirkungen fast ausschließlich auf Kapazitätserweiterungen oder Erweiterungen des Abfallkataloges beziehen und die nachteiligen Auswirkungen dabei mit den typischen Deponiegefahren, die von Sickerwasser- und Deponiegasbildung ausgehen, zusammenhängen.[71]

---

[70] Vgl. hierzu nur CORD-LANDWEHR, 1994, S. 184.

[71] Vgl. die Beispiele aus der Rechtsprechung bei HÖSEL/VON LERSNER, 1996, Kz. 1170, Rn. 31, sowie die Beispiele bei JUNG, 1988, S. 217 und HOPPE/BECKMANN, 1990, S. 113.

Für die Möglichkeit der Zulassung einer Deponieänderung im Genehmigungsverfahren muß es deshalb darauf ankommen, daß die Auswirkungen auf die genannten Schutzgüter insgesamt die Schwelle der Erheblichkeit nicht überschreiten. Es ist deshalb geboten, § 31 Abs. 3 Nr. 2 KrWG auch auf solche zulassungspflichtigen Änderungen anzuwenden, die im Ergebnis zumindest keine Verschlechterung der Auswirkungen auf die Umwelt bringen können, weil z.B. einzelne nachteilige Auswirkungen der Änderungsmaßnahme durch andere vorteilhafte Wirkungen ausgeglichen werden. Dies würde auch dem in § 31 Abs. 3 S. 3 KrWG zum Ausdruck kommenden Zweck des Genehmigungsverfahrens entsprechen, die Zulassungshürde für umweltverbessernde Maßnahmen zu senken.[72]

Deponierückbaumaßnahmen sollen im Ergebnis zu einer Verminderung des Gefahrenpotentials von Altablagerungen führen. Darüber hinaus schaffen sie eine Entlastung der Umwelt durch die mit der Volumenreduktion zu erzielende Flächeneinsparung. Diesen vorteilhaften Auswirkungen können nachteilige Effekte gegenüberstehen wie etwa Gasemissionen, die bei der Wiederaufnahme und Behandlung der Altablagerungen entstehen können. Ob diese Effekte zu erheblichen nachteiligen Auswirkungen auf ein Schutzgut des § 2 Abs.1 S.2 UVPG führen, ist im Einzelfall allerdings unter Berücksichtigung der vorteilhaften Umweltauswirkungen zu prüfen. Für die Verfahrenspraxis bedeutet das, daß der Behörde mit dem Antrag auf Durchführung eines Genehmigungsverfahrens Unterlagen über die umweltvorteilhaften wie -nachteiligen Auswirkungen vorliegen müssen, wie dies auch für das UVP-Verfahren gefordert wird (Ökobilanz).[73] Dementsprechend verlangen die TA Abfall und die TA SiedlAbf für den Antrag auf Planfeststellung und den Genehmigungsantrag gleiche Antragsunterlagen.[74]

Kommt die für die Zulassung zuständige Behörde zu dem Ergebnis, daß die nachteiligen Auswirkungen insgesamt nicht die Schwelle der Erheblichkeit überschreiten, so liegen die Voraussetzungen für den Verzicht auf ein Planfeststellungsverfahren vor. Dies wird im Hinblick auf die Ziele des Deponierückbaus, Deponievolumen durch den verdichteten Wiedereinbau von Ablagerungen zu gewinnen und zudem das Gefährdungspotential der Ablagerungen durch ihre Behandlung zu verringern, bei der Zulassung solcher Maßnahmen auf gegenwärtig betriebenen Deponien in der Regel der Fall sein. Bedenken dürften aber z.B. dort angebracht sein, wo die Rückbaumaßnahme bereits fortgeschrittene Rekultivierungsmaßnahmen wieder aufhebt, wobei aber eine Bilanzierung durchaus für die Reaktivierung der alten Deponie anstelle der alternativen Eröffnung neuer Standorte sprechen kann.

---

[72] Hierzu siehe unten, 4.3.2.

[73] Vgl. §§ 5 u. 6 des UVP-Gesetzes, sogenanntes Scoping-Verfahren.

[74] Siehe Nr.3 der TA Abfall i.V.m. Anhang A sowie Nr. 3 der TA SiedlAbf.

IV.4.3 Entscheidungsspielraum bei der Bestimmung des Zulassungsverfahrens

IV.4.3.1 Ermessens- und Regelvorschrift

Auf der Rechtsfolgenseite sieht § 31 Abs. 3 S. 1 KrWG eine Ermessensentscheidung der zuständigen Behörde über die Auswahl des Genehmigungsverfahrens vor. Ein Anspruch des Antragstellers, auf die Durchführung eines Genehmigungsverfahrens zu verzichten, besteht also grundsätzlich nicht.[75] Hierin wird deutlich, daß die abfallrechtliche Plangenehmigung ebenso wie die Planfeststellung keine gebundene Unternehmergenehmigung[76], sondern eine Planungsentscheidung ist[77], die ein Mindestmaß an planerischer Gestaltungsfreiheit der Behörde voraussetzt. Da die Planungsentscheidung regelmäßig von der Planfeststellungsbehörde getroffen wird, ist diese an der Entscheidung über die Wahl des Zulassungsverfahrens auch in den Bundesländern zu beteiligen, in denen die Zuständigkeit für die abfallrechtliche Genehmigung bei einer anderen Behörde liegt.[78]

Die Möglichkeit der Ermessensausübung bezüglich der Wahl des Zulassungsverfahrens für Anlagen- und Betriebsänderungen ist jedoch durch das InvWoBauLG vom 22.4.1993 eingeschränkt worden. § 7 Abs.3 S.3 AbfG in der Fassung dieses Gesetzes bestimmte ebenso wie § 31 Abs.3 S.3 KrWG, daß die zuständige Behörde in der Regel ein Genehmigungsverfahren durchführen soll, "wenn die Änderung keine erheblichen nachteiligen Auswirkungen auf ein in § 2 Abs.1 S.2 des Gesetzes über die Umweltverträglichkeitsprüfung genanntes Schutzgut hat und den Zweck verfolgt, eine wesentliche Verbesserung für diese Schutzgüter herbeizuführen." Die Voraussetzungen dieser neuen Vorschrift, der in der Literatur bisher wenig Beachtung geschenkt worden ist, sollen im Folgenden näher beleuchtet werden, bevor zu ihren Rechtsfolgen Stellung genommen wird.[79]

---

[75] HÖSEL/VON LERSNER, 1996, Kz. 1170, Rn. 46; für § 7 Abs.2 AbfG a.F. vgl. KLOEPFER, 1989, § 12, Rn. 123.

[76] Zweifelnd RONELLENFITSCH, 1994, S. 53.

[77] Vgl. KIM, 1994, S. 79; EBLING, 1993, S. 243 u. 246; Schwermer in: KUNIG/-SCHWERMER/VERSTEYL, 1992, Rn.3 zu § 8.

[78] HÖSEL/VON LERSNER, 1996, Kz. 1170, Rn. 48; Schwermer in: KUNIG/SCHWERMER/VERSTEYL, 1992, Rn. 59 zu § 7; gegen eine Entscheidungskompetenz einer der Planfeststellungsbehörde untergeordneten Behörde aus systematischen Gründen auch EBLING, 1993, S. 242.

[79] Zum Ganzen vergleiche auch Abb. IV.1.

IV.4.3.2 Voraussetzungen des § 31 Abs. 3 KrWG

Zunächst fordert die Vorschrift, daß "die Änderung" keine erheblichen nachteiligen Auswirkungen auf ein in § 2 Abs.1 S.2 UVPG genanntes Schutzgut hat. Damit nimmt § 31 Abs.3 S.3 KrWG Bezug auf die bereits in Abs.3 S.1 Nr.2 gewählten Begriffe[80] und bildet eine Tatbestandsstufung bestehend aus einem Grundtatbestand (Abs.3 S.1 Nr.2) und einem darauf aufbauenden Spezialtatbestand (Abs.3 S.3).

Ein Unterschied in der Formulierung der beiden Tatbestandstufen besteht zunächst darin, daß die entsprechenden Auswirkungen der Anlagenänderung im Fall des S.3 ausgeschlossen sein müssen ("...keine erheblichen nachteiligen Auswirkungen hat..."), während nach S.1 Nr.2 die bloße Genehmigung schon dann nicht in Frage kommt, wenn nur die Möglichkeit des Eintritts der entsprechenden Auswirkungen besteht ("... haben kann..."). Ein spezielles Tatbestandsmerkmal kann hieraus jedoch sinnvoller Weise nicht hergeleitet werden. Vielmehr ist die Formulierung in § 31 Abs. 3 S. 3 KrWG als Ausdruck der Tatbestandsstufung und klarstellende Wiederholung des bereits in Abs. 3 S. 1 Nr. 2 enthaltenen Tatbestandsmerkmals zu verstehen. Denn können die genannten Auswirkungen nicht eintreten, was bereits im Zusammenhang mit dem Grundtatbestand des § 31 Abs. 3 S. 1 Nr. 2 KrWG zu prüfen ist, so wird die Änderung die Auswirkungen auch nicht haben. Dagegen würde ein anderes Verständnis der Formulierung in S. 3 im Einzelfall einen Subsumtionsvorgang fordern, den die Behörde zum Zeitpunkt der Entscheidung über das Zulassungsverfahren noch gar nicht leisten kann. Welche Umweltauswirkungen eine Anlagenänderung definitiv "hat", kann nämlich erst mit dem Betrieb der geänderten Anlage erkennbar werden, steht aber zum Zeitpunkt der Entscheidung über die Wahl des Zulassungsverfahrens und somit vor der im Verfahren zu ermittelnden Erkenntnis noch nicht fest.

Besonderes Merkmal des S.3 ist deshalb lediglich, daß die Änderung "den Zweck verfolgt, eine wesentliche Verbesserung für die Schutzgüter des § 2 Abs.1 S.2 UVPG herbeizuführen."

Der Formulierung "wesentliche Verbesserung" ist wiederum zu entnehmen, daß nicht jede beliebige Verbesserung für die Schutzgüter des § 2 Abs.1 S.2 UVPG die Rechtsfolge des S.3 auslösen kann. Vielmehr sind an die Qualität der Verbesserung besondere Anforderungen zu stellen. Dies erscheint zunächst als nicht erwähnenswerte Selbstverständlichkeit, weil § 31 KrWG ohnehin nur wesentliche Änderungen erfaßt. Der besonderen Erwähnung der Wesentlichkeit der Verbesserung könnte allerdings auch eine eigene Funktion zukommen. Denn § 31 Abs. 3 S. 3 KrWG will nur der Verzögerung solcher Änderungsmaßnahmen

[80] Hierzu s.o. 4.2.

vorbeugen, die zu einer effektiven Verbesserung der Umwelt führen sollen.[81] Für die beschleunigte Verwirklichung solcher Änderungsmaßnahmen besteht ein gesteigertes öffentliches Interesse, dem die Vorschrift Rechnung tragen will.[82] Mit diesem Ziel ist es nicht vereinbar, einer Umweltverbesserung im Zusammenhang mit einer wesentlichen Änderung den Zugang zum vereinfachten Genehmigungsverfahren zu erleichtern, wenn dieser Verbesserung gleichzeitig nachteilige Auswirkungen der Änderungsmaßnahme entgegenstehen, die die Verbesserung wieder aufheben. Dem wird die Formulierung "wesentliche Verbesserung" gerecht. Der Anwendungsbereich der Vorschrift erstreckt sich danach insbesondere auf alle Fälle einer wesentlichen Änderung, die trotz einzelner nachteiliger Auswirkungen insgesamt darauf gerichtet sind, das Ergebnis einer wesentlichen Verbesserung der Lage für genannten Umweltschutzgüter zu erreichen.

§ 31 Abs. 3 S. 3 KrWG setzt schließlich voraus, daß die Änderung der Anlage oder ihres Betriebes eine wesentliche Verbesserung für die genannten Schutzgüter als "Zweck verfolgt". Daß dieses Merkmal nicht subjektiv im Hinblick auf die Ziele des Vorhabenträgers sondern objektiv zu verstehen ist, erschließt sich bereits aus dem Bezug der Zweckverfolgung auf "die Änderung". Die Änderungsmaßnahme muß daher die vom Gesetz gewünschte Verbesserung der Umweltsituation objektiv erwarten lassen. Auf die Motivation des Vorhabenträgers kommt es dagegen nicht an.

Zu den Änderungsmaßnahmen, die darauf gerichtet sind, trotz einzelner nachteiliger Umweltauswirkungen zu einer wesentlichen Verbesserung der Umweltsituation zu führen, können auch Maßnahmen des Deponierückbaus gehören.[83] Bei der Beantragung einer Rückbaumaßnahme wird sich deshalb regelmäßig die Frage aufdrängen, ob ein Fall des § 31 Abs. 3 S. 3 KrWG vorliegt (Abb. IV.1). Der Anwendbarkeit des § 31 Abs. 3 S. 3 KrWG dürfte insbesondere dann nichts entgegenstehen, wenn die bereits aufgezeigten nachteiligen Auswirkungen des Deponierückbaus nicht nur zum Zweck der Volumenreduktion, sondern auch zur Verringerung des Gefährdungspotentials der zurückgebauten Ablagerungen in Kauf genommen werden können.

IV.4.3.3 Rechtsfolge des § 31 Abs. 3 S. 3 KrWG

Liegen die Voraussetzungen des § 31 Abs. 3 S. 3 KrWG vor, so "soll" die Behörde ein Genehmigungsverfahren durchführen. Das KrWG hat die in § 7 Abs. 3 S. 3 AbfG installierte und in der Literatur kritisierte "Kombination von

---

[81] Vgl. HÖSEL/VON LERSNER, 1996, Kz. 1170, Rn. 44.

[82] Ähnlich auch KIM, 1994, S. 83.

[83] Siehe bereits oben 4.2.

Sollvorschrift und Regelvorschrift"[84] nicht übernommen. Es enthält vielmehr eine der üblichen Formulierung folgende Regelvorschrift. Nach dieser ist die Behörde regelmäßig in ihrer Entscheidung über das zu wählende Zulassungsverfahren gebunden, wenn die tatbestandlichen Voraussetzungen der Vorschrift gegeben sind.[85] Nur in besonders gelagerten Ausnahmefällen steht der Behörde ein Entscheidungsspielraum zu. Durch die Bindung an die Durchführung eines Genehmigungsverfahrens im Regelfall wird dem Ziel der Verfahrensbeschleunigung genüge getan, ohne zu verkennen, daß sich die Behörde hier noch im Bereich der sogenannten Risikoentscheidungen befindet.
In diesem Bereich ist die Möglichkeit, auf Ausnahmekonstellationen einzugehen, für die entscheidende Behörde von besonderer Bedeutung, weil hier stets ein hohes Maß an kognitiver Unsicherheit bezüglich der Wahrscheinlichkeit eines Schadenseintritts herrscht.[86] Mit einer solchen Unsicherheit kann auch die Entscheidung über die Frage behaftet sein, ob eine auf eine Verbesserung der Umweltauswirkungen gerichtete Anlagenänderung im Einzelfall tatsächlich den Verzicht auf ein Planfeststellungsverfahren rechtfertigt. Dem trägt § 31 Abs. 3 S. 3 KrWG Rechnung, indem er der Behörde die Möglichkeit einräumt, die Frage in besonders gelagerten Ausnahmefällen zu verneinen.

IV.5 Inhaltliche Voraussetzungen für die Zulassung des Deponierückbaus

IV.5.1 Gegenstand der Zulassung und Grenzen des Planungsermessens

Was Gegenstand der materiellen Prüfung im Verfahren zur Genehmigung einer Deponieänderung oder der Änderung ihres Betriebes ist, wird in Rechtsprechung und Literatur kontrovers beurteilt. Teilweise wird die Ansicht vertreten, die gesamte Anlage einschließlich der unveränderten Betriebsabläufe und Anlagenteile unterliege einer erneuten Überprüfung.[87] Dem wird entgegengehalten, Gegenstand der Änderungsgenehmigung könne nur das sein, was geändert werde, wenn auch

[84] HÖSEL/VON LERSNER, 1996, Kz. 1170, Rn. 44.
[85] Im Ergebnis ebenso schon SCHINK, DÖV 1993, S. 725, 729 zu § 7 Abs. 3 S. 3 AbfG.
[86] Vgl. Ossenbühl in: ERICHSEN, 1995, § 10, Rn. 41 und grundlegend zum Begriff der Risikoentscheidung DI FABIO, 1994, S. 115 f.
[87] VGH Mannheim, Beschl. v. 12.3.1984, DÖV 1984, S. 727; KLEINSCHNITTGER; 1992, S. 54 f.

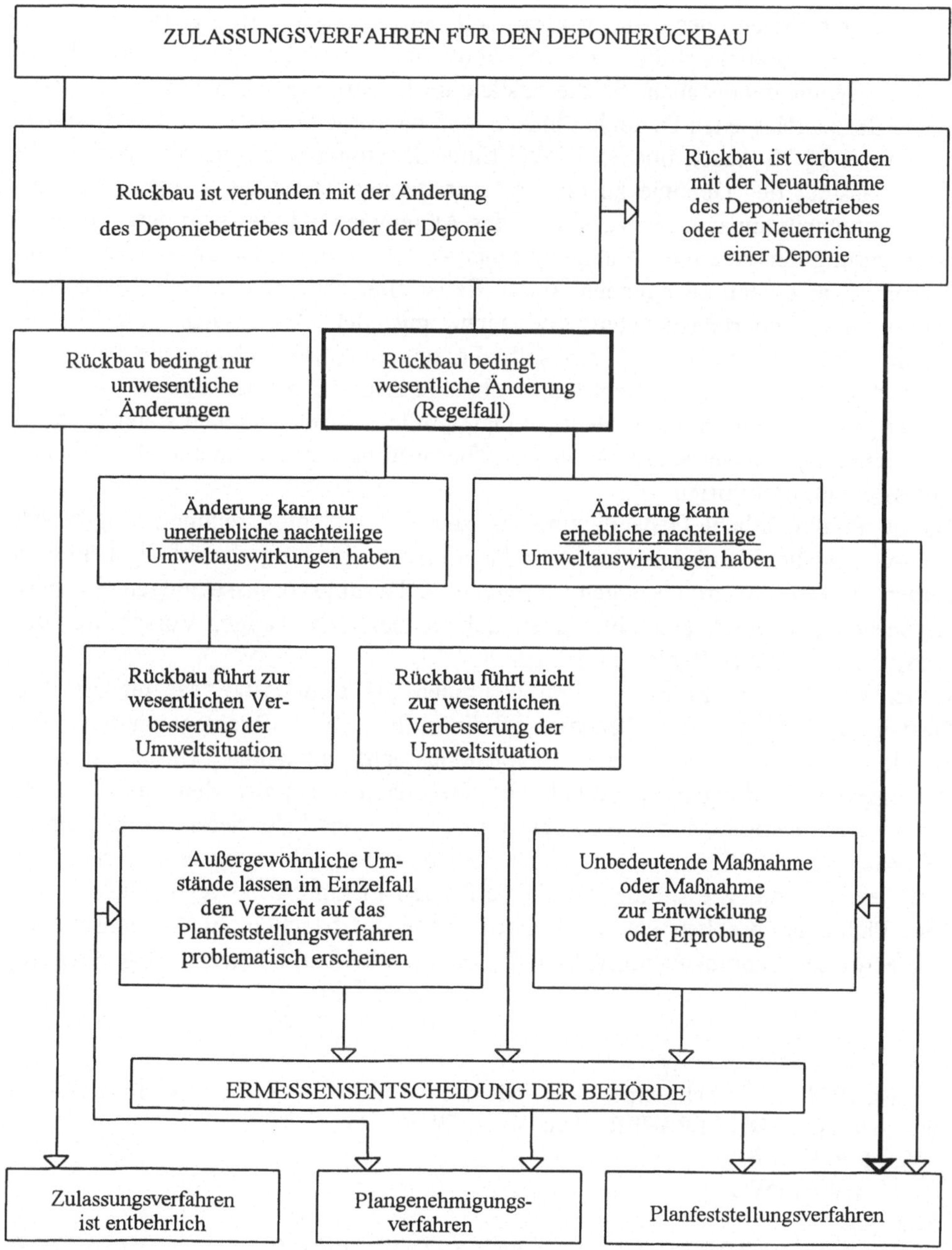

Abb. IV.1: Entscheidung über das Zulassungsverfahren für den Deponierückbau

die Auswirkungen der Änderungen auf unveränderte Betriebsabläufe und Anlagenteile berücksichtigt werden müßten.[88] Im Ergebnis kann dieser Meinungsstreit dahinstehen, da die zuständige Behörde eine allgemeine Überwachung der zugelassenen Deponie ohnehin laufend vornehmen kann.[89] Der Behörde stehen mit §§ 32 Abs.4, und 35 KrWG Eingriffsbefugnisse zu, mit deren Hilfe sie die Zulassung der Deponie an den fortschreitenden Stand der umweltgerechten Deponietechnik anpassen kann, soweit das Allgemeinwohl dies erfordert. Für eine Überprüfung der gesamten Anlage gibt das Verfahren der Änderungsgenehmigung deshalb zwar keinen zwingenden Anlaß. Es ist aber andererseits nicht ersichtlich, warum die Änderungsgenehmigung nicht mit der Anordnung von Nebenbestimmungen verbunden werden soll, die unveränderte Anlagenteile betreffen, wenn diese Anordnungen nachträglich ohnehin erlassen werden können. Insofern ist der gesamte Betrieb einer Deponie mit sämtlichen Anlagenteilen ständig - auch im Genehmigungsverfahren - einer Überprüfung seiner materiellrechtlichen Zulässigkeit unterworfen.

Da die abfallrechtliche Genehmigung "an Stelle" der Planfeststellung erfolgt[90] und ebenso wie die Planfeststellung eine Planungsentscheidung darstellt[91], gelten in beiden Verfahren grundsätzlich dieselben Zulassungsvoraussetzungen.[92] Diese lassen sich aus dem Abfallrecht[93], aber auch aus den einschlägigen Vorschriften des sonstigen materiellen Rechts entnehmen.

Dabei sind bei der Zulassung von Deponien die Grundsätze der planerischen Gestaltungsfreiheit zu beachten, die in der Rechtsprechung des Bundesverwaltungsgerichts zum Bauplanungsrecht entwickelt wurden, auf die Planungsentscheidungen im Abfallrecht aber ebenso anzuwenden sind.[94] Diese Grundsätze bestimmen die rechtlichen Grenzen, innerhalb derer die Planungsbehörde durch die Ausübung des sogenannten "Planungsermessens" frei entscheiden kann, wie sie die von ihr verfolgten Planungsziele verwirklichen will. Vier Planungsschranken hat die Behörde dabei zu beachten, wobei hinsichtlich einiger dieser Schranken umstritten ist, ob sie überhaupt eigenständige Geltung

---

[88] KIM, 1994, S. 77; Schwermer in: KUNIG/SCHWERMER/VERSTEYL, 1992, Rn. 14 zu §7; HÖSEL/VON LERSNER, 1996, Kz. 1170, Rn. 30.

[89] Vgl. § 40 KrWG.

[90] § 31 Abs.3 KrWG.

[91] S.o. 4.3.

[92] Schwermer in: KUNIG/SCHWERMER/VERSTEYL, 1992, Rn.3 zu § 8; KLOEPFER, 1989, Rn. 126 f. zu § 12.

[93] Insbesondere § 32 Abs.1 KrWG.

[94] Pohl in: HIMMELMANN/POHL/TÜNNESEN-HARMES, 1994, B.3, Rn. 73; KIM, 1994, S. 121 ff.; KLEINSCHNITTGER, 1992, S. 207.

beanspruchen können, da sie sich mit anderen Schranken zum Teil erheblich überschneiden.[95] Im einzelnen sind in diesem Zusammenhang zu nennen:

1. das Erfordernis der Planrechtfertigung,
2. die Bindung an vorgeschaltete Planungen,
3. die gesetzlichen Planungsleitsätze,
4. die Anforderungen des Abwägungsgebotes.

Mit den Grundsätzen der planerischen Gestaltungsfreiheit korrespondieren die gesetzlich normierten Zulassungsvoraussetzungen. Sie stehen also nicht neben den fachplanungsrechtlichen Grundsätzen der Rechtsprechung, sondern bieten diesen Grundsätzen auf das Abfallrecht abgestimmte Konkretisierungen. So werden die zwingenden Versagungsgründe des Abfallrechts wie des externen materiellen Rechts zu den "Planungsleitsätzen" gezählt[96]. Umstritten war, ob auch der Schutz der in § 2 Abs.1 S.2 AbfG genannten Güter als Planungsleitsätze einzuordnen ist.[97] Überwiegend wurde ihr Schutz den Abwägungsbelangen zugeordnet, deren Beachtung lediglich den Anforderungen des allgemeinen Abwägungsgebotes entsprechen muß.[98] Das KrWG hat durch die von § 2 AbfG abweichende Formulierung in § 10 Abs.4 S.2 KrWG insofern eine Klarstellung gebracht, als danach nunmehr jede Verletzung eines der dort genannten Schutzgüter zwingend zu einer Beeinträchtigung des Allgemeinwohls führt. Damit kann kein Zweifel mehr daran bestehen, daß § 10 Abs.4 S.2 KrWG ebenso als Planungsleitsatz zu beachten ist wie § 10 Abs.4 S.1 KrWG, in dem der Schutz des Allgemeinwohls selbst normiert ist.

IV.5.2 Planrechtfertigung für den Deponierückbau

Jede Planungsentscheidung erfordert eine Abwägung zwischen entgegenstehenden Belangen. Zu dieser Abwägung gehört eine Gewichtung der Belange, die zu einer Überlagerung des einen, für weniger gewichtig erachteten Belanges durch andere führen kann. Planungsentscheidungen beinhalten damit stets potentielle Eingriffe in abwägungserhebliche Belange, die nach der Rechtsprechung einer besonderen

[95] KIM, 1994, S. 123 u. 126 ff.
[96] HOPPE/BECKMANN, 1990, S.99.
[97] Vgl. hierzu KIM, 1994, S. 44.
[98] KLEINSCHNITTGER, 1992, S. 88 f. m.w.N.; BVerwG, Urteil v. 9.11.1984, BVerwGE 70, S. 242, 246.

"Planrechtfertigung" bedürfen.[99]
Die Planrechtfertigung ist an zwei Voraussetzungen geknüpft.[100] Zum einen muß die Planungsentscheidung den Zielen des Abfallrechts entsprechen (Zielkonformität). Zum anderen muß die geplante Maßnahme zur Erreichung des angestrebten Planungszieles erforderlich sein. Voraussetzung ist damit nicht die Unausweichlichkeit sondern vielmehr die objektive Erforderlichkeit des beabsichtigten Vorhabens.[101]
Für die Zulassung des Deponierückbaus ergeben sich hieraus je nach Zweck der Maßnahme unterschiedliche Konsequenzen: Soweit sich das Ziel der konkreten Rückbaumaßnahme darin erschöpft, verbrauchten Deponieraum zurückzugewinnen, muß für den wiedergewonnenen Deponieraum ein Bedarf bestehen, das bestehende Deponievolumen darf also gegenwärtig oder zukünftig[102] zur Bewältigung des Abfallaufkommens nicht ausreichen. Soll die Rückbaumaßnahme über den Volumengewinn hinaus der Anpassung der Deponie an moderne Umweltstandards dienen, so leitet sich die Erforderlichkeit bereits aus der unzulänglichen Entsorgung ab.[103]
Am Merkmal der Zielkonformität wird eine Deponie-Rückbaumaßnahme kaum scheitern können, da sie die Zielkonformität der betroffene Deponie gerade fördern soll, indem sie die Deponie an die gesetzlichen Zielvorgaben anpaßt. Bereits die bessere Ausnutzung des Deponievolumens durch den Rückbbau und damit die sparsamere Nutzung des Bodens für die Abfallentsorgung entspricht den Zielen des Abfallrechts. Denn § 10 Abs.4 Nr.3 KrWG postuliert die Vermeidung schädlicher Beeinflussungen des Bodens, wozu auch eine übermäßige Nutzung dieses Mediums zu zählen ist.

IV.5.3 Vorgeschaltete Planung

Die Zulassungeiner Deponie-Rückbaumaßnahme ist gem. § 32 Abs.1 S.1 Nr.4 KrWG zu versagen, wenn sie mit den für verbindlich erklärten Festlegungen eines Abfallentsorgungsplans nicht vereinbar ist. Im Einzelfall muß deshalb geprüft werden, ob ein verbindlicher Abfallentsorgungsplan existiert und

---

[99] Vgl. BVerwG, Urteil v. 22.3.1985, BVerwGE 71, S. 166, 168 zur fernstraßenrechtlichen Planung; BVerwG, Urteil v. 9.3.1990, BVerwGE 85, S. 44 = DVBl. 1990, S. 589.
[100] Vgl. auch KLEINSCHNITTGER, 1992, S. 118 ff.; KIM, 1994, 130 ff.
[101] BVerwG, Urteil v. 6.12.1985, BVerwGE 72, S. 282, 285; VGH Mannheim, Urteil v. 26.10.1989, NVwZ 1990, S. 487, 489.
[102] In diesem Zusammenhang bedarf es einer Prognoseentscheidung, vgl. KLEINSCHNITTGER, 1992, S. 119 ff.
[103] S.o. 2.3.

welche Vorgaben sich aus diesem Plan hinsichtlich des Deponierückbaus ergeben. Häufig wird darauf verzichtet, die Festlegungen eines Abfallentsorgungsplanes für verbindlich zu erklären. Gründe hierfür können im Gebot der planerischen Zurückhaltung oder im Selbstverwaltungsinteresse der entsorgungspflichtigen Körperschaften gefunden werden.[104] In diesen Fällen greift § 32 Abs.1 S.1 KrWG nicht ein. Der unverbindliche Abfallentsorgungsplan kann aber im Zusammenhang mit der Zulassung insofern Bedeutung haben, als die Erwägungen, die zu seinem Erlaß geführt haben, bei der Ausübung der planerischen Gestaltungsfreiheit in die Abwägung der erheblichen Belange einzustellen sind.[105] Insofern wirkt der Abfallentsorgungsplan als eine das Gemeinwohl konkretisierende Verwaltungsvorschrift.[106]

Zur vorgeschalteten Planung gehören auch die Raumordnung und Landesplanung. Gemäß § 10 Abs. 1 S. 2 Nr. 5 KrWG sind die Erfordernisse und Ziele der Raumordnung und Landesplanung auch bei der Abfallentsorgung zu beachten. Regelmäßig finden die Erfordernisse und Ziele der Landesplanung und Raumordnung bereits über die Abfallentsorgungspläne Beachtung.[107] Raumordnung und Landesplanung werden deshalb über die Abfallentsorgungsplanung hinaus für die Zulassung einer Rückbaumaßnahme keine besondere Rolle spielen.

IV.5.4 Planungsleitsätze, insbesondere § 32 Abs. 1 KrWG

IV.5.4.1 Bedeutung der Planungsleitsätze und des Allgemeinwohlprinzips

Die neuere Rechtsprechung des BVerwG versteht unter "Planungsleitsätzen" nur diejenigen Vorschriften, die bei der öffentlichen Planung strikte Beachtung verlangen und deshalb nicht durch planerische Abwägung überwunden werden können.[108] Solche Planungsleitsätze ergeben sich für die Zulassung einer Deponie-Rückbaumaßnahme in erster Linie aus den zwingenden Versagungsgründen des § 8 Abs.3 AbfG, die nach dem Inkrafttreten des KrWG dort in § 32 Abs.1 wiederzufinden sind. Besondere praktische Relevanz kommt dabei § 32 Abs.1 Nr.1 KrWG zu, da durch diese Vorschrift das Planungsziel der gemeinwohlverträglichen Abfallentsorgung im Zulassungsverfahren gesichert wird, das als abfallrechtlicher Grundsatz bereits in § 10 Abs.1 KrWG hervorgehoben

[104] HÖSEL/VON LERSNER, 1996, Kz. 1160, Rn. 22.
[105] KUNIG/SCHWERMER/VERSTEYL, 1992, Rn. 54 zu § 6.
[106] HOPPE/BECKMANN, 1990, S. 64.
[107] HÖSEL/VON LERSNER, 1996, Kz. 1120, Rn. 26.
[108] Grundlegend hierzu BVerwG, Urteil v. 22.3.1985, BVerwGE 71, S. 163, 165.

wird. Die Bedeutung der Vorschrift für die Zulassung des Deponierückbaus soll deshalb im Folgenden näher untersucht werden.

Nach § 32 Abs.1 Nr.1 KrWG ist die Zulassung davon abhängig, daß das Allgemeinwohl durch das Vorhaben nicht beeinträchtigt wird. Auf den ersten Blick stellt sich die Vorschrift wie schon § 8 Abs.3 S.2 Nr.1 AbfG als Versagungsgrund dar, der geeignet ist, jede Maßnahme der Abfallentsorgung mit ungünstigen Umweltauswirkungen zu verhindern. Ganz ohne ungünstige Umweltauswirkungen ist eine effektive Abfallentsorgung jedoch undenkbar. Nach der Rechtsprechung des Bundesverwaltungsgerichts erfordert die Feststellung einer Beeinträchtigung des Wohls der Allgemeinheit deshalb eine Abwägung widerstreitender Schutzgüter und sonstiger Belange.[109] Dabei ist zu beachten, daß die Abfallentsorgung das Wohl der Allgemeinheit nicht nur gefährden kann, sondern grundsätzlich zur Wahrung des Wohles der Allgemeinheit beiträgt.[110] Das Interesse an diesem Beitrag zum Wohl der Allgemeinheit ist in die Abwägung zur Bestimmung des Gemeinwohls ebenso einzustellen wie die ungünstigen Beeinträchtigungen der Umwelt durch die jeweilige Entsorgungsmaßnahme. Die Abwägung ist ein einzelfallbezogener Vorgang, so daß Entsorgungsmaßnahmen gleicher Art je nach den Umständen des Einzelfalles einmal zu einer Beeinträchtigung des Allgemeinwohls führen, ein anderes Mal dagegen als allgemeinwohlverträglich bezeichnet werden können.[111]

Fraglich ist allerdings, ob der Verwaltung bei der Bestimmung des Allgemeinwohls eine Letztentscheidungsbefugnis zusteht[112], oder ob die Auslegung des Gemeinwohlbegriffs als unbestimmter Rechtsbegriff gerichtlich voll nachprüfbar ist.[113] Für einen Entscheidungsspielraum der Verwaltung könnte der planerische Charakter der Zulassungsentscheidung sprechen. Das Planungsermessen der Verwaltung steht einer gerichtlich voll nachprüfbaren Anwendung unbestimmter Rechtsbegriffe aber nur scheinbar entgegen. Denn eine Bindung der Verwaltung bei der Auslegung des Rechtsbegriffs "Allgemeinwohl" schließt nicht aus, daß verschiedene Planungsalternativen denkbar sind, die sich alle in den Grenzen der planerischen Gestaltungssfreiheit halten und gleichzeitig auch der Wahrung des Allgemeinwohls dienen. Das Planungsermessen betrifft in erster Linie die Auswahl der zur Erreichung des Planungsziels insgesamt bestgeeigneten Planungsalternative. Das Allgemeinwohl ist hingegen ein entscheidender Maßstab zur

---

[109] BVerwG, Urteil v. 21.2.1992, BVerwGE 90, S. 42, 47 f. = DÖV 1992, S. 749, (751).

[110] Vgl. den "objektiven Abfallbegriff" in § 3 Abs.4 KrWG.

[111] Vgl. HÖSEL/VON LERSNER, 1996, Kz. 1120, Rn. 4.

[112] So HÖSEL/VON LERSNER; 1996, Kz. 1120, Rn. 5.

[113] So KIM, 1994, S. 40 ff.; Kunig in: KUNIG/SCHWERMER/VERSTEYL, 1992, Rn. 16 zu § 2; HOPPE/BECKMANN, 1989, § 28, Rn. 31; im Ergebnis auch VON KÖLLER, 1996, S. 265.

Ermittlung der Alternativen, die zur Verwirklichung des Planungsziels geeignet sind und über die rechtlichen Grenzen der planerischen Gestaltungsfreiheit nicht hinausgehen. Dagegen entspricht es dem rechtsstaatlichen Gebot des umfassenden und effektiven Rechtsschutzes, den Begriff des Allgemeinwohls als gerichtlich voll nachprüfbaren unbestimmten Rechtsbegriff zu verstehen.[114] Gründe für ein ausnahmsweises Abweichen von diesem Gebot greifen dagegen nicht ein. Im Ergebnis unterliegt die auf den Einzelfall zielende Bestimmung des Allgemeinwohls durch die Behörde damit ebenso der gerichtlichen Kontrolle wie der Abwägungsvorgang, mit dessen Hilfe die Bestimmung des Rechtsbegriffs erfolgt.

Der Begriff des Allgemeinwohls ist im Hinblick auf bestimmte beachtenswerte Belange entweder gesetzlich, aber auch durch die zum Abfallgesetz erlassenen Verwaltungsvorschriften konkretisiert. Insbesondere normiert § 32 Abs.1 KrWG unter Nr. 1 Lit. a) und b) im Unterschied zur alten Regelung des § 8 Abs.3 Nr.1 AbfG zwei verbindliche Konkretisierungen, die die Abwägung der gemeinwohlerheblichen Belange entscheidend beeinflussen können. Nach § 32 Abs.1 Nr.1 KrWG darf die Zulassung nur erteilt werden wenn - a) - Gefahren für die in § 10 Abs.4 KrWG genannten Schutzgüter nicht hervorgerufen werden können und - b) - Vorsorge gegen die Beeinträchtigung der Schutzgüter, insbesondere durch bauliche, betriebliche oder organisatorische Maßnahmen entsprechend dem Stand der Technik getroffen wird. Die Vorschrift gibt damit - anders als § 8 Abs.3 AbfG -bestimmte Voraussetzungen vor, bei deren Eintritt sich eine Abwägung mit anderen erheblichen Belangen erübrigt, weil das Gesetz davon ausgeht, daß allein diese Voraussetzungen eine Beinträchtigung des Allgemeinwohls begründen. Das KrWG schränkt also an dieser Stelle - wie auch im Rahmen des die abfallrechtlichen Schutzgüter betreffenden § 10 Abs.4 KrWG - das oben erläuterte Abwägungsprinzip ein, indem es der Behörde die Möglichkeit nimmt, bestimmte Schutzgutbeeinträchtigungen im Wege der Abwägung zu überwinden.

IV.5.4.2 Allgemeinwohl und abfallrechtliche Schutzgüter

Folgt man streng dem Wortlaut des § 32 Abs.1 Nr.1 a) KrWG, so lassen sich nach der Neuregelung Gefahren für die abfallrechtlichen Schutzgüter nicht durch andere, etwa abfallwirtschaftliche Belange überwinden. Dies entspricht der Bedeutung dieser Schutzgüter, die in § 10 Abs.4 KrWG im Sinne verbindlicher Konkretisierungen des Allgemeinwohlbegriffs formuliert sind. Es stellt die Behörde im Einzelfall jedoch auch vor neue Probleme, weil z.B. die Zulassung für solche

[114] KIM, 1994, S. 42; BECKMANN/APPOLD/KUHLMANN, DVBl. 1988, S. 1002, 1005.

Rückbaumaßnahmen zwingend zu versagen wäre, durch die Tiere und Pflanzen[115] gefährdet werden, etwa weil auf dem zurückzubauenden Deponieteil zum Zwecke der Rekultivierung bereits mit einer Bepflanzung begonnen wurde. Nach dem strengen Wortlaut des § 10 Abs.4 Nr.2 KrWG würden sogar beliebige Pflanzen, die sich auf der noch betriebenen Deponie selbst ausgesäht haben, den Schutz dieser Vorschrift genießen. Es kommt also nach den Vorschriften des KrWG zu einem Zielkonflikt, den das heute noch geltende AbfG dadurch vermied, daß es die abfallrechtlichen Schutzgüter nur als Abwägungsbelange formulierte und nicht als zwingende Konkretisierungen des Allgemeinwohlbegriffs.[116] § 2 Abs.1 AbfG nannte in Satz 2, Nr. 1 - 6 abfallrechtliche Schutzgüter, durch deren Verletzung es zur Beeinträchtigung des Allgemeinwohls kommen konnte, nicht aber kommen mußte. Die Konkretisierung des Allgemeinwohls durch die Schutzgüter des § 2 Abs.1 S.2 AbfG erfolgte also nur partiell und war auf bestimmte abwägungserhebliche Belange beschränkt. Der Eingriff in eines der genannten Schutzgüter führte damit nicht bereits zwingend zur Versagung der Zulassung. Die zuständige Behörde war vielmehr stets gehalten abzuwägen, ob die Verletzung des jeweiligen Schutzgutes so schwerwiegend war, daß sie durch andere für das Gemeinwohl sprechende Belange nicht überwunden werden konnte.[117] Erst dann lag eine Beeinträchtigung des Allgemeinwohls vor, die zwingender Versagungsgrund für die abfallrechtliche Zulassung sein konnte.

Dieses den Gemeinwohlbegriff im Einzelfall bestimmende Abwägungsprinzip kennzeichnete bisher einen wesentlichen Unterschied zwischen der abfallrechtlichen und der immissionschutzrechtlichen Genehmigung. Im Gegensatz zur geschilderten Situation im Abfallrecht führen Verstöße gegen Umweltschutzgüter des Bundesimmissionsschutzgesetzes über §§ 5 und 6 BImSchG stets zu einer Versagung der Genehmigung, da der konkretisierungsbedürftige Allgemeinwohlbegriff hier keine Rolle spielt.[118]

Auch der durch das KrWG ausgelöste Zielkonflikt wird im Sinne des verfassungsrechtlichen Verhältnismäßigkeitsgebotes nur durch eine Abwägung zwischen den entgegenstehenden Gemeinwohlbelangen im Einzelfall zu lösen sein. Maßnahmen der Abfallbeseitigung werden, selbst wenn sie zum Wohl der Allgemeinheit erforderlich sind, nach wie vor auch umweltbelastende Wirkungen entfalten. Das Abwägungsprinzip hat deshalb seine Bedeutung trotz der Neuregelung des KrWG nicht verloren.

---

[115] Vgl. § 10 Abs.4 Nr.2 KrWG.

[116] Vgl. KUNIG/SCHWERMER/VERSTEYL, 1992, Rn.31 zu § 2.

[117] Vgl. KUNIG/SCHWERMER/VERSTEYL, 1992, Rn. 20 zu § 2.

[118] Vgl. auch HÖSEL/VON LERSNER, 1996, Kz. 1120, Rn.7.

IV.5.4.3 Maßnahmen entsprechend dem Stand der Technik

Eine umfassende Vorsorge durch dem Stand der Technik entsprechende Maßnahmen fordert darüber hinaus § 32 Abs.1 Nr.1 b) KrWG. Die umweltverträgliche Abfallentsorgung nach dem Stand der Technik ist danach im Zulassungsverfahren nach dem KrWG zwingende Voraussetzung für die Zulassung. Neben der Legaldefinition des § 12 Abs.3 KrWG legt das Gesetz in § 12 Abs.2 fest, daß die Bundesregierung allgemeine Verwaltungsvorschriften erläßt, die der Konkretisierung einer umweltverträglichen Beseitigung von Abfällen nach dem Stand der Technik dienen. Solche normkonkretisierenden Verwaltungsvorschriften stellen die TA Abfall und TA Siedlungsabfall dar. Soweit ihr Anwendungsbereich reicht, sind sie wegen ihrer verwaltungsinternen Bindungswirkung auch nach außen, insbesondere für den Vorhabenträger, grundsätzlich zwingende Konkretisierungen, von deren Befolgung gemäß § 32 Abs.1 Nr. 1 b) KrWG die Zulassung einer Maßnahme abhängen kann.[119] Fraglich ist jedoch, inwieweit Maßnahmen des Deponie-Rückbaus in den Anwendungsbereich dieser Vorschriften fallen. Hinsichtlich des Wiederaufnehmens von Altablagerungen enthalten sie keine Bestimmungen. Beide Verwaltungsvorschriften fordern in Nr. 11 dagegen die Nachrüstung von Altdeponien. Die TA SiedlAbf verlangt aber keine Nachrüstung der Deponiebasisabdichtung[120], wie sie sich im Rahmen einer Rückbaumaßnahme gerade anbieten würde.

Bedeutung könnten die Technischen Anleitungen aber für die Wiedereinlagerung der behandelten Abfälle oder die Ablagerung neuer Abfälle auf den zurückgewonnenen Deponieflächen haben. TA SiedlAbf und TA Abfall stellen an abzulagernde Abfälle qualitative Anforderungen, die in Anhang B der TA SiedlAbf bzw. Anhang D der TA Abfall durch sog. "Zuordnungskriterien" bestimmt werden. Fraglich ist, ob diese Zuordnungskriterien auch auf den Wiedereinbau zurück-

---

[119] VON KÖLLER, 1996, S. 265. Bereits in der Literatur zum AbfG wurde die Ansicht vertreten, daß die Vorgaben dieser Verwaltungsvorschriften, die auf § 4 Abs.5 AbfG beruhen und danach den "Stand der Technik" für eine "umweltverträgliche Abfallentsorgung" wiedergeben sollen, als Mindestvoraussetzungen einer allgemeinwohlverträglichen Abfallentsorgung zwingend beachtet werden müßten; vgl. zur TA Abfall HOPPE/BECKMANN, 1990, S. 64; DIERKES, NVwZ 1993, S. 951, 952, der die Vorschriften der TA SiedlAbf selbst zu den Planungsleitsätzen zählt; MÜLLMANN/-LOHMANN, UPR 1995, 168, 169.

[120] Vgl. insbesondere Nr. 11.2.1 a) TA SiedlAbf, der in Zusammenhang mit den Buchstaben e bis h lediglich die Einhaltung bestimmter Anforderungen an die Stabilität, die Entgasung, die Sickerwasserbehandlung und die Oberflächenabdichtung vorschreibt. Anders ausdrücklich Nr.11.2. g) TA Abfall für Deponien oder Deponieabschnitte, auf denen bis zum Inkrafttreten der Verwaltungsvorschrift noch keine Abfälle abgelagert wurden.

gebauter und behandelter Altablagerungen anwendbar sind. Zweifel hinsichtlich der Anwendbarkeit ergeben sich insbesondere daraus, daß die Kriterien der Zuordnung von Abfällen zu einer bestimmten Deponie dienen sollen. Die Altablagerungen, die im Rahmen einer Rückbaumaßnahme nach erfolgter Behandlung wieder in die Deponie eingebaut werden, der sie entstammen, sind dieser Deponie aber bereits bei ihrem erstmaligen Einbau zugeordnet worden und sollen ihr auch weiter zugeordnet bleiben. Es besteht hinsichtlich dieser Abfälle also keine Notwendigkeit für eine erneute Zuordnung, zumal sich die Ablagerungsqualität dieser Abfälle durch den Rückbau allenfalls verbessert.

Generell sehen die Technischen Anleitungen eine Neuzuordnung von Altablagerungen auf Deponien nicht vor. Darin ist keine systemwidrige Regelungslücke zu sehen. Es entspricht vielmehr Zielsetzung und dem hiermit korrespondierenden systematischen Aufbau der TA SiedlAbf und TA Abfall. Die Verwaltungsvorschriften verfolgen das Ziel, Abfälle vom Zeitpunkt ihrer Entstehung an einem Entsorgungsweg zuzuweisen, auf dem eine umweltverträgliche Verwertung und Beseitigung nach dem Stand der Technik gewährleistet ist.[121] Zur Verfolgung dieses Ziels normieren sie ein Raster von Zuordnungskriterien, das die Abfälle bereits zum Zeitpunkt ihrer Entstehung zu durchlaufen haben. Abfälle, die den Entsorgungsweg bereits ohne Rücksicht auf heutige Umweltstandards zurückgelegt haben, werden von diesem System nicht mehr erfaßt. Der Anwendungsbereich der Technischen Anleitungen[122] ist vielmehr auf solche Abfälle beschränkt, deren Herkunft feststeht und die deshalb gleich am Entstehungsort ihrem Entsorgungsweg zugewiesen werden können. Diese Einschränkung des Anwendungsbereiches erfolgt in den Verwaltungsvorschriften selbst, indem die Begriffe "Siedlungsabfall" und "besonders überwachungsbedürftige Abfälle" in Nr.2.2.1 TA SiedlAbf bzw. § 2 Abs.2 AbfG i.V.m. § 1 der Abfallbestimmungs-Verordnung jeweils nach der ursprünglichen Herkunft der betreffenden Abfälle definiert werden.[123]

Eine sichere Bestimmung der Herkunft von Altablagerungen auf Deponien wird jedoch praktisch nicht durchführbar sein, wenn man bedenkt, daß stets sowohl gewerbliche Abfälle als auch Siedlungsabfälle auf ein und derselben Deponie abgelagert werden konnten[124] und Teile der gewerblichen Abfälle nach der Definition der TA SiedlAbf zu den Siedlungsabfällen zu zählen sind[125],

---

121 Vgl. insb. Nr. 1.1 TA SiedlAbf.

122 Vgl. Nr.1 Satz 1 TA Abfall, Nr.1.2 Satz 1 TA Siedl-Abf.

123 Vgl. jetzt auch § 41 Abs.1 KrWG.

124 Mögen sie auch auf verschiedenen Entsorgungswegen dorthin gelangt sein.

125 Vgl. Nr.2.2.1 TA SiedlAbf: "Hausmüllähnliche Gewerbeabfälle".

für andere die TA SiedlAbf nur "entsprechende Anwendung" findet[126] oder gar nicht anwendbar ist. Allein aus den Eigenschaften, insbesondere der Umweltverträglichkeit von Altablagerungen, läßt sich nicht auf deren Herkunft schließen, ebenso wie die Herkunft von Abfällen allein nichts über ihre Gefährlichkeit aussagt. Nur ausnahmsweise, z.B. im Fall einer Deponie für besonders überwachungsbedürftige Abfälle, auf der auch nur solche abgelagert wurden, ließe sich die Herkunft der "rückgebauten" Abfälle feststellen.
Daraus ergibt sich, daß Ablagerungen auf Altdeponien in aller Regel einer Klassifizierung als Siedlungsabfälle oder besonders überwachungsbedürftige Abfälle nicht zugänglich sind. Sie bilden vielmehr neben diesen Abfallarten eine eigenständige Kategorie der "deponierten Abfälle", deren Rückbau einschließlich des Wiedereinbaus nicht in den Anwendungsbereich der TA SiedlAbf und der TA Abfall fallen. TA SiedlAbf und TA Abfall sind deshalb auch nicht geeignet, den Stand der Technik für die genannten Maßnahmen des Deponierückbaus zu konkretisieren.
Etwas anderes gilt für die Anwendung der Zuordnungskriterien der TA SiedlAbf auf die Abfälle, die nach der Rückbaumaßnahme erstmals auf die Deponie verbracht werden und dort auf dem zurückgewonnenen Deponievolumen abgelagert werden sollen. Für diese Abfälle hat die Zulassungsbehörde die Übergangsvorschriften der Nr. 12 TA SiedlAbf zu beachten.[127] Ob sie der rückgebauten Deponie zugeordnet werden dürfen hängt allerdings von mehreren Faktoren ab. Grundsätzlich gelten für diese Abfälle die Zuordnungskriterien des Anhangs B. Andererseits kann die zuständige Behörde bis zum 1. Juni 2005 Ausnahmen von der Zuordnung der Abfälle zulassen, wenn es an Behandlungskapazitäten mangelt.[128]
Sollen für die Abfälle die Zuordnungskriterien ganz oder teilweise Anwendung finden, so muß darüber hinaus geklärt werden, ob die zurückgebaute Deonie für die Ablagerung dieser Abfälle in Frage kommt. Bisher richtete sich die Zuordnung der Abfälle zu einer konkreten Deponie nach dem Inhalt der Deponiezulassung. Nach der TA SiedlAbf ist nunmehr die Zuordnung zu einer von zwei Deponieklassen vorgesehen, wobei die ursprünglichen Zulassungen der Altdeponien solche Klassifizierungen nicht kannten. Im Hinblick auf diese Zulassungen gibt die TA SiedlAbf unter Nr. 12.2 den zuständigen Behörden deshalb auf, bis zum 1. Juni 1995 nachträgliche Anordnungen zu erlassen, durch die die Einhaltung der Zuordnungskriterien bis zum Jahr 2005 sichergestellt wird. Die Bedeutung dieser Anweisung ist unklar im Hinblick auf die Bestimmung der Bezugsobjekte, die

---

126 Vgl. Nr.2.2.1 TA SiedlAbf: "Produktionsspezifische Abfälle" und Nr.1.2 Satz 2 TA SiedlAbf.

127 Entsprechendes gilt für Sonderabfälle gemäß Nr. 12 TA Abfall.

128 Nr. 12.1 TA SiedlAbf.

einander zugeordnet werden sollen. Diese Bezugsobjekte sind auf der einen Seite Abfälle einer bestimmten Konsistenz, auf der anderen Seite die sogenannte Deponieklasse I oder die Deponieklasse II. Der Unterschied dieser Deponieklassen besteht in der Gestaltung der Basisabdichtung. Nun verlangt die TA SiedlAbf gerade keine Nachrüstung der Basisabdichtung von Altdeponien. Dies läuft darauf hinaus, daß die Anordnung der Zulassungsbehörde nach Nr. 12.2 TA SiedlAbf von der Stillegung derjenigen Deponien zum 1. Juni 2005 ausgehen wird, die bis dahin tatbestandlich unter keine der Deponieklassen fallen, weil sie die Anforderungen an die Basisabdichtung nicht erfüllen. Denn ihnen könnten nach den Vorschriften der TA SiedlAbf keine Abfälle mehr zugeordnet werden.

Andererseits scheint es keinen zwingenden Grund zu geben, eine Altdeponie gerade dann stillzulegen, wenn der hohe Standard an die Inertisierung der Abfälle erreicht ist, den die TA SiedlAbf verlangt. Eine Alternative würde deshalb lauten, die Altdeponien einer Deponieklasse der TA SiedlAbf zugehörig zu erklären, ohne dabei Rücksicht auf Basisabdichtungen zu nehmen und ohne eine Nachrüstung der Basisabdichtung vorzuschreiben. Eine Deponie wäre dann aber zu einem erheblichen, vielleicht ganz überwiegenden Teil mit unbehandelten Abfällen verfüllt und das Restvolumen dürfte nur für Abfälle genutzt werden, welche die Zuordnungskriterien der TA SiedlAbf erfüllen. Dies verbessert die Situation hinsichtlich der Altablagerungen nicht mehr.

Es spricht deshalb vieles dafür, daß die Anordnungen gem. Nr. 12.2 TA SiedlAbf keine Regelungen enthalten werden, die über das Jahr 2005 hinausreichen, es sei denn, die jeweilige Deponie verfügt über eine Basisabdichtung i.S.d. TA SiedlAbf. Für den Deponierückbau und auch für die Verwaltungspraxis der Genehmigung des Rückbaus von Deponien, deren Basisabdichtung diesen Vorgaben nicht entspricht, sollte dies bedeuten, daß die Rückbaumaßnahme verbunden wird mit der Einrichtung einer Basisabdichtung, die einer der Deponieklassen der TA SiedlAbf genügt, (es sei denn, die Deponie soll im Jahr 2005 ohnehin nicht mehr genutzt werden). Insgesamt bleibt dann jedenfalls eine weitgehend umweltunbedenkliche Deponie zurück, deren Nutzung über das Jahr 2005 hinaus zumindest deponietechnisch gesichert ist. Damit gewinnen Rückbaumaßnahmen erhebliche Bedeutung für die Sanierung und zukünftige Nutzung der "laufenden" Deponien. Sie ermöglichen einen umweltverträglichen Betrieb dieser Deponien über den 1. Juni 2005 hinaus und vermeiden das in der TA Siedlungsabfall vorgesehene Modell, daß auf alten Deponien ohne Basisabdichtung im Sinne der TA SiedlAbf die nach der bisherigen Zulassung verbrachten Abfälle mit ihrem Gefährdungspotential unbehandelt verbleiben, neue aber nur nach aufwendiger Behandlung im Sinne von Anhang B der TA SiedlAbf deponiert werden können.

IV.5.4.4 Weitere das Allgemeinwohl betreffende Belange

In die Abwägung zur Ermittlung des Allgemeinwohls hat die Behörde schließlich alle anderen erheblichen Belange einzustellen, die nach dem jeweiligen Einzelfall zu bestimmen sind. Hierzu gehören auch öffentliche Interessen organisatorischer, abfallwirtschaftlicher, kommunalwirtschaftlicher oder allgemein wirtschaftlicher Art.[129] Insbesondere die abfallwirtschaftlichen Zielsetzungen des AbfG wie der Vorrang der Abfallverwertung gem. § 5 Abs.2 KrWG sind in diesem Zusammenhang zu beachten.[130] Aber auch die externen materiellen Vorschriften, die nicht als zwingende Planungsleitsätze sondern lediglich als abwägungserhebliche Optimierungsgebote formuliert sind, hat die Zulassungsbehörde hier zu berücksichtigen.[131]

IV.5.5 Abwägungsgebot und Versagungsermessen

Im Rahmen der Entscheidung über die Zulassung einer Deponie-Rückbaumaßnahme hat die Zulassungsbehörde schließlich zu überprüfen, ob die beantragte Planung unter Beachtung des Grundsatzes der gerechten Abwägung aller betroffenen öffentlichen und private Belange zustande gekommen ist.[132] Die wesentlichen Punkte, deren Befolgung das Abwägungsgebot fordert, bestehen in der vollständigen Zusammenstellung des Abwägungsmaterials, der sachgerechten Gewichtung der einzelnen Belange und schließlich in der Abwägung im eigentlichen Sinne, nämlich der Zurückstellung und Bevorzugung einzelner Belange.[133]
Die Überprüfung der Frage, ob der Antragsteller diese Punkte berücksichtigt hat, beinhaltet nach der Rechtsprechung des Bundesverwaltungsgerichts keine umfassende eigene Abwägung der Zulassungsbehörde.[134] Die Behörde vollzieht vielmehr die Vorstellungen des Vorhabenträgers abwägend nach und übernimmt so die rechtliche Verantwortung für diese Planung. Ein eigenständiges

[129] KUNIG/SCHWERMER/VERSTEYL, 1992, Rn. 24 zu § 2; KLEINSCHNITTGER, 1992, S. 91.

[130] Zum Abfallgesetz vgl. KLEINSCHNITTGER, 1992, S. 90; MANN, 1992, S. 70 ff. u. S. 211, der im Verwertungsgebot eine verbindliche Konkretisierung des Allgemeinwohlbegriffs sieht.

[131] In Betracht kommen insbesondere wasser-, bau- und naturschutzrechtliche Anforderungen, vgl. hierzu ausführlich KIM, 1994, S. 158 ff.

[132] Vgl. BVerwG, Urteil v. 21.2.1992, BVerwGE 90, S. 42 = DÖV 1992, S. 749; VGH Mannheim, Urt. v. 26.10.1989, NVwZ 1990, S. 487 ff.

[133] KIM, 1994, S. 135, m.w.N.

[134] BVerwG, Urteil v. 24.11.1994, NVwZ 1995, S. 598, 600.

Versagungsermessen steht der Zulassungsbehörde darüber hinaus nicht zu.[135] Diese Rechtsprechung verdient Zustimmung, da ein Antragsrecht ohne eine eigene materiellrechtliche Rechtsstellung des Vorhabenträgers wirkungslos bliebe.
Insofern ist es auch konsequent, wenn in der Literatur von einem Zulassungsanspruch des Antragstellers gesprochen wird, soweit es sich um einen privaten Deponiebetreiber handelt.[136] Der Begriff des Zulassungsanspruchs paßt jedoch nicht in das System des Planungsrechts, da er unterstellt, daß sich Planungsnormen trennscharf in eine Tatbestands- und eine Rechtsfolgenseite aufteilen ließen. Das ist aber gerade nicht der Fall. Das Bundesverwaltungsgericht spricht deshalb statt von einem Zulassungsanspruch von einem Anspruch auf eine fehlerfreie Ausübung des Planungsermessens.[137] Diese Formulierung ändert im Ergebnis aber nichts daran, daß die Zulassungsbehörde verpflichtet ist, die abfallrechtliche Genehmigung zu erteilen, wenn die Planungen des Antragstellers die geschilderten materiellen Voraussetzungen erfüllen.

IV.6 Sicherheits- und Haftungsregeln im Zusammenhang mit Rückbaumaßnahmen

IV.6.1 Belange des Arbeitsschutzes

IV.6.1.1 Allgemeines

Im folgenden geht es nur darum, die Quellen von arbeitsschutzrechtlichen Vorschriften darzustellen, die Regelungen darüber enthalten, bei welchen (möglichen) Gefahren welche Sicherheitsvorkehrungen zu treffen sind. Analyse von Gefährdung und erforderlicher Schutzmaßnahme in Subsumtion der Norm ist eine technisch-naturwissenschaftliche Aufgabe.

---

[135] BVerwG, a. a. O.

[136] SCHMIDT, 1992, § 5 Rn. 18, BECKMANN/APPOLD/KUHLMANN, DVBl 1988, S. 1002, 1007 f.; zweifelnd HOPPE/BECKMANN, 1990, S. 80 f.; KLOEPFER, 1989, § 12, Rn. 127; ausführlich zum Anspruch auf Planfeststellung und Plangenehmigung EBLING, 1993, S. 191 ff. u. 249.

[137] BVerwG a.a.O., vgl. auch Franßen in: SALZWEDEL, 1982, S. 399, 436; kritisch hierzu KLOEPFER, 1989, § 12, Rn. 127.

IV.6.1.2 Arbeitsstätten

Eine grundsätzliche Verpflichtung zu Schutzmaßnahmen enthält im Dienst- und Arbeitsrecht der § 618 BGB. Er wurde für den Bereich gewerblicher Arbeitnehmer durch § 120 a Gewerbeordnung in Verbindung mit der Arbeitsstättenverordnung konkretisiert. Zum 21.8.1996 hat der Gesetzgeber diese Vorschrift im Zuge der Umsetzung einer entsprechenden EG-Richtlinie durch das Arbeitsschutzgesetz[138] (ArbSchG) ersetzt, das nunmehr auch für Beschäftigungsverhältnisse im öffentlichen Dienst Anwendung findet.
Der zweite Abschnitt des ArbSchG regelt Fragen des technischen Arbeitsschutzes im Rahmen der Einrichtung und Gestaltung der Arbeitsstätte. Nach § 4 Nr. 1 ArbSchG hat der Arbeitgeber die Arbeit insbesondere so zu gestalten, "daß eine Gefährdung für Leben und Gesundheit möglichst vermieden und die verbleibende Gefährdung möglichst gering gehalten wird."
Die Vorschriften des ArbSchG bilden eine ausfüllungsbedürftige Rahmenregelung, die für den Bereich der gewerblichen Arbeit durch die einschlägigen Vorschriften der Arbeitsstättenverordnung und die hierzu erlassenen Arbeitsstättenrichtlinien (ASR) konkretisiert wird.[139]
Die ASR und die berufsgenossenschaftlichen Richtlinien, Sicherheitsregeln und Grundsätze geben den Stand der - nach § 3 Abs. 1 Nr. 1 Arbeitsstättenverordnung zu beachtenden - arbeitswissenschaftlichen, sicherheitstechnischen und hygienischen Regeln und Kenntnisse wieder.
Bedeutsam können für das Projekt des Rückbaus von Deponien insbesondere die §§ 41 ff. Arbeitsstättenverordnung sein, die Regelungen für im Freien liegende Arbeitsstätten treffen.
Für deren Einhaltung hat der Arbeitgeber Sorge zu tragen. Dies gilt auch hinsichtlich etwaiger auf dem Betriebsgelände beschäftigter fremder Arbeiter. Werden Bauarbeiten einem anderen Bauunternehmer zur selbständigen Ausführung übertragen, so hat dieser für die Beachtung der §§ 41 ff. Arbeitsstättenverordnung zu sorgen. Von Bedeutung könnte vor allem § 42 Abs. 2 Nr. 2 Arbeitsstättenverordnung sein, wonach der Arbeitgeber den Arbeitnehmer vor unzuträglichen Einwirkungen durch Gase u.ä. zum Beispiel durch Anbringung leistungsfähiger Absauganlagen zu schützen hat.
Das ArbSchG verpflichtet den Arbeitgeber, die Gefährdungssituation der Arbeitnehmer zu beurteilen (§ 5 ArbSchG) und die Gefährdungsbeurteilung zu dokumentieren (§ 6 ArbSchG).

---

[138] Artikel 1 des Gesetzes zur Umsetzung der EG - Richtlinie Arbeitsschutz und weiterer Arbeitsschutz - Richtlinien vom 7.8.1996 (BGBl. I, S. 1246).

[139] Die Arbeitsstättenverordnung gilt bis zu ihrer Anpassung an das neue ArbSchG trotz der Aufhebung des § 120a GewO fort.

IV.6.1.3 Gefahrstoffe

Weiterhin zu beachten sind die Regelungen der gemäß § 19 Chemikaliengesetz erlassenen Gefahrstoffverordnung.
Neben der allgemeinen Schutzpflicht gemäß § 17 Gefahrstoffverordnung werden dem Arbeitgeber - ähnlich wie in §§ 5 und 6 ArbSchG - durch § 16 Ermittlungs- und Prüfpflichten hinsichtlich des Gefährdungspotentials der verwendeten Arbeitsstoffe sowie eine Pflicht zur aktiven Arbeitsplatzüberwachung bei unklarer Schadstoffbelastungssituation (§ 18) auferlegt.
Im Rahmen des § 17 Abs. 1 sind die einschlägigen Arbeitsschutzrichtlinien und Unfallverhütungsvorschriften der Berufsgenossenschaften zu beachten.[140]
Die im Rahmen des § 17 Abs. 1 Satz 2 zu beachtenden "allgemein anerkannten ... Regelungen ... und Erkenntnisse" werden konkretisiert durch die besonderen Technischen Regeln für Gefahrstoffe (TRGS). Dabei dürften insbesondere folgende Regeln Bedeutung erlangen:

TRGS 100 - Auslöseschwelle für gefährliche Stoffe
TRGS 402 - Ermittlung und Beurteilung der Konzentration gefährlicher Stoffe in der Luft am Arbeitsplatz
TRGS 403 - Bewertung von Stoffgemischen in der Luft am Arbeitsplatz (wobei die Realisierung der TRGS 402 und 403 bei Arbeitsplätzen mit ständig wechselnden Bedingungen kaum möglich ist)
TRGS 555 - Betriebsanweisung und Unterweisung nach § 20 Gefahrstoffverordnung
TRGS 900 - MAK-Werte; maximale Arbeitsplatzkonzentrationen und biologische Arbeitsstofftoleranzwerte

Besondere Beschäftigungsverbote im Zusammenhang mit Gefahrstoffen regeln darüber hinaus die neu eingeführten §§ 15 a, b Gefahrstoffverordnung (letzterer erweitert die bereits in § 22 Abs. 1 Nr. 5 Jugendarbeitsschutzgesetz getroffene Regelung hinsichtlich der Beschäftigung Jugendlicher im Bereich gefährlicher Arbeitsstoffe; Gleiches regelt auch § 4 Abs. 1 Mutterschutzgesetz).
Verstöße gegen die Unfallverhütungs- und Arbeitsplatzsicherheitsvorschriften führen zu Schadensersatzansprüchen der Arbeitnehmer (§ 618 Abs. 3 BGB), für welche die Unfallversicherungsträger einzustehen haben, das sind die Berufsgenossenschaften für gewerbliche Unternehmen und im Wesentlichen die Unfallkassen der Länder und Gemeinden sowie die Gemeindeunfall-

---

[140]hier: ZH 1/183 Richtlinie für Arbeiten in konterminierten Bereichen, soweit im Rahmen Deponiesanierung Bauarbeiten im Sinne von Zif. 1.1 vorggenommen werden bzw. Gemeindeunfallversicherungsverband 17.4 Sicherheitsregeln für Deponien und GUV 7.8 Unfallverhütungsvorschriften Müllbeseitigung.

versicherungsverbände, soweit die öffentliche Hand Arbeitgeberfunktionen ausübt.[141]

IV.6.2 Haftung für Schäden durch Umwelteinwirkungen (UmwelthaftungsG)

Der Anlagenbetreiber haftet nach dem Umwelthaftungsgesetz für Schäden durch Umwelteinwirkungen, wobei eine Umwelteinwirkung gemäß § 3 dadurch definiert wird, daß sie sich durch Stoffe, Erschütterungen, Geräusche, Druck, Strahlen, Gase, Dämpfe, Wärme oder sonstige Erscheinungen mitteilt, die sich in Boden, Luft oder Wasser ausgebreitet haben. Einrichtungen zur Abfallbehandlung oder Abfallablagerung fallen unter den Anlagenbegriff des Umwelthaftungsgesetzes (im einzelnen Nr. 68 - 77 der Anlage 1 zum Umwelthaftungsgesetz). Die Haftung ist nicht von einem Verschulden abhängig, findet jedoch ihre Grenze bei Fällen der höheren Gewalt (§ 4 Umwelthaftungsgesetz). Wenn eine Anlage nach den Gegebenheiten des Einzelfalles geeignet ist, den entstandenen Schaden zu verursachen, dann gibt es eine Ursachenvermutung, die allerdings keine Anwendung findet, wenn die Anlage bestimmungsgemäß betrieben wurde und keine Betriebsstörung eintritt.

Die Umwelthaftung zielt auf den Schutz Außenstehender ab, gilt aber auch zugunsten der Arbeitnehmer oder sonstiger Personen, die sich auf der Anlage aufhalten.[142]

Der Anlagenbetreiber hat Deckungsvorsorge zu treffen, sei es in Form einer Haftpflichtversicherung, sei es durch eine Freistellungs- oder Gewährleistungsverpflichtung des Bundes oder eines Landes oder eines Kreditinstituts. Die öffentliche Hand ist allerdings von der Pflicht zur Deckungsvorsorge befreit (§ 19 Umwelthaftungsgesetz, § 2 Pflichtversicherungsgesetz).

---

[141] § 114 des siebten Buches Sozialgesetzbuch (SGB VII), eingefügt durch das Unfallversicherungs-Einordnungsgesetz vom 7.8.1996 (BGBl. I, S. 1254).

[142] Vgl. Rehbinder, in: LANDMANN/ROHMER, 1995, Nr. 2, § 3, Rn. 12.

V Zusammenfassende Folgerungen

Friederike Brammer, Hans-Jürgen Collins

V.1 Ziele des Deponierückbaus

Unter dem Begriff "Deponie-Rückbau" wird die Wiederaufnahme von Altablagerungen und deren erneute Deponierung, ggf. nach einer Behandlung verstanden. Beim Rückbau von Abfalldeponien werden folgende Ziele verfolgt:

- Reduzierung des Volumenbedarfes von Altabfällen durch einen erneuten, verbesserten Einbau und gegebenenfalls eine Behandlung und somit Gewinnung neuen Deponieraumes.
- Verringerung des Flächenbedarfes von Abfalldeponien und damit Schonung wertvoller Ressourcen.
- Möglichkeit der Rückgewinnung von Material als Sekundär-Rohstoff aus der alten Abfalldeponie.
- Verlängerung der Nutzungsdauer des bisherigen Deponiestandortes.

Im Sinne der Altlastensanierung bzw. -sicherung - was aber nicht das zentrale Ziel des Rückbaus ist - kann in diesem Zusammenhang auch erwogen werden:

- die Altabfälle auf einer nachgerüsteten Deponiebasis zu deponieren, und
- die Altabfälle vor der erneuten Ablagerung zu behandeln,

um die Umwelt besser gegen Emissionen zu schützen.

Der Rückbau von Abfalldeponien hat unter dem Aspekt der Deponieraumgewinnung eine erhebliche Bedeutung. Angesichts der Unsicherheit in der Prognose der Größe des Ablagerungsbedarfs und des Widerstandes der Anlieger gegen die Erschließung neuen Deponieraums ist die Dauer von Zulassungsverfahren für neue Deponieflächen unkalkulierbar lang geworden. Hierdurch hervorgerufene Entsorgungsengpässe können durch Deponieraumgewinnung durch Rückbau behoben werden.

V.2 Juristische Grundlagen

Die Anlageneinrichtung und Durchführung des Rückbaus von Abfalldeponien in Deutschland unterliegt dem Kreislaufwirtschafts- und Abfallgesetz (KrWG, 1994). Dementsprechend müssen bei der technischen Ausführung des Rückbaus die

Schutzgüter gemäß Abfallrecht (u.a. Boden und Gewässer) beachtet werden. Die stoffliche Verwertung oder die Energiegewinnung aus den Abfällen hat dabei gemäß KrWG Vorrang vor der sonstigen Entsorgung. Dies bedeutet, daß eine Wiedergewinnung von Wertstoffen aus Abfalldeponien - soweit dies technisch möglich, wirtschaftlich zumutbar und umweltverträglich ist - vorzunehmen ist (§ 4 KrWG).

Im Hinblick auf die Zulassung des Rückbaus von Abfalldeponien muß zwischen noch betriebenen Deponieanlagen und nicht mehr in Betrieb befindlichen Deponieanlagen unterschieden werden. Dabei erstreckt sich die Dauer des Betriebes einer Deponieanlage sowohl über die Zeitphase des Schüttbetriebes als auch über die Zeitphase, die für die Nachsorge, inklusive der Erstellung und des Betriebes der dafür notwendigen Einrichtungen erforderlich ist (z.B. Oberflächenrekultivierung). Ferner ist auch zu berücksichtigen, daß zu einer Deponieanlage alles gehört, was dem Zweck der Abfallentsorgung dient und mit ihr räumlich und betriebstechnisch verbunden ist.

Wird eine Deponie nicht mehr betrieben, so erfordert die Wiederaufnahme des Abfalls zur Gewinnung neuer Ablagerungsflächen bzw. von Sekundär-Rohstoffen in jedem Fall eine Planfeststellung mit Umweltverträglichkeitsprüfung (Abb. V.2.1). Diese erstreckt sich auf die Rückbauanlage und ihren Betrieb sowie auf die Anlage der Neueinlagerung und deren Betrieb (§ 31 Abs. 2. KrWG).

Bei in Betrieb befindlichen Deponien ist der Rückbau stets eine Änderung des Deponiebetriebes, die im Einzelfall mit einer Änderung der Anlage einhergehen kann. Solche Änderungen bedürfen einer abfallrechtlichen Zulassung, soweit es sich nicht nur um "unwesentliche Änderungen" handelt (Abb. V.2.1).

Eine jederzeit zulässige unwesentliche Änderung des Deponiebetriebes setzt grundsätzlich voraus, daß eine Beeinträchtigung der Schutzgüter des Abfallrechts durch die Änderung von vornherein ausgeschlossen werden kann. Bei Deponien, die durch eine Planfeststellung zugelassen wurden, stellen bloße Schutzmaßnahmen mit geringen und vorhersehbaren Auswirkungen keine wesentlichen Änderungen dar. Unwesentlich dürften im übrigen solche Behandlungsvorgänge sein, die im Falle ihrer Vornahme in einer isolierten Behandlungsanlage nach Immissionsschutzrecht beurteilt werden müßten und nach dessen Vorschriften genehmigungsfrei wären. Dies beträfe z.B. Maßnahmen, die innerhalb eines Jahres abgeschlossen wären.

Für die Verfahrenspraxis bedeutet das, daß der Behörde mit dem Antrag auf Durchführung eines Genehmigungsverfahrens Unterlagen über die umweltvorteilhaften wie nachteiligen Auswirkungen vorliegen müssen, wie dies auch für das Umweltverträglichkeitsprüfungsverfahren gefordert wird.

Umgekehrt liegen wesentliche Änderungen dann vor, wenn es unabhängig davon, ob eine Bilanz aller mit der Rückbaumaßnahme in Zusammenhang stehenden Auswirkungen positiv ist, beim Rückbaubetrieb zur ungünstigen Beeinträchtigung

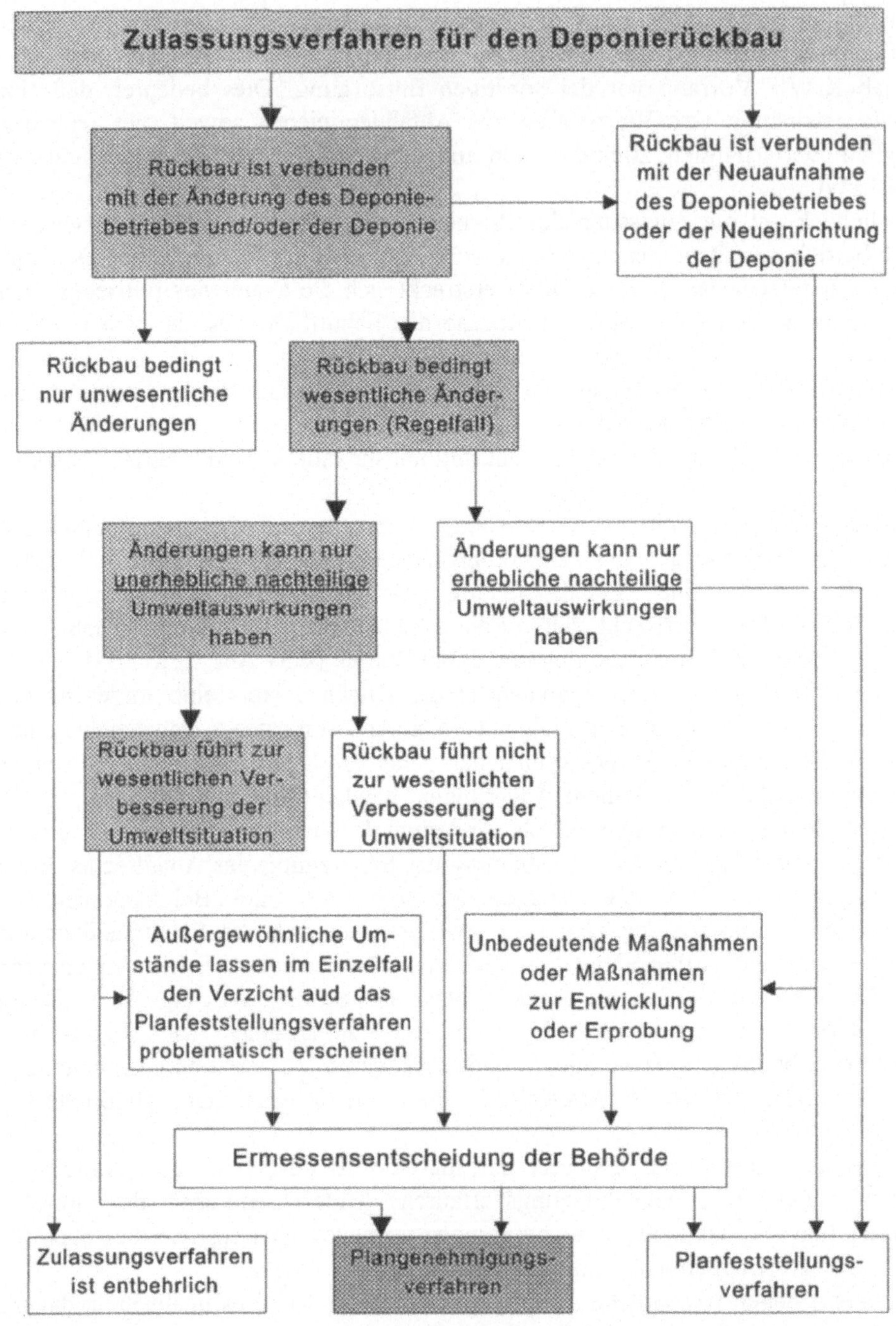

Abb. V.2.1: Zulassungsverfahren beim Rückbau von Siedlungsabfalldeponien

eines abfallrechtlichen Schutzgutes kommen kann. Wesentliche Änderungen des Deponiebetriebes oder der Anlage bedürfen grundsätzlich der Zulassung in einem Planfeststellungsverfahren (Abb. V.2.1). Im Fall des Deponierückbaus besteht jedoch für die zuständige Behörde regelmäßig die Verpflichtung, statt des Planfeststellungsverfahrens ein Genehmigungsverfahren durchzuführen, da es sich hier um Änderungen handelt, die im Ergebnis einer sämtliche Umweltauswirkungen berücksichtigenden Bilanz zu einer Verbesserung der Situation für die Schutzgüter des Umweltrechts führen (§ 31 Abs. 3 Satz 3 KrWG).

Neben der abfallrechtlichen Änderungsgenehmigung sind ebenso wie bei der Planfeststellung weitere Zulassungen nach anderen Gesetzen nicht erforderlich (sog. Konzentrationswirkung). Die Ergänzung von z. B. Rotteflächen oder anderen Behandlungsanlagen auf der Deponie bedarf keiner immissionsschutzrechtlichen Genehmigung, da solche Anlagen Teile der Deponie werden, deren Zulassung gerade nicht dem Bundesimmissionsschutzgesetz zugewiesen ist.

Im Hinblick auf die Ausbildung der durch Rückbau gewonnenen Deponiefläche besteht grundsätzlich keine Verpflichtung, eine neue Deponiebasiskonstruktion gemäß den Vorgaben der TA Siedlungsabfall aufzubauen. Eine Nachrüstung der Deponiebasisabdichtung von noch betriebenen Altanlagen sieht die TA Siedlungsabfall im Gegensatz zur Nachrüstung, z.B. Einrichtungen zur Deponieentgasung und Sickerwasserbehandlung, nicht vor. Die gesetzliche Befugnis der zuständigen Behörde, in der Änderungsgenehmigung Auflagen festzusetzen, die zur Wahrung des Allgemeinwohls erforderlich sind und die auch die Deponiebasisabdichtung betreffen können, wird dadurch allerdings nicht eingeschränkt.

Sofern die rückgebauten Abfälle auf der Deponie verbleiben (dort behandelt und wieder abgelagert werden), auf die sie entsprechend der Deponiezulassung verbracht wurden und der sie damit bereits zugeordnet sind, verpflichtet die TA Siedlungsabfall nicht zu einer erneuten Zuordnung dieser Abfälle im Sinne von Nr. 4.2 der TA Siedlungsabfall. Dies bedeutet, daß die aufgenommenen Abfälle nach ihrer Behandlung die Zuordnungskriterien nach Anhang B der TA Siedlungsabfall für ihre Wiedereinlagerung nicht einhalten müssen. Die Umweltverträglichkeit der Rückbaumaßnahme darf allerdings durch die Abweichung von diesen Werten nicht derart beeinträchtigt werden, daß - nach einer Abwägung mit allen anderen erheblichen Gemeinwohlbelangen (z.B. Vermeidung von Entsorgungsengpässen, wirtschaftliche Zumutbarkeit) - im Einzelfall eine Beeinträchtigung des Allgemeinwohls zu erwarten ist.

Die Wahrung des Allgemeinwohls ist auch entscheidend hinsichtlich neu auf die Deponie verbrachter Abfälle. Sie müssen die Zuordnungswerte einhalten, die gemäß der ursprünglichen Zulassung festgelegt sind. Dies können die Grenzwerte der TA Siedlungsabfall sein, wenn bereits eine Anpassung der Zulassung gemäß den Übergangsvorschriften der TA Siedlungsabfall, insbesondere Nr. 12.2, erfolgt ist. Soweit ersichtlich, haben die zuständigen Behörden wegen der weitreichenden

Folgen einer solchen Maßnahme bisher jedoch kaum von der genannten Anpassungsbefugnis Gebrauch gemacht. Die Änderung der ursprünglichen Zulassung ist insbesondere nur dann möglich, wenn sie zur Wahrung des Allgemeinwohls erforderlich ist. Das Allgemeinwohl ist aber im Einzelfall durch eine umfassende Abwägung zu ermitteln, in die alle erheblichen Belange eingestellt werden müssen. Hierbei stellt die in der TA Siedlungsabfall beschriebene umweltverträgliche Abfallentsorgung nach dem Stand der Technik nur einen Belang unter vielen dar. Eine Gesamtabwägung kann deshalb zu dem Ergebnis führen, daß auch Neuabfälle, die auf zurückgebauten Deponieabschnitten abgelagert werden sollen, die Zuordnungswerte der TA Siedlungsabfall nicht strikt einhalten müssen.

V.3 Übertragung der Untersuchungsergebnisse auf Großdeponien

V.3.1 Unterschiede zwischen der Versuchsanlage und Großdeponien

Im Rahmen dieses Projektes wurden technische Ergebnisse zum Rückbau an Versuchsdeponien ermittelt, in denen vor rund 16 Jahren Hausmüll, hausmüllähnliche Gewerbeabfälle, Klärschlamm und chemisch belastete Abfälle abgelagert worden waren. Sperrmüll und Bauschutt war in den Versuchsablagerungen nicht enthalten. Dennoch sind die an diesen Versuchsdeponien erzielten Ergebnisse auf reale Deponien übertragbar, da mögliche Emissionen kaum durch Sperrmüll und Bauschutt beeinflußt werden. Die Ausnahme bildet der hohe Anteil an gut löslichen anorganischen Stoffen (v.a. Calcium) im Bauschutt, der die Verkrustungsgefahr im Entwässerungssystem erhöht (RAMKE/BRUNE, 1991). Die Reduktion des Bauschuttanteils ist deswegen auch beim Rückbau unbedingt vorteilhaft für die neue Basiskonstruktion.
Im Hinblick auf die Deponieraumgewinnung durch Rückbau sind die erzielten Ergebnisse als eher konservativ einzuschätzen, da der Anteil der mechanisch abtrennbaren Bestandteile (Abschn. I.3.2.3) in realen Deponien i.d.R. höher ist.

V.3.2 Aufnahme der abgelagerten Abfälle

Nach einer Ablagerungsdauer von etwa 16 Jahren wiesen die aus den alten Versuchsablagerungen ausgebauten Materialien sehr unterschiedliche Zersetzungsgrade auf. Dies bestätigt erneut die Feststellung, daß das Alter einer Abfallablagerung allein kein Maß für das noch vorhandene Reaktionspotential ist. Entscheidend ist - abgesehen von der Abfallart - vielmehr die Vorbehandlung der Abfälle vor der Deponierung und die Einbauart. So lag beispielsweise die biologische Aktivität der vor der Ablagerung gerotteten Hausmüll-Klärschlamm-Mischung etwa auf dem Niveau eines Waldbodens (Abschn. II.3). Außerdem wiesen diese Abfälle beim Ausbau keine Toxizität mehr auf. Der vor der damaligen Deponierung mechanisch-biologisch vorbehandelte Abfall war demnach nahezu inert. Demgegenüber zeigten die unvorbehandelten Abfälle der anderen Versuchsablagerungen hohe biologische Aktivitäten und teilweise sehr hohe Toxizitäten im Sickerwasser und Feststoff.

Die Gasemissionen vor dem Ausbau waren wegen der besonderen Lagerung der Versuchskörper in den 16 Jahren und ihrer Größe im Vergleich zu realen Deponien gering. Es waren deswegen an den Versuchsdeponien keine Arbeitsschutzmaßnahmen erforderlich, die über die persönliche Grundausrüstung (BURMEIER et al., 1995) hinausgingen. Beim Freilegen bzw. Aufgraben des Abfalls war jedoch eine kurzzeitige erhöhte Schadstoffbelastung in der unmittelbaren Umgebung der Rückbaumaßnahme meßbar (Abschn. II.4 und Abschn. III.2.2).

In der Praxis muß deshalb stets geprüft werden,

- ob eine Gasbildung überhaupt und mit welcher Zusammensetzung vorhanden ist und
- wie der abgelagerte Abfall auf einen Luftzutritt reagiert.

In der Regel ist es erforderlich, ein System zu entwerfen, das die vorhandenen bzw. die durch Reaktion mit Luft entstehenden Gase faßt und abführt. Dies kann beispielsweise durch kombinierte Druck-Saug-Systeme unter Verwendung von Injektionslanzen in der Altdeponie erreicht werden. Hierbei wird ein Deponiebereich bereits vor der Aufgrabung durch abwechselnd angeordnete Druck- und Sauglanzen gezielt belüftet und kontrolliert abgesaugt. Die Anordnung muß so entworfen und gebaut werden, daß beim Rückbau an der Abgrabungsfront kein Gasaustritt erfolgt. Die Arbeitssicherheit an der Abgrabungsfront wird somit durch eine Strömungsrichtung von außen nach innen gewährleistet, weshalb am Rand der Abgrabungsfront stets Sauglanzen angeordnet werden. Dennoch ist auf Arbeitsschutzmaßnahmen zu achten.

V.3.3 Bewertender Vergleich der Rückbauvarianten

V.3.3.1 Allgemeines

Nach dem Ausbau der Abfälle aus einer alten Ablagerung sind grundsätzlich folgende Arbeitsschritte denkbar und hier untersucht worden (Abb. V.3.1).

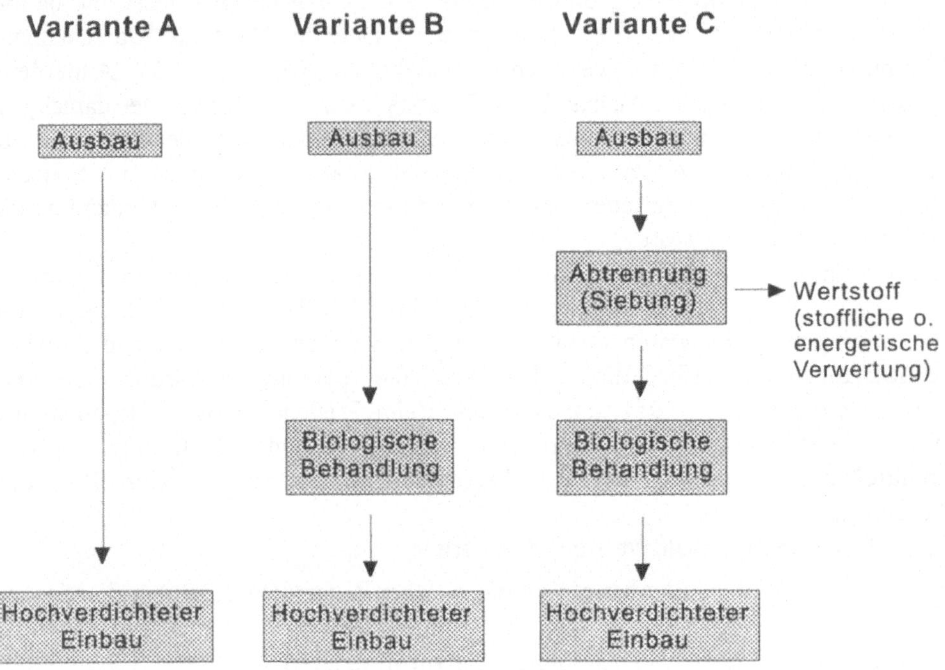

Abb. V.3.1: Rückbauvarianten

V.3.3.2 Direkter hochverdichteter Wiedereinbau

Im Falle des direkten Wiedereinbaus (Variante A in Abb. V.3.1) kann bis zu 40 % des Deponievolumens zurückgewonnen werden. Die Höhe des zu erzielenden Volumengewinns hängt im Einzelfall von der Lagerungsdichte in der rückzubauenden Deponie ab und ist nicht allgemeingültig definierbar. Nur mit der Kenntnis der in der alten Ablagerung vorhandenen Lagerungsdichte läßt sich genauer abschätzen, welche zusätzlichen Volumina erschlossen werden können. Der zu erzielende Volumengewinn (ΔV) durch direkten Wiedereinbau kann im Bereich der herkömmlicher Lagerungsdichten (0,40 bis 1,10 t TS/m^3) überschlägig berechnet werden (Abschn. I.3.3).

$$\Delta V = \left(1 - \frac{\rho_{alt}}{0{,}8 * \rho_{alt} + 0{,}4}\right) * 100$$

mit: ΔV = Volumengewinn [Vol.-%]

ρ_{alt} = Trockendichte der Abfälle vor Ausbau [t TS/m^3]

Beim Aufgraben von alten Deponien (mit Ausnahme von Rottedeponien und Inertstoffdeponien) ist eine Aktivierung biochemischer Reaktionen zu erwarten, wie sie bei der Aufgrabung der Versuchsdeponien festgestellt wurde. Dies äußert sich zu Beginn der anschließenden Ablagerung der direkt umgelagerten Abfälle (Variante A, Abb. V.3.1) in einer kurzfristigen höheren Toxizität und Belastung des Sickerwassers, die auch höher sein kann als vor der Aufnahme (Abschn. III.3.3.1). Darüberhinaus kommt es zu einer erhöhten Methanbildung in der Gasphase (Abschn. II.6).

V.3.3.3 Rückbau mit biologischer Behandlung der Abfälle

Wenn die Abfälle nach dem Ausbau biologisch behandelt werden (Variante B in Abb. V.3.1), ohne daß eine Abtrennung von Teilströmen, z.B. durch Siebung, vorgenommen wird, sind die im folgenden dargestellten Auswirkungen zu erwarten. Die Aussagen hierzu beruhen auf Schlußfolgerungen aus den Versuchen und sind nicht explizit ermittelt worden, da eine zusätzliche Abtrennung von Stoffen, die stofflich (wie in Variante C in Abb. V.3.1) oder energetisch verwertet werden können, in der Regel sinnvoller und anzustreben ist und hier realisiert wurde. Dennoch ist es grundsätzlich denkbar, daß ein Absatzmarkt für wiedergewonnene Wertstoffe oder verwertbare Teilströme im Einzelfall nicht vorhanden ist und auf diese Verfahrensvariante zurückgegriffen wird.
Im Vorhaben wurde - aufgrund früherer Erfahrungen über die Bedeutung von anaerob/aerob-Wechseln für den Schadstoffabbau - auch eine alternierende, biologische Behandlung (anaerob/aerob-Behandlung im Wechsel) untersucht. Die bisherigen Erfahrungen belegen, daß nicht alle organischen Schadstoffe durch eine aerobe Behandlung abbaubar sind. Vielmehr ist der Abbau hochchlorierter Kohlenwasserstoffe erst dann möglich, wenn die Behandlung zunächst eine anaerobe und anschließend eine aerobe Phase durchläuft (HANERT, 1991).

In der Regel stellt sich der anaerobe Zustand in Abfallablagerungen ohne weiteres Einwirken relativ schnell ein, wenn der Luftzutritt unterbunden wird bzw. die Nachlieferung von Sauerstoff gegenüber der Sauerstoffzehrung deutlich geringer

ist (HANERT et al., 1992). Bei den hier untersuchten Versuchskörpern mit anaerob/aerob-Behandlung war die Sauerstoffzehrung jedoch so gering (Abschn. II.5) und das Oberflächen-Volumen-Verhältnis so groß, daß über kleine, immer zu erwartende Undichtigkeiten der umschließenden Hülle ausreichend Sauerstoff nachgeliefert wurde. Aus diesen Erfahrungen läßt sich für die Praxis schließen, daß zunächst die Sauerstoffzehrung geprüft werden sollte, bevor eine anaerobe Behandlung bautechnisch geplant wird.
Wenn ein technisch einfaches Verfahren bevorzugt wird, so sollte aus den genannten Gründen eine aerobe Behandlung erfolgen.
Mit der biologischen Behandlung der ausgebauten Abfälle ist es möglich, die durch Mobilisierung der Abfälle auftretenden Spitzen in der organischen Sickerwasserbelastung gezielt abzufangen. Dadurch werden hohe Sickerwasserbelastungen im Anschluß an den hochverdichteten Endeinbau verhindert und unter Umständen sogar eine Sickerwasserqualität erzielt, die eine direkte Einleitung des Sickerwassers in den Vorfluter ermöglicht (Abschn. I.3.4.2).
Darüberhinaus wurde durch eine biologische Behandlung die Toxizität der Altabfälle reduziert, was eine Verringerung der Sickerwassertoxizität in der Endablagerung bewirkt (Abschn. II.6). Eine solche Entgiftung der Abfälle ist jedoch nur dann dauerhaft, wenn der Abfall durch eine ausreichende biologische Behandlung inertisiert wird (Abschn. II.10).
Die aerobe Behandlung der untersuchten Altabfälle hat sich auf die Volumenreduzierung - gemessen am direkten Wiedereinbau - kaum zusätzlich ausgewirkt (Abschn. I.3.3). Die Massenreduktion durch die Aerobbehandlung war gering. Anders als bei der aeroben Behandlung von frischem Abfall, war im Altmüll ein Großteil der leicht abbaubaren Stoffgruppen (z. B. Papier, Vegetabilien) während der Ablagerungsdauer abgebaut worden und die Abfälle bereits "mürbe". Deswegen war der Erfolg der biologischen Behandlung des Altmülls im Hinblick auf die Volumen- und Massenreduktion geringer als bei frischen Abfällen.
Die Fixierung der Schwermetalle in der Altablagerung hat sich durch die Bewegung und Behandlung der Abfälle nicht verändert. Der Austrag an Schwermetallen im Sickerwasser erfolgte langfristig mit gleicher Konzentration, d.h. die Frachten waren direkt proportional zum abfließenden Wasservolumen (Abschn. I.3.4.2).

V.3.3.4 Rückbau mit Siebung und biologischer Behandlung der Abfälle

Eine zusätzliche Absiebung der aufgenommenen Abfälle (Variante C in Abb. V.3.1) reduziert die anschließend abzulagernde Masse um mindestens 15 % (bezogen auf die Trockensubstanz). Die Massenreduktion um 15 % ergab für die Versuchsdeponien eine Volumenreduktion um nur etwa 10 % (Abschn. I.3.3).

Hierbei ist aber zu berücksichtigen, daß die Untersuchungen nur mit Hausmüll, hausmüllähnlichen Gewerbeabfällen und Klärschlamm durchgeführt wurden und nicht mit Bauschutt, Boden und Sperrmüll. Bei Absiebung und hochverdichtetem Einbau des Siebdurchganges (siehe Variante A, Abb. V.3.1) kann demzufolge mit mindestens 50 % des ursprünglichen Deponievolumens für eine neue Nutzung gerechnet werden. Dies entspricht einer Verdoppelung der ursprünglichen Laufzeit. Die Siebung der Abfälle aus den Versuchsdeponien wurde bei einem Trennschnitt von 100 mm vorgenommen. In der Praxis kann unter Umständen ein kleinerer Trennschnitt oder auch eine mehrstufige Siebung sinnvoll sein, um gezielt unterschiedliche Stoffgruppen zu trennen. Dies sollte für die Planung der Rückbaumaßnahme anhand von Abfallproben vorher geprüft werden.
Das vor der biologischen Behandlung abgesiebte Material wies viele Anhaftungen auf, da der Wassergehalt der ausgebauten Abfälle teilweise sehr hoch war. Für eine Verringerung der Anhaftungen ist die Absiebung nach der biologischen Behandlung günstiger, weil die Abfälle am Ende der biologischen Behandlung auf einfache Weise getrocknet werden können. Die Absiebung im Anschluß an die biologische Behandlung hat sich bei frischem Restabfall bereits bewährt (TURK, 1994).
Das abgesiebte Material besteht zum größten Teil aus Kunststoffen. Eine stoffliche Verwertung des Kunststoffs kann wegen der starken Verschmutzung jedoch nicht empfohlen werden. Für eine thermische Verwertung sprechen die hohen Heizwerte des Überkorns von 12 bis 21 MJ/kg TS, die deutlich oberhalb des Heizwertes für frischen Abfall mit 8 bis 10 MJ/kg liegen (Abschn. I.3.2.3).
Im Hinblick auf die Sickerwasserqualität nach erneutem hochverdichteten Einbau gilt das gleiche wie für die Variante B (Abschn. V.3.3.3). Ebenso erfüllen die wieder abgelagerten Abfälle die Zuordnungswerte der TA Siedlungsabfall für die Deponieklasse II (mit Ausnahme des Glühverlustes) und für die meisten Parameter sogar der Deponieklasse I. Für die erneute Ablagerung der Altabfälle auf derselben Deponie ist - wie eingangs erläutert - die Einhaltung dieser Zuordnungswerte allerdings nicht zwingend.

V.4 Ökonomische Betrachtungen zum Deponierückbau

V.4.1 Allgemeines

Der Deponierückbau bietet die Möglichkeit, die Laufzeit bestehender Deponien durch Rückgewinnung von Deponievolumen erheblich zu verlängern. Im folgenden soll der wirtschaftliche Nutzen eines Rückbaus von Abschnitten noch betriebener Deponien im Vergleich zur Herstellung neuer Deponieflächen in der Größe des rückgewonnenen Deponievolumens verdeutlicht werden. Die Betrachtungen

beschränken sich dabei zunächst allein auf den Gesichtspunkt der Deponieraumgewinnung und berücksichtigen nicht den Sanierungsaspekt, der monetär oft schwer zu definieren ist.
Für den Rückbau des Altbereiches einer noch betriebenen Deponie fallen Kosten an, die für die in Abb. V.3.1 dargestellten Varianten A (direkter Wiedereinbau) und C (Siebung + biologische Behandlung (Rotte)) sowie nur mit einer Siebung in Tab. V.4.1 anhand von Literaturangaben abgeschätzt wurden.

Tab. V.4.1: Geschätzte Kosten bei unterschiedlichen Rückbauvarianten

		direkter Wiedereinbau		Siebung		Siebung + Rotte	
Aktivitäten	spezifische Kosten	Anteil im Altmüll	Kosten	Anteil im Altmüll	Kosten	Anteil im Altmüll	Kosten
	DM/t	%	DM/t Altmüll	%	DM/t Altmüll	%	DM/t Altmüll
Altkörperstudie (hist. Erkundung, Bohrungen)	0,02 - 0,05 [1]	100	0,05 - 0,10	100	0,05 - 0,10	100	0,05 - 0,10
Entgasung, Gasbehandlung	10 - 25 [2]	100	10 - 25	100	10 - 25	100	10 - 25
Ausbau und Transport	10 - 30 [3]	100	10 - 30	100	10 - 30	100	10 - 30
Rotte (Kaminzugverfahren auf der Deponie)	15 - 30 [4]	0	0	0	0	100	15 - 30
Siebung	5 - 15 [2]	0	0	100	5 - 15	100	5 - 15
Thermische Behandlung des Überkorns	200 - 300 [5]	0	0	15	30 - 45	15	30 - 45
hochverdichteter Einbau	0,50 - 1,50 [6]	100	0,50 - 1,50	85	0,45 - 1,30	85	0,45 - 1,30
Summe			21 - 57		56 - 116		71 - 146

[1] Münnich, 1995 [2] Reisner, 1992 [3] Sievers, 1994 [4] Turk, 1995
[5] van Mark/Nelles, 1993 [6] Wiemer, 1983

Neben dem Ausbau und Transport der Altabfälle wurden auch Kosten für eine Erkundung sowie für eine vorherige Entgasung des Altbereiches angesetzt. Für die Varianten Siebung sowie Rotte + Siebung wurden die Rückbaukosten für einen Überkornanteil von 15 Gew.-% (FS) geschätzt. Dabei wurde hier davon ausgegangen, daß für die thermische Behandlung des Überkorns Kosten entstehen. Denkbar ist aber auch, daß für die thermische Behandlung bzw. Verwertung des Überkorns aufgrund der hohen Heizwerte keine Kosten anfallen.

Im Hinblick auf den Bau neuer Deponieflächen kommen zwei Möglichkeiten in Betracht. Dies ist zum einen eine Deponieerweiterung am betriebenen Standort (Fall I in Abb. V.4.1) und zum anderen eine Deponie an einem neuen Standort. (Fall II in Abb. V.4.1) Beide Möglichkeiten werden nachfolgend mit der Deponieraumgewinnung durch Rückbau verglichen

V.4.2 Gegenüberstellung von Rückbau und Standorterweiterung

Für die Gegenüberstellung (Fall I in Abb. V.4.1) wird angenommen, daß an einem noch betriebenen Standort die Möglichkeit einer Deponieerweiterung auf benachbarten Flächen besteht. Für den Deponiebetrieb zur Ablagerung zukünftig anfallender Abfälle kann sowohl für den Einbau auf der durch Rückbau freigelegten Altfläche als auch im Falle des Einbaus auf einer Erweiterungsfläche auf die bestehenden Deponieeinrichtungen, wie Sickerwasserkläranlage, Gasfassung und Betriebsgebäude etc., zurückgegriffen werden.
Bei der Erweiterung der Deponie fallen Kosten für den Erwerb der Erweiterungsfläche sowie für die Herstellung der Deponiebasis der Erweiterungsfläche an. Die Größe der Erweiterungsfläche soll dabei der durch Rückbau zurückgewonnenen Altfläche entsprechen. Bei der Deponierweiterung kann für den Erwerb des neuen Grundstücks ein Preis von etwa 70 DM/m^2 zugrunde gelegt werden. Das ergibt für einen konkreten Fall bei einer Deponiehöhe von 40 m und einer geschätzten, durchschnittlichen Einbaudichte von 1,10 t FS/m^3 auf die Abfallmasse bezogene Kosten von rund 2,00 DM/t abgelagerten Frischmüll. Die Kosten für die Herstellung der Deponiebasis der Erweiterungsfläche können mit etwa 70 DM/t Frischmüll angesetzt werden.
Bei der durch Rückbau gewonnenen Deponiefläche besteht nach den Erläuterungen in Abschn. V.2 grundsätzlich keine Verpflichtung eine Deponiebasiskonstruktion gemäß TA Siedlungsabfall vorzusehen.
Wenn keine neue Basisabdichtung gefordert wird, entstehen für den Rückbau des Altbereiches somit lediglich Kosten für Aufnahme, ggf. Behandlung und Einbau. Diese Rückbaukosten sind in Tab. V.4.1 bezogen auf die Tonne Altmüll aufgeführt. Überschlägig soll im Rahmen der Betrachtungen für die in Tab. V.4.1 unterschiedenen Rückbauvarianten ein Volumengewinn von 50 % angesetzt werden. Somit kann die gleiche Masse frischer Abfälle abgelagert werden, wie vorher als Altabfall aufgenommen wurde. Das bedeutet, daß die aufgeführten Kosten direkt auf die Tonne abzulagernder Abfälle übertragen werden können.
Die Gegenüberstellung im Fall I a) ergibt demnach Kosten für die Durchführung des Rückbaus von mindestens 21 DM/t (gemäß Tab. V.4.1) und Kosten für den Grundstückserwerb sowie den Bau der Basisabdichtung im Fall der Deponie-

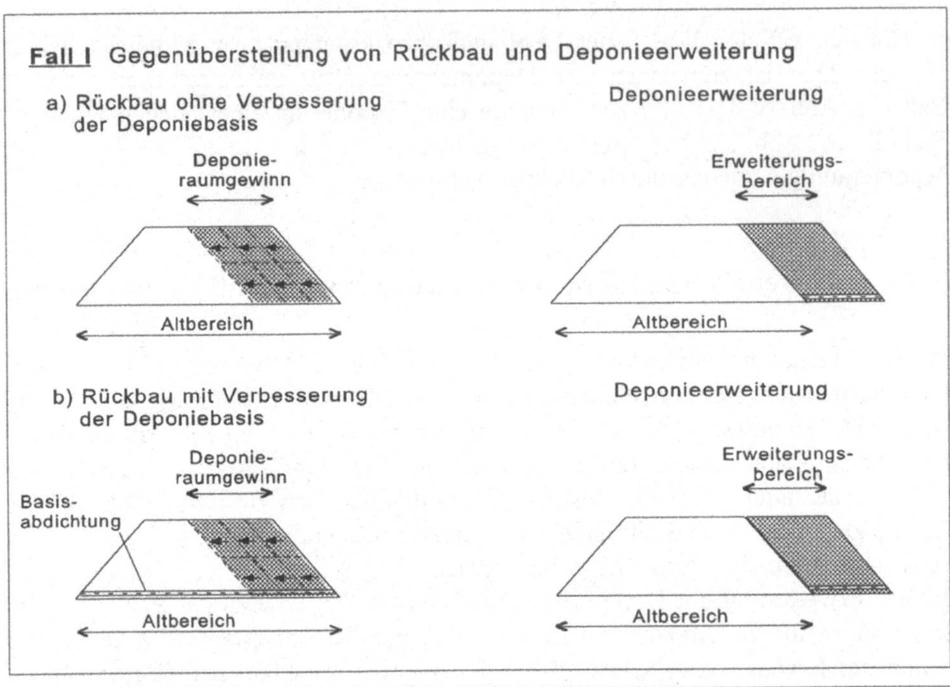

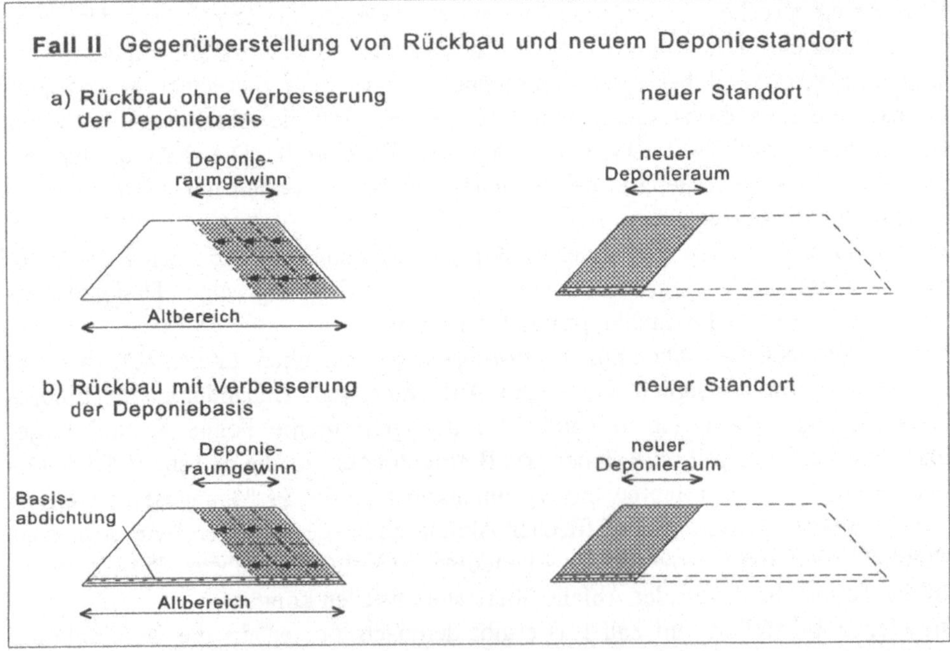

Abb. V.4.1: Gegenüberstellungen von neuen Deponieflächen und Deponieraumgewinnung durch Rückbau

erweiterung von 72 DM/t. In diesem Fall kann die Deponieraumgewinnung durch Rückbau bereits wirtschaftlich günstiger sein als eine Deponieerweiterung.
Wird hingegen für den rückgebauten Altbereich eine Basiskonstruktion gemäß TA Siedlungsabfall gefordert (Fall I b) in Abb. V.4.1), dann sind die Kosten für die Deponiebasis beim Rückbau und für die Erweiterungsfläche gleich hoch und heben sich gegenseitig auf. Im Fall I b) stehen dann den Rückbaukosten von mindestens 21 DM/t (gemäß Tab. V.4.1) die Kosten für den Grundstückserwerb von rund 2 DM/t für die Erweiterungsfläche gegenüber. Unter diesen Voraussetzungen bringt der Rückbau gegenüber der Deponieerweiterung am betriebenen Standort keinen unmittelbaren wirtschaftlichen Nutzen.
Denkbar ist grundsätzlich aber auch, daß die Kosten für die neue Basisabdichtung der Altfläche gemäß TA Siedlungsabfall als Sicherungs- bzw. Sanierungsmaßnahme verbucht werden und nicht zu Lasten der Deponieraumgewinnung durch Rückbau gehen. Dann gilt wiederum gleiches wie für den Fall I a).

V.4.3 Gegenüberstellung von Rückbau und neuem Deponiestandort

Falls an dem Standort nicht mehr die Möglichkeit einer Deponieerweiterung besteht (Fall II in Abb. V.4.1), also nur ein Deponiebau auf einem neuen Standort eine Alternative zum Deponierückbau darstellt, sind bei der Gegenüberstellung weitere Faktoren zu berücksichtigen.
Zunächst ist für die neue Deponie eine im Planfeststellungsverfahren verankerte Standortsuche erforderlich. Die Planfeststellung eines neuen Deponiestandortes ist gegenüber der Plangenehmigung durch die intensive Einbeziehung der Öffentlichkeit sehr langwierig. Erfahrungsgemäß müssen bis zum Abschluß von Planfeststellungsverfahren bis zu 10 Jahre veranschlagt werden. Die erheblich längere Dauer der Planfeststellung im Vergleich zu verkürzten Verfahren, wie z. B. der Plangenehmigung, ist aber nicht immer mit wesentlich höheren Kosten verbunden und bleibt deswegen bei der Gegenüberstellung des wirtschaftlichen Nutzens unberücksichtigt.
Im Gegensatz zur Deponieraumgewinnung durch Rückbau (ebenso bei der Deponieerweiterung) sind für einen neuen Deponiestandort zusätzlich zu den Kosten für die Einbaufläche auch Investitionen für Deponieeinrichtungen, wie Betriebs- und Sozialgebäude, Werkstätten, Sickerwasserreinigung usw. erforderlich. Auf der Basis von Praxisbeispielen können hierfür Investitionen von etwa 15 - 30 DM/t Abfall angesetzt werden. Beim Deponierückbau werden die schon bestehenden Deponieeinrichtungen - z. T. auch über die ursprünglich geplante Zeit hinweg - mitgenutzt. Investitionen für Deponieeinrichtungen müssen für den

Rückbau somit nicht angesetzt werden.
Für die Kosten der Basisfläche des neuen Deponieraumes gilt das gleiche wie für die vorherige Gegenüberstellung (Abschn. V.4.2). Demgemäß sind die Kosten für die Basisabdichtung der zurückgewonnenen Deponiefläche (aus Rückbau) gegebenenfalls geringer als für den neuen Deponiestandort. Möglicherweise werden diese Kosten auch ganz der Sicherung bzw. Sanierung des Standortes zugewiesen und sind damit in dieser Gegenüberstellung nicht mit anzusetzen. Wird hingegen für die rückgebaute Deponiefläche die gleiche Basiskonstruktion gefordert und angerechnet, dann stehen den Rückbaukosten von mindestens 21 DM/t (gemäß Tab. V.4.1) somit beim neuen Deponiestandort Kosten von 15 - 30 DM/t für Deponieeinrichtungen zuzüglich Grundstückskosten von rund 2 DM/t gegenüber.

V.4.4 Gesamtbetrachtung

Die monetäre Beurteilung eines Rückbaus kann jedoch nicht immer allein entscheidend sein. Neben der einfachen Berechnung spezifischer Investitionskosten (wie hier geschehen), müssen auch folgende Punkte berücksichtigt und gewertet werden.

- Die erhebliche Dauer eines Planfeststellungsverfahrens für einen neuen Deponiestandort muß in den abfallwirtschaftlichen Planungen frühzeitig berücksichtigt werden. Wenn der Antrag zur Planfeststellung eines neuen Deponiestandortes nicht rechtzeitig gestellt wird und ein Entsorgungsnotstand eintritt, müssen die Abfälle auf fremde Deponien verbracht werden. Mit diesem sogenannten Mülltourismus sind zusätzliche Transportkosten und Umweltbelastungen verbunden. Durch den Rückbau kann die Laufzeit einer Deponie dagegen verlängert und ein Entsorgungsnotstand vermieden werden.
- Beim Rückbau handelt es sich um eine wertvolle Ressourcenschonung. Bestehende Deponiestandorte werden besser ausgenutzt und dadurch die Zahl neuer Standorte reduziert.
- Besonders gute Deponiestandorte können mit Hilfe des Deponierückbaus länger genutzt werden.
- Mit der Verlängerung der Nutzungsdauer von Deponien durch Rückbau ist keine Neuorganisation der Müllabfuhr erforderlich. Dadurch werden eingespielte Entsorgungstouren erhalten.
- Als Nebeneffekt ist mit dem Rückbau von Altdeponien eine Nachbesserung der Basisabdichtung verbunden. Damit stellt der Rückbau in jedem Fall eine

Verbesserung des Standortes durch die Sicherung bzw. Sanierung der Altdeponie dar.

Unter Berücksichtigung aller hier betrachteten Aspekte stellt der Deponierückbau in jedem Fall eine sinnvolle Maßnahme zur Deponieraumgewinnung dar und sorgt gleichzeitig für eine Verbesserung der Standortqualität.

Literatur

Altenmüller, R. (1978): Zum Begriff "Abfall" im Recht der Abfallbeseitigung. Die Öffentliche Verwaltung. 27.

Anonym (1984): Leidrad Bodensanering. Niederländisches Ministerium für Wohnungswesen, Raumordnung und Umwelt.

Atwater, J., Jasper, S., Mavinic, D., Koch, F. (1983): Experiments using daphnia to measure landfill leachate toxicity. Water Research. 17, 1855-1861.

Axer, P. (1995): Die Konzentrationswirkung der Plangenehmigung. Die Öffentliche Verwaltung. 495.

Bahadir, M., Lorenz, W., Schmidt, C. (1992): Monitoring the use of dioxin contaminated copper slag „Kieselrot" in sport fields construction in germany - A Rapid Method -. Fres. Envir. Bull. 1, 364-369.

Beckmann, M. (1993): Rechtsfragen der Genehmigung mobiler Bodenreinigungsanlagen. Neue Zeitschrift für Verwaltungsrecht. 305.

Beckmann, M., Appold, W., Kuhlmann, E.-M. (1988): Zur gerichtlichen Kontrolle abfallrechtlicher Planfeststellungen. Deutsches Verwaltungsblatt. 1002.

Bender, B., Sparwasser, R., Engel, R. (1995): Umweltrecht. 3. Auflage, C.F. Müller Verlag. Heidelberg.

Blankenagel, A., Bohl, J. (1993): Abfallrecht und Immissionsschutzrecht - russisches Roulette der Genehmigungsverfahren?. Die Öffentliche Verwaltung. 587.

Böhm, H. (1993): Analytische Trennmethode zur Bestimmung schwerflüchtiger organischer Schadstoffe in Klärschlämmen. Dissertation, TU Braunschweig.

Bollwien, K. (1994): Umlagern einer Deponie - Beispiel Stadt Wolfsburg. Trierer Berichte zur Abfallwirtschaft. 7, 211-219. Economica Verlag.

Brammer, F. (1996): Setzungsverhalten von Abfällen sowie alter Deponien. Veröffentlichungen des Zentrums für Abfallforschung, TU Braunschweig. 11, 209-227.

Brauner, R. (1994): Zur Auswahl von Sanierungsverfahren. Dissertation, Universität Bochum. Boorberg Verlag. u.a. Stuttgart.

Breuer, R. (1986): "Altlasten" als Bewährungsprobe der polizeilichen Gefahrenabwehr und des Umweltschutzes. Juristische Schulung. 359.

Brune, M. (1991): Ursachen für die Bildung fester und schlammiger Sedimente in Entwässerungssystemen von Hausmülldeponien. Dissertation, TU Braunschweig.

Burmeier, H., Dreschmann, P., Egermann, R., Ganse, J., Rumler, R. (1995): Sicheres Arbeiten auf Altlasten. focon-Ingenieurgesellschaft für Umwelttechnologie- und Forschungsconsulting mbH, Aachen.

Chammah, A., Collins, H.-J., Ramke, H.-G., Spillmann, P. (1987): Einfluß von Recycling-Maßnahmen auf den Wasser- und Stoffhaushalt von Hausmülldeponien. Müll und Abfall. 9, 353-357.

Colgrove, G., Svec, H. (1981): Liquid-liquid fractionation of complex mixtures of organic components. Anal. Chem.. 53, 1737-42.

Collins, H.-J., Brammer, F. (1994): Bewässerung von Mülloberflächen. Müll und Abfall. 5/94, 260-278.

Collins, H.-J., Spillmann, P. (1990): Lagerungsdichte und Sickerwasser einer Modelldeponie von selektiertem Hausmüll. Müll und Abfall. 6, 365-373.

Cord-Landwehr, K. (1994): Einführung in die Abfallwirtschaft. Teubner Verlag. Stuttgart.

Cross, F., Howell, J. (1992): Communities find that excavating their old landfills and reclaiming the usable components can be profitable. Pollution Engineering. October 1, 39-41.

Czuczwa, J., Alford-Stevens, A. (1989): Optimized gel permeation chromatography for soil, sediment, wastes and oily waste extracts for determination of semivolatile organic pollutants and PCBs, J. Assoc. off. Anal. Chem., 72, 5, 752-759.

Deipser, A., Stegmann, R. (1993): Untersuchungen von Hausmüll auf leichtflüchtige Spurenstoffe. Müll und Abfall. 2, 69-81.

DFG (1991): Deutsche Forschungsgemeinschaft, Methodensammlung. Methode S-19. Rückstandsanalytik von Pflanzenschutzmitteln. VCH Verlagsgesellschaft. Weinheim.

DFG (1992): Deutsche Forschungsgemeinschaft. MAK- und BAT-Wert-Liste. VCH Verlagsgesellschaft. Weinheim.

Di Fabio, U. (1994): Risikoentscheidungen im Rechtsstaat. Mohr Verlag. Tübingen.

Dierkes, H. (1993): Die TA Siedlungsabfall: eine zukunftsorientierte Verwaltungsvorschrift?. Neue Zeitschrift für Verwaltungsrecht. 951.

Ebling, W. (1993): Beschleunigungsmöglichkeiten bei der Zulassung von Abfallentsorgungsanlagen. Dissertation, FU Berlin. Duncker&Humblot Verlag. Berlin.

Edwards, N. (1983): Polycyclic Aromatic Hydrocarbons in the Terrestrial Environment - A Review. J. Environ. Qual.. 12(4), 427-441.

Erbguth, W. (1987): Rechtssystematische Grundfragen des Umweltrechts. Duncker&Humblot Verlag. Berlin.

Erichsen, H. (Hrsg.) (1995): Allgemeines Verwaltungsrecht. 10. Auflage. De Gruyter Verlag. Berlin, New York.

Franßen, E. (1993): Vom Elend des (Bundes-) Abfallgesetzes. Festschrift für Redeker. Beck Verlag. München. 457.

Gamble, T., Betlach, M., Tiedje, J. (1977): Numerically dominant denitrifying bacteria from world soils. Applied and Environmental Microbilogy. 33, 926-939.

Geissler, M., Weimar, A. (1993): Quantifizierung von 16 PAK's nach EPA in Deponiesickerwässern und Bodenproben. GIT-Spezial Chromatographie. 2, 70-73.

Göschl, R. (1994): Deponierückbau zur Gewinnung von Deponievolumen - Konzeption und Planung einer Pilotanlage auf der Deponie Burghof, Landkreis Ludwigsburg. Fortschritte der Deponietechnik. 70, 11-23.

Hagendorf, U., Börnert, W. (1992): Biologische Testverfahren zur Feststellung gefährlicher Abwässer im Sinne des § 7a WHG. Wasser-Abwasser-Praxis. 6, 312-317.

Haider, K. (1983): Abbau und Umwandlung von γ-HCH und anderen HCH-Isomeren durch Bodenmikroorganismen. DFG: Hexachlorcyclohexan als Schadstoff in Lebensmitteln. Forschungsbericht Deutsche Forschungsgemeinschaft. VCH Verlagsgesellschaft. Weinheim. 73-78.

Hanert, H. (1991): Überlegungen zu einer zweistufigen (anaerob-aeroben) mikrobiologischen Aufbereitung des Restmülls. Veröffentlichungen des Zentrums für Abfallforschung, TU Braunschweig. 6, 259-280.

Hanert, H., Harborth, P., Kucklick, M., Lang, E., Rohde, R., Waschke, C., Wittmaier, M. (1992): Möglichkeiten mikrobieller Stoffumsetzungen bei der

Abfallentsorgung. Veröffentlichungen des Zentrums für Abfallforschung, TU Braunschweig. 7, 61-88.

Heckenkamp, G., Saure, T. (1994): BMFT-Vorhaben: Abfallwirtschaftliche Rekonstruktion von Altdeponien, Teil I. Müll und Abfall. 3, 155-161.

Himmelmann, S., Pohl, A., Tünnesen-Harmes, Ch. (1994): Handbuch des Umweltrechts. Loseblattsammlung, Stand Juni 1994. Beck Verlag. München.

Hoppe, W., Beckmann, M. (1989): Umweltrecht. Beck Verlag. München.

Hoppe, W., Beckmann, M. (1990): Planfeststellung und Plangenehmigung im Abfallrecht. Rechtsgutachten im Auftrag des Umweltbundesamtes, Berlin.

Hösel, G., Freiherr von Lersner, H. (1996): Recht der Abfallbeseitigung des Bundes und der Länder. Loseblattkommentar, Bände 1 - 3, Stand März 1996. Erich Schmidt Verlag. Berlin.

Hughes, E., Ingold, C., Pasternak, R. (1953): Mechanism of Elimination Reactions. Part XVIII. Kinetics and Steric Course of Elimination from Isomeric Benzene Hexachlorides. J. Chem. Soc. 3832-3839.

James, A., Chernicharo, C., Campos, C. (1990): The development of a new methodology for the assesment of specific methanogenic activity. Water Research. 24, 813-825.

Janson, O. (1989): Analytik von Spurenstoffen in Deponiegasen. GIT Fachz. Lab. 6/89, 558-568.

Jarass, H. (1986): Reichweite des Bestandsschutzes industrieller Anlagen gegenüber umweltrechtlichen Maßnahmen. DVBl . 314.

Jung, G. (1988): Die Planung in der Abfallwirtschaft. Erich Schmidt Verlag. Berlin.

Kim, Y.-T. (1994): Rechtsprobleme bei der Zulassung von Abfallentsorgungsanlagen zur Ablagerung von Abfällen. Dissertation, Universität Osnabrück. Lang Verlag. u.a. Frankfurt a.M.

Kleinschnittger, A. (1992): Die abfallrechtliche Planfeststellung. Dissertation, Universität Bochum. Duncker&Humblot Verlag. Berlin.

Kloepfer, M. (1987): Die Verantwortlichkeit für Altlasten im öffentlichen Recht. Natur und Recht. 7.

Kloepfer, M. (1989): Umweltrecht. Beck Verlag. München.

Koch, R. (1989): Umweltchemikalien. VCH Verlagsgesellschaft. Weinheim.

Köller, H. von (1996): Kreislaufwirtschafts- und Abfallgesetz. 2. Auflage. Erich Schmidt Verlag. Berlin.

Kretschmar, R. (1989): Kulturtechnisch-Bodenkundliches Praktikum. Institut für Wasserwirtschaft und Landschaftsökologie der Christian-Albrechts-Universität Kiel.

Kretz, C. (1994): Die Zulassung von Abfallentsorgungsanlagen. Umwelt- und Planungsrecht. 44.

Kucklick, M., Harborth, P., Hanert, H. (1995): Mikrobiologisches Teilprojekt. Aufnehmen - Verwerten - Deponieren von Müll aus alten Kippen. Abschlußbericht zum interdisziplinären Verbundprojekt im Auftrag der Volkswagen-Stiftung. Hannover, Az. II / 67 336.

Kucklick, M., Harborth, P., Hanert, H. (1996): Aussagekraft von Sickerwasseranalysen zur Beurteilung der biologischen Stabilität von Deponien. Veröffentlichungen des Zentrums für Abfallforschung, TU Braunschweig. 11, 157-184.

Kunig, P., Schwermer, G., Versteyl, L.-A. (1992): Abfallgesetz, Kommentar. 2. Auflage. Beck Verlag. München.

Landmann, Rohmer (1995): Umweltrecht. Loseblattkommentar, Band II, Stand Juli 1995. Beck Verlag. München.

Larenz, K. (1975): Methodenlehre der Rechtswissenschaft. 3. Auflage. Springer Verlag. u.a. Berlin.

Lopez-Avila, V., Northcutt, P. (1983): Determination of 51 Priority Organic Compounds after Extraction from Standard Reference Materials. Anal. Chem. 55, 881-889.

Lorang, K.-H., Schäfer, W. (1992): Umsetzen einer Altlast als Sanierungsmöglichkeit. Entsorgungspraxis. 5, 278-280, 282.

Mann, T. (1992): Abfallverwertung als Rechtspflicht. Boorberg Verlag. u.a. Stuttgart.

Müller, R. (1991): Entwicklung von drei mikrobiologischen Testverfahren zur ökotoxikologischen Beurteilung kontaminierter Luftproben (bio-ecological-monitoring). Diplomarbeit, Institut für Mikrobiologie. TU Braunschweig.

Müllmann, C., Lohmann, H. (1995): Die TA Siedlungsabfall - eine "lex Müllverbrennung"?. Umwelt- und Planungsrecht. 168.

Münnich, K. (1994): Eignung der Parameter nach TASI für die Zuordnung des Abfalls zu Deponieklassen. Veröffentlichungen des Zentrums für Abfallforschung, TU Braunschweig. 9, 109-130.

Münnich, K. (1995): Persönliche Mitteilung.

Münnich, K., Collins, H.-J. (1993): Untersuchungen im Rahmen der Bohrarbeiten auf dem Altkörper der Zentraldeponie Hannover. Unveröffentlichter Bericht im Auftrage des Amtes für Abfallwirtschaft und Stadtreinigung der Landeshauptstadt Hannover.

Nagasawa, S., Kikuchi, R., Nagata, Y., Takagi, M., Matsuo, M. (1993): Stereochemical Analysis of γ-HCH Degredation by Pseudomonas Paucimobilis UT 26. Chemosphere. 26, 1187-1201.

Näveke, R., Tepper, K.-P. (1979): Einführung in die mikrobiologischen Arbeitsmethoden. G. Fischer Verlag. Stuttgart, New York.

Nozhevnikova, A., Lebedev, V., Lifshitz, A. (1992): Microbiological processes occuring in landfills. Proceedings of the International Symposium on anaerobic digestion of solid waste. 14-17. Venice, Italy.

Paetow, S. (1990): Das Abfallrecht als Grundlage der Altlastensanierung. Neue Zeitschrift für Verwaltungsrecht. 510.

Papier, H.-J. (1985): Altlasten und polizeiliche Störerhaftung. Deutsches Verwaltungsblatt. 873.

Pohl, A. (1993): Abfallrechtliche Sicherungs- und Rekultivierungspflichten. Dissertation, Universität Bochum. Duncker&Humblot Verlag. Berlin.

Pohl, A. (1995): Die Altlastenregelungen der Länder. Neue Juristische Wochenschrift. 1645.

Rabanus, M. (1993): Der bundesrechtliche Abfallbegriff. Dissertation, Universität Bochum. Universitätsverlag Brockmeyer. Bochum.

Ramke, H.-G., Brune, M. (1991): Untersuchungen zur Funktionsfähigkeit von Entwässerungsschichten in Deponiebasisabdichtungssystemen. Abschlußbericht BMFT. FKZ BMFT 145 0457 3.

Reisner, M. (1992): Umlagerungsmaßnahme an der Deponie Wien-Donaupark. Tagungsband zum Fachseminar Deponietechnik III 1.2.92 in der historischen Gerichtslaube. Müll Forum Freiburg, Freiburg.

Reisner, M. (1994): Umlagerungsmaßnahme an der Deponie Wien-Donaupark. Trierer Berichte zur Abfallwirtschaft. 7, 229-237. Economica Verlag.

Rettenberger, G. (1994): Deponierückbau auf der Deponie Burghof - wissenschaftliche Begleitung, Konzeption und erste Ergebnisse des Meßprogramms. Fortschritte der Deponietechnik. 70, 25-48.

Rettenberger, G., Schneider, R. (1995): Erkenntnisse über abgelagerten Hausmüll aus dem Deponierückbauprojekt auf der Deponie Burghof, LK Ludwigsburg. Tagungsband. BMBF-Statusseminar Deponiekörper 25./26.04.1995. Bergische Universität-Gesamthochschule Wuppertal. 283-302.

Rippen, G. (1994): Handbuch Umweltchemikalien, ecomed.

Ronellenfitsch, M. (1989): Standortwahl bei Abfallentsorgungsanlagen: Planfeststellungsverfahren und Umweltverträglichkeitsprüfung. Die Öffentliche Verwaltung. 737.

Ronellenfitsch, M. (1990): Verzicht auf Planfeststellung. Die Verwaltung. 323.

Ronellenfitsch, M. (1994): Beschleunigung und Vereinfachung der Anlagenzulassungsverfahren. Duncker&Humblot Verlag. Berlin.

Salzwedel, J. (Hrsg.) (1982): Grundzüge des Umweltrechts. Erich Schmidt Verlag. Berlin.

Savage, G., Golueke, C., von Stein, E. (1993): Landfill mining: Past and Present. BioCycle. 5, 58-61.

Schäfer, R (1985): Konzentrationswirkung der Genehmigung im Abfallbeseitigungsrecht?. Neue Zeitschrift für Verwaltungsrecht. 383.

Scheibel, H.-J., Harborth, P., Lang, E., Hanert, H. (1991): Einsatz des Leuchtbakterien- und Daphnientests zur ökotoxikologischen Bewertung von Grundwasser- und Bodenreinigung bei der Altlastensanierung. GWF Wasser+ Abwasser. 132, 441-447.

Schink, A. (1985): Abfallrechtliche Probleme der Sanierung von Altlasten. Deutsches Verwaltungsblatt. 1149.

Schink, A. (1991): Die Bedeutung des UVP-Gesetzes des Bundes für die Kommunen. Neue Zeitschrift für Verwaltungsrecht. 935.

Schink, A. (1993): Kontrollerlaubnis im Abfallrecht. Die Öffentliche Verwaltung. 725.

Schlegel, H. (1985): Allgemeine Mikrobiologie. 6. Auflage. Georg Thieme Verlag.

Schlegelmilch, F. (1990a): Erfassung flüchtiger Schadstoffe in Umweltproben (1). LaborPraxis. 14, 724-728.

Schlegelmilch, F. (1990b): Erfassung flüchtiger Schadstoffe in Umweltproben (2). LaborPraxis. 14, 853-862.

Schlegelmilch, F. (1990c): Erfassung flüchtiger Schadstoffe in Umweltproben (3). LaborPraxis. 14, 958-964.

Schmidt, R., Müller H. (1992): Einführung in das Umweltrecht. 3. Auflage. Beck Verlag. München.

Schwachheim, J. (1989): Zum Tatbestandsmerkmal "bewegliche Sache" in §1 I AbfG. Neue Zeitschrift für Verwaltungsrecht. 128.

Seibert, M.-J. (1994): Der Abfallbegriff im neuen Kreislaufwirtschafts- und Abfallgesetz sowie im neugefaßten § 5 Abs. 1 Nr. 3 BImSchG. Umwelt- und Planungsrecht. 415.

Sievers, U. (1994): Deponierückbau - ein neuer Baustein integrierter Abfallwirtschaftskonzepte. Müll und Abfall. 9, 591-600.

Sleat, R., Harries, C., Viney, I., Rees, J. (1987): Activities and distribution of key microbial groups in landfill. Process, Technology and environmental impact of sanitary landfill. ISWA - International Sanitary Landfill Symposium, 19th-23rd october. Cagliari, Sardinia.

Specht, W., Tillkes, M. (1980): Gaschromatographische Bestimmung von Rückständen an Pflanzenbehandlungsmitteln nach Clean-Up über Gel-Chromatographie und Mini-Kieselgelsäulen. Fres. Z. Anal. Chem. 301, 300-307.

Specht, W., Tillkes, M. (1985): Gaschromatographische Bestimmung von Rückständen an Pflanzenbehandlungsmitteln nach Clean-Up über Gel-Chromatographie und Mini-Kieselgelsäulen. Fres. Z. Anal. Chem. 322, 443-455.

Spencer, R. (1990): Landfill space reuse. BioCycle. 2, 30-33.

Spillmann, P. (Hrsg.) (1986): Wasser- und Stoffhaushalt von Abfalldeponien und deren Wirkungen auf Gewässer. Forschungsbericht Deutsche Forschungsgemeinschaft. VCH Verlagsgesellschaft. Weinheim. Fortsetzung in Arbeit.

Spillmann, P. (1988): Wasserhaushalt von Abfalldeponien. Veröffentlichungen des Zentrums für Abfallforschung, TU Braunschweig. 3, 27-57.

Spillmann, P., Collins, H.J. (1981): Das Kaminzug-Verfahren - eine einfache und zielsichere Belüftung als Voraussetzung des aeroben Abbaues im Betrieb einer geordneten Mülldeponie. Forum Städtehygiene. 32, 15-24.

Stackmann, H.-G. (1994): Sanierung einer Altlast am Beispiel Fitten. Trierer Berichte zur Abfallwirtschaft. 7, 220-228. Economica Verlag.

Stegmann, R., Leikam, K., Heerenklage, J. (1995): Möglichkeiten und Grenzen der mechanisch-biologischen Restabfallbehandlung. Tagungsband. BMBF-Statusseminar Deponiekörper 25./26.04.1995. Bergische Universität-Gesamthochschule Wuppertal. 355- 371.

Straube, G. (1991): Microbial Transformation of Hexachlorocyclohexane. Zentralbl. Mikrobiol. 146, 327-338.

Swannel, R. (1993): Biological Treatment of HCH: Recent Developements. 2nd HCH-Forum Oct. 1993. Magdeburg.

Tiltmann, K. (1990): Recycling betrieblicher Abfälle. Loseblattsammlung Grundwerk 1990. WEKA Fachverlag, Augsburg.

Turk, M. (1994): Mechanisch-biologische Vorbehandlung und Separation fester Siedlungsabfälle. Veröffentlichungen des Zentrums für Abfallforschung, TU Braunschweig. 9, 187-209.

Turk, M. (1995): Persönliche Mitteilung.

Turk, M., Brammer, F., Collins, H.-J. (1996): Einfluß von mechanischer und mechanisch-biologischer Vorbehandlung auf die Einbaudichte von Restabfall. Entsorgungspraxis. 12, 41-46.

Umweltbundesamt (1994): Daten zur Umwelt 1992/93. Erich Schmidt Verlag. Berlin.

Van Mark, M., Nellessen, K. (1993): Neuere Entwicklungen bei den Preisen von Abfalldeponien und -verbrennung. Müll und Abfall. 1, 20-24.

Waschke, C. (1994): Entwicklung eines mikrobiologischen Verfahrens zur Vorbehandlung fester Siedlungsabfälle nach dem Alternanz-Prinzip (aerob/anaerob). Diplomarbeit. Institut für Mikrobiologie, TU Braunschweig.

Weinberg, R., Förstner, U. (1990): Chemische Umwandlungsvorgänge in Altlasten/Mobilisierung von Schadstoffen. Handbuch der Altlastensanierung 6. Lieferung. 8/90. C.F. Müller Verlag. Heidelberg.

Wiemer, K. (1983): Die Ablagerungsdichte von Abfällen und Setzungen von Deponien. Müll-und Abfallbeseitigung. Kennziffer 4590. Lfg. 2/ 83. Erich Schmidt Verlag. Berlin.

Wilken, M. (1992): Distribution of PCDD/PCDF and other organochlorine compounds in different municipal solid waste fractions. Chemosphere. 25, 1517-1523.

Wilkins, K. (1994): Volatile Organic Compounds from Household Waste. Chemosphere. 29, 47-53.

Würdemann, H. (1990): Schnelle Beurteilung der aktuellen Sanierungsleistung von Bodenregenerationsmieten durch In-situ-Erfassung der biologischen Atmungsaktivität (Verfahrensentwicklung im halbtechnischen und großtechnischen Maßstab). Diplomarbeit, Institut für Mikrobiologie. TU Braunschweig.

Weiterführende Literatur:

Fischer, J. (1996): Bestimmung organischer Schadstoffe in Abfall und Sickerwasser - Abfallanalytische Untersuchungen im Rahmen eines interdisziplinären Deponierückbauprojektes. Dissertation, TU Braunschweig. Papierflieger. Clausthal-Zellerfeld. ISBN 3-931443-96-5.

Gunschera, J. (1996): Untersuchung von chlorierten organischen Verbindungen und leichtflüchtigen Substanzen im Rahmen des Rückbaus von Modelldeponien. Dissertation, TU Braunschweig. Papierflieger. Clausthal-Zellerfeld. ISBN 3-931443-95-7.

Gesetze, Vorschriften, Richtlinien und Merkblätter

BImSchG (1990): Bundes-Immissionsschutzgesetz, Gesetz zum Schutz vor schädlichen Umwelteinwirkungen durch Luftverunreinigungen, Geräusche, Erschütterungen und ähnliche Vorgänge. BGBl. I, 880.

DEV (1971): Deutsches Einheitsverfahren zur Wasser-, Abwasser- und Schlammuntersuchung. H21. Bestimmung der mit Wasserdampf flüchtigen organischen Säuren.

DEV (1979): Deutsches Einheitsverfahren zur Wasser-, Abwasser- und Schlammuntersuchung. D9. DIN 38405-Teil 9. Bestimmung des Nitrat-Ions.

DEV (1980): Deutsches Einheitsverfahren zur Wasser-, Abwasser- und Schlammuntersuchung. E12. DIN 38406 Teil-12. Quecksilber im Eluat.

DEV (1980): Deutsches Einheitsverfahren zur Wasser-, Abwasser- und Schlammuntersuchung. E8. DIN 38406-Teil 8. Bestimmung von Zink.

DEV (1980): Deutsches Einheitsverfahren zur Wasser-, Abwasser- und Schlammuntersuchung. E19. DIN 38406-Teil 19. Bestimmung von Cadmium.

DEV (1980): Deutsches Einheitsverfahren zur Wasser-, Abwasser- und Schlammuntersuchung. H41. DIN 38409-Teil 41. Bestimmung des chemischen Sauerstoffbedarfs (CSB) im Bereich über 15 mg/l.

DEV (1981): Deutsches Einheitsverfahren zur Wasser-, Abwasser- und Schlammuntersuchung. D12. DIN 38405-Teil 12. Bestimmung des Arsens.

DEV (1981): Deutsches Einheitsverfahren zur Wasser-, Abwasser- und Schlammuntersuchung. E6. DIN 38406-Teil 6. Bestimmung von Blei.

DEV (1982): Deutsches Einheitsverfahren zur Wasser-, Abwasser- und Schlammuntersuchung. E3. DIN 38406-Teil 3. Bestimmung von Calcium und Magnesium.

DEV (1983): Deutsches Einheitsverfahren zur Wasser-, Abwasser- und Schlammuntersuchung. H3. DIN 38409-Teil 3. Bestimmung des gesamten organisch gebundenen Kohlenstoffs.

DEV (1983): Deutsches Einheitsverfahren zur Wasser-, Abwasser- und Schlammuntersuchung. D11. DIN 38405-Teil 11. Bestimmung von Phosphorverbindungen.

DEV (1983): Deutsches Einheitsverfahren zur Wasser-, Abwasser- und Schlammuntersuchung. E1. DIN 38406-Teil 1. Bestimmung von Eisen.

DEV (1983): Deutsches Einheitsverfahren zur Wasser-, Abwasser- und Schlammuntersuchung. E5. DIN 38406-Teil 5. Bestimmung des Ammonium-Stickstoffs.

DEV (1983): Deutsches Einheitsverfahren zur Wasser-, Abwasser- und Schlammuntersuchung. S7. DIN 38414-Teil 7. Aufschluß mit Königswasser zur nachfolgenden Bestimmung des säurelöslichen Anteils von Metallen.

DEV (1984a): Deutsches Einheitsverfahren zur Wasser-, Abwasser- und Schlammuntersuchung. S4. DIN 38414-Teil 4. Bestimmung der Eluierbarkeit mit Wasser.

DEV (1984b): Deutsches Einheitsverfahren zur Wasser-, Abwasser- und Schlammuntersuchung. H 14. DIN 38409-Teil 14. Bestimmung der adsorbierbaren organischen Halogene.

DEV (1984c): Deutsches Einheitsverfahren zur Wasser-, Abwasser- und Schlammuntersuchung. H16. DIN 38409-Teil 16. Bestimmung des Phenolindex.

DEV (1985): Deutsches Einheitsverfahren zur Wasser-, Abwasser- und Schlammuntersuchung. D1. DIN 38405-Teil 1. Bestimmung der Chlorid-Ionen.

DEV (1985): Deutsches Einheitsverfahren zur Wasser-, Abwasser- und Schlammuntersuchung. D5. DIN 38405-Teil 5. Bestimmung der Sulfat-Ionen.

DEV (1985): Deutsches Einheitsverfahren zur Wasser-, Abwasser- und Schlammuntersuchung. S3. DIN 38414-Teil 3. Bestimmung des Glührückstandes und des Glühverlustes des Trocknungsrückstandes eines Schlammes.

DEV (1985a): Deutsches Einheitsverfahren zur Wasser-, Abwasser- und Schlammuntersuchung. S2. DIN 38414 Teil-2. Bestimmung des Wassergehaltes und des Trockenrückstandes bzw. der Trockensubstanz.

DEV (1985b): Deutsches Einheitsverfahren zur Wasser-, Abwasser- und Schlammuntersuchung. D18. DIN 38405 Teil-18. Arsen im Eluat.

DEV (1987): Deutsches Einheitsverfahren zur Wasser-, Abwasser- und Schlammuntersuchung. H1. DIN 38409 Teil-1. Bestimmung des Gesamttrockenrückstandes.

DEV (1988): Deutsches Einheitsverfahren zur Wasser-, Abwasser- und Schlammuntersuchung. E22. DIN 38406 Teil-22. Bestimmung der 33 Elemente Ag, Al, As, B, Ba, Be, Bi, Ca, Cd, Co, Cr, Cu, Fe, K, Li, Mg, Mn, Mo, Na, Ni, P, S, Sb, Se, Si, Sn, Sr, Ti, V, W, Zn, und Zr durch Atomemissionsspektrometrie mit induktiv gekoppeltem Plasma (ICP-OES).

DEV (1989): Deutsches Einheitsverfahren zur Wasser-, Abwasser- und Schlammuntersuchung. H5. DIN 38409-Teil 5. Bestimmung des biochemischen Sauerstoffbedarfs.

DEV (1991): Deutsches Einheitsverfahren zur Wasser-, Abwasser- und Schlammuntersuchung. E7. DIN 38406-Teil 7. Bestimmung von Kupfer mittels Atomabsorptionsspektrometrie (AAS).

DEV (1991): Deutsches Einheitsverfahren zur Wasser-, Abwasser- und Schlammuntersuchung. E11. DIN 38406-Teil 11. Bestimmung von Nickel mittels Atomabsorptionsspektrometrie (AAS).

DIN 18124 (1987): Bestimmung der Korndichte - Kapillarpyknometer - Weithalspyknometer.

DIN 19683 (1973): Bestimmung des Wassergehaltes des Bodens, Blatt 4.

DIN 38412 (1982): Testverfahren mit Wasserorganismen. Teil 11. Bestimmung der Wirkung von Wasserinhaltsstoffen auf Kleinkrebse (Daphnien-Kurzzeittest).

DIN 38412 (1991): Testverfahren mit Wasserorganismen. Teil 34. Bestimmung der Hemmwirkung von Abwasser auf die Lichtemmission von Photobacterium phosphoreum.

DIN 51900 (1989): Prüfung fester und flüssiger Brennstoffe.

EPA (1982): EPA-Test-Method 625, Base/Neutrals and Acids. Unitet States Environmental Protection Agency. Environmental Monitoring and Support Laboratory, Cincinnati OH 45268.

EPA (1984): EPA-Test-Method 610, Polycyclic Aromatic Hydrocarbons. United States Environmental Protection Agency. Environmental Monitoring and Support Laboratory, Cincinnati OH 45268.

KrWG (1994): Kreislaufwirtschafts- und Abfallgesetz. Bundesgesetzblatt I, 2705.

LAGA (1984): Länderarbeitsgemeinschaft Abfall. PN 2/78 K, Richtlinie für das Vorgehen bei phys. und chem. Untersuchungen im Zusammenhang mit der Beseitigung von Abfällen. Müll- und Abfallbeseitigung. Lfg. 2/84.

Rahmen-Abwasser VwV (1996): Allgemeine Rahmen - Verwaltungsvorschrift über Mindestanforderungen an das Einleiten von Abwasser in Gewässer. Bundesanzeiger. 88a.

TA SiedlAbf (1993): Technische Anleitung Siedlungsabfall, Dritte Allgemeine Verwaltungsvorschrift zum Abfallgesetz. Bundesanzeiger. 99a.

VDI (1984a): Messen gasförmiger Imissionen, gaschromatographische Bestimmung organischer Verbindungen mit Kapillarsäulen, Probenahme durch Anreicherung an Aktivkohle - Desorption mit Lösemittel. VDI-Richtlinie 3482 Blatt 4. "VDI-Handbuch Reinhaltung der Luft" Bd. 5.

VDI (1984b): Messen gasförmiger Imissionen, gaschromatographische Bestimmung von aromatischen Kohlenwasserstoffen, Probenahme durch Anreicherung an Aktivkohle - Desorption mit Lösemittel. VDI-Richtlinie 3482 Blatt 5. "VDI-Handbuch Reinhaltung der Luft" Bd. 5.

VDI (1988): Messen gasförmiger Imissionen, gaschromatographische Bestimmung organischer Verbindungen, Probenahme durch Anreicherung Thermische Desorption. VDI-Richtlinie 3482 Blatt 6. "VDI-Handbuch Reinhaltung der Luft" Bd. 5.

VGS-HE (1987): Verordnung über die Erfassung und Erlaubnisfreiheit von Einleitungen gefährlicher Stoffe in Abwasseranlagen, Nr. 6. Gesetz- und Verordnungsblatt für das Land Hessen, Teil I, 07. April 1987.

VGS-NW (1986): "Ordnungsbehördliche Verordnung über die Genehmigungspflicht für das Einleiten von wassergefährdenden Stoffen und Stoffgruppen in öffentliche Abwasseranlagen vom 21. August 1986". Gesetz- und Verordnungsblatt für das Land Nordrhein-Westfalen - Nr. 49 vom 15. Oktober 1986. 656-657.

VKF/AKA (1988): Gewinnung und Aufbereitung von Müllproben für Laboratoriumsuntersuchungen. Merkblatt M5 des Verbandes kommunaler Fuhrpark- und Stadtreinigungsbetriebe (VKF) und der Arbeitsgemeinschaft für kommunale Abfallwirtschaft (AkA).

WHO (1991): World Health Organisation Environmental Health Criteria Bd. 124 (Lindan), ISBN 92-4-157124-1.

Sachwortverzeichnis

Verzeichnis der Autoren

Prof. Dr. rer. nat. Dr. agr. habil. Müfit Bahadir

Dipl.-Ing. Friederike Brammer

Prof. Dr.-Ing. Hans-Jürgen Collins

Dr. rer. nat. Jörg Fischer

Dr. rer. nat. Jan Gunschera

Prof. Dr. rer. nat. habil. Hans Helmut Hanert

Dr. rer. nat. Peter Harborth

Assessor Christoph Harms-Krekeler

Prof. Dr. jur. Eckart Koch

Dipl.-Biol. Martin Kucklick

Priv.-Doz. Dr. rer. nat. habil. Wilhelm Lorenz